Heidelberger Taschenbücher Band 51

E. B. Dynkin · A. A. Juschkewitsch

Sätze und Aufgaben über Markoffsche Prozesse

Auş dem Russischen übersetzt von

K. Schürger, Heidelberg

Mit 56 Abbildungen

Springer-Verlag Berlin Heidelberg New York 1969

Titel der Originalausgabe: Teoremy i zadaci o processach Markova. Nauka, Moskau 1967

Prof. Dr. E. B. DYNKIN

Mechanisch-mathematische Fakultät
der Universität Moskau/UdSSR

Prof. Dr. A. A. JUSCHKEWITSCH

Mechanisch-mathematische Fakultät
der Universität Moskau/UdSSR

KLAUS SCHÜRGER

Institut für Angewandte Mathematik
der Universität Heidelberg

ISBN-13: 978-3-540-04546-5 e-ISBN-13: 978-3-642-95114-5
DOI: 10.1007/ 978-3-642-95114-5

Vorwort

Ergebnisse und Methoden der Wahrscheinlichkeitstheorie finden immer stärker Anwendung in Naturwissenschaft und Technik; auch dringen sie immer tiefer in verschiedene Gebiete der Mathematik selbst ein. Sowohl für Mathematiker verschiedener Fachgebiete als auch für Physiker und Ingenieure ist es nützlich, diese Methoden zu beherrschen. Indessen können elementare Lehrbücher nur eine begrenzte Vorstellung von der gegenwärtigen Entwicklung dieses Gebietes vermitteln; Monographien jedoch, die neuere Richtungen behandeln, sind gewöhnlich für Spezialisten geschrieben und benutzen einen umfangreichen mengentheoretischen und analytischen Apparat.

Um sich neue mathematische Ideen anzueignen, ist es notwendig, ihre Fruchtbarkeit zu spüren und zu sehen, wie sie arbeiten. Dazu ist es besser, nicht mit allgemeinen Sätzen, sondern mit konkreten Problemen zu beginnen. Die Probleme müssen sich auf natürliche Weise ergeben; der jeweils zu Grunde liegende Sachverhalt soll typisch sein, er darf jedoch nicht durch unwesentliche technische Schwierigkeiten, die sich bei einer präzisen systematischen Darstellung ergeben, kompliziert werden.

Dieses Buch möchte den Leser gerade auf einem solchen Weg in neuere Entwicklungen der Theorie der Markoffschen Prozesse einführen.

Die Markoffschen Prozesse stellen die am meisten studierte Klasse von stochastischen Prozessen dar und besitzen vielfältige Anwendungen. Teilgebiete der Theorie der Markoffschen Prozesse, die bereits als klassisch gelten können, sind in einer Reihe von brillant geschriebenen Büchern dargestellt (siehe z.B. [1] und [2]). In den letzten Jahren entstanden jedoch neue wichtige Richtungen, und es wurden neue Zusammenhänge zwischen den Markoffschen Prozessen und der mathematischen Analysis entdeckt. Diese Fragen werden in einigen Monographien behandelt (s. [3]–[11]); sie sind allerdings als erste Einführung in diesen Gegenstand wenig geeignet. Indessen liegen dem ganzen Gebiet im wesentlichen einige überaus durchsichtige und anschauliche Sachverhalte zu Grunde, deren Studium sich für die Übung im wahrscheinlichkeitstheoretischen Denken als dankbar erweist.

Dieses Buch enthält vier Kapitel. Jedes von ihnen führt den Leser in einen bestimmten Problemkreis ein: Potentiale, harmonische und exzessive Funktionen, das Grenzverhalten der Trajektorien eines Prozesses (Kapitel I), die wahrscheinlichkeitstheoretische Lösung von Differentialgleichungen (Kapitel II), einige Probleme optimalen Stoppens (Kapitel III), wahrscheinlichkeitstheoretische Aspekte von Randwertaufgaben der Analysis (Kapitel IV).

Im ersten Kapitel wird die einfachste Markoffsche Kette betrachtet: die symmetrische Irrfahrt auf dem Gitter. Es zeigt sich, daß die von der klassischen Analysis her bekannten Begriffe der harmonischen Funktion, des Potentials, der Kapazität u. a. ihre Analoga in diesem diskreten Modell besitzen und zur Lösung rein wahrscheinlichkeitstheoretischer Probleme, zu denen etwa dasjenige der Bestimmung der Zahl der Eintritte in eine gegebene Menge gehört, benutzt werden können. Die Grundlage für dieses Kapitel bildete die Arbeit von ITO und MCKEAN [12].

In Kapitel II wird gezeigt, wie sich wahrscheinlichkeitstheoretische Überlegungen zur Erlangung analytischer Ergebnisse anwenden lassen. Insbesondere wird so die Existenz einer Lösung des Dirichletschen Problems für die Laplacesche Differentialgleichung für eine umfassende Klasse von Gebieten bewiesen*.

Der Zusammenhang zwischen Markoffschen Prozessen und Potentialen findet eine überraschende Anwendung im dritten Kapitel beim Studium des Problems des optimalen Stoppens eines Markoffschen Prozesses. Als Quelle für dieses Kapitel diente die Arbeit [13].

In letzter Zeit richteten viele Forscher ihre Aufmerksamkeit auf das Problem, die umfassendsten Klassen von Randbedingungen für Differentialgleichungen und andere Arten von Gleichungen zu finden. In Kapitel IV werden diese Fragen vom wahrscheinlichkeitstheoretischen Standpunkt aus behandelt. Die Betrachtung des einfachsten diskreten Modells (Geburts- und Todesprozesse) erlaubt eine Beschränkung auf vollkommen elementare Hilfsmittel. FELLER ist bahnbrechend in der Anwendung wahrscheinlichkeitstheoretischer Methoden auf Randwertaufgaben. Geburts- und Todespro-

---

* Lange vor der Entstehung der allgemeinen Theorie der Markoffschen Prozesse bemerkte man bereits einen Zusammenhang zwischen der Wahrscheinlichkeitstheorie und dem Dirichletschen Problem (die Arbeiten von H. PHILLIPS und N. WIENER (1923), R. COURANT, K. FRIEDRICHS und H. LEWY (1928)). Diese Grundgedanken wurden weiter vertieft in den Arbeiten von A. J. CHINTSCHIN (1933) und I. G. PETROVSKI (1934). Der Ausdruck, der die Lösung des Dirichletschen Problems mit Hilfe der Trajektorien eines Wienerschen Prozesses darstellt, wurde von J. L. DOOB (1954) entdeckt. Im Gegensatz zu unserem Vorgehen benutzte DOOB diesen Ausdruck, um aus Sätzen der Analysis Eigenschaften der Trajektorien herzuleiten.

zesse wurden von ihm in der Arbeit [14] betrachtet. Obwohl FELLER sich von wahrscheinlichkeitstheoretischer Intuition leiten läßt, führt er doch sämtliche Konstruktionen rein analytisch durch. Unser Vorgehen gründet sich auf die Betrachtung der Eigenschaften der Trajektorien und stützt sich auf den Begriff des charakteristischen Operators (eine kurze Darstellung des Kapitels IV ist in der Arbeit [15] enthalten).

Am Ende eines jeden Kapitels finden sich Aufgaben; sie dienen nicht lediglich als Übungsmaterial, sondern sie ergänzen den Grundtext und enthalten auch neuen Wissensstoff. So wird in Form von Aufgaben in Kapitel III der Martinsche Rand für eine abzählbare Markoffsche Kette behandelt.

Um nicht den Hauptgang der wahrscheinlichkeitstheoretischen Überlegungen zu unterbrechen, wurden einige analytische Hilfsbetrachtungen in den Anhang verlegt.

Neben den schon erwähnten grundlegenden Quellen werden im Buch (am häufigsten in den Aufgaben und Beispielen) einige andere Arbeiten benutzt. Hinweise hierauf findet man in den Fußnoten.

Beim Leser wird lediglich die Kenntnis der Grundlagen der Wahrscheinlichkeitstheorie und der klassischen Analysis vorausgesetzt. Einige Aufgaben erfordern jedoch eine umfassendere Vorbildung. Wir haben es bewußt in diesem einführenden Text vermieden, uns auf Maßtheorie und Meßbarkeit zu beziehen. Derjenige Leser, der mit diesen Begriffen vertraut ist, wird keine Mühe haben, eine Darstellung von höherem theoretischen Niveau zu verstehen.

Dieses Buch entstand aus Vorlesungen, die vom ersten der beiden Autoren an der Moskauer Universität in den Jahren 1962–1963 gehalten wurden (die Niederschrift dieser Vorlesungen besorgten M. B. MALJUTOFF, S. A. MOLTSCHANOFF und M. I. FREIDLIN). Anschließend wurde dieser Stoff vervollständigt und gründlich überarbeitet; weiter wurden dem Buch Aufgaben beigefügt.

Die Autoren danken I. L. GENIS für die große Hilfe bei der Fertigstellung des Manuskripts.

22. Januar 1966

E. B. DYNKIN
A. A. JUSCHKEWITSCH

Vorwort zur deutschen Ausgabe

In der Wahrscheinlichkeitstheorie gibt es eine Fülle von Problemen, die sich recht elementar behandeln lassen, deren Lösungsgang anschaulich verfolgt werden kann, und die gleichzeitig durch Anwendungen wohl motiviert und nicht trivial sind und viele typische Schlußweisen moderner Mathematik enthalten. Als ausgezeichnetes Beispiel dieser Behandlungsweise der Wahrscheinlichkeitstheorie war das Buch von W. FELLER, An introduction to probability theory and its applications, vol. I, John Wiley and Sons, New York, London, Sidney, 1. ed. 1950, 3. ed. 1968, seit langem wohlbekannt.

Das vorliegende Büchlein von DYNKIN und JUSCHKEWITSCH hat das schwierige Kunststück fertiggebracht, in gleicher Weise auf kleinem Raum in ein sehr wichtiges Teilgebiet einzuführen, das zwar sehr stark von seinen Anwendungen und seinem anschaulichen Gehalt geprägt ist, jedoch als technisch schwierig gilt, nämlich die Theorie der Markoffschen Prozesse. Der Leser braucht hier im Grunde keinerlei Vorkenntnisse aus der Wahrscheinlichkeitstheorie, sondern nur die mathematische Ausbildung, die er etwa in den ersten zwei bis drei Semestern an deutschen Hochschulen erhält. Im ganz elementaren ersten Kapitel des Buchs gewinnt er anhand der symmetrischen Irrfahrt auf der Geraden rasch ein Gefühl für den Begriff der Wahrscheinlichkeit. Er gelangt dann sogleich zu den aktuellsten Themen, die noch nirgends eine elementare Darstellung gefunden haben: Wahrscheinlichkeitstheoretische Lösung partieller Differentialgleichungen und der Zusammenhang mit der Potentialtheorie, Randwerttheorie und Theorie des optimalen Stoppens Markoffscher Ketten.

Das Büchlein bildet nicht nur eine ausgezeichnete schnelle Einführung in seinen eigentlichen Gegenstand, Markoffsche Prozesse, sondern in wahrscheinlichkeitstheoretische Denkweisen überhaupt. Es ist daher hervorragend geeignet für Studenten der Mathematik ebenso wie der Physik, Biologie und anderer Anwendungsgebiete und zum Selbststudium. Besonders empfohlen werden kann es allen Lehrern, die sich für Wahrscheinlichkeitstheorie interessieren, und für Arbeitsgemeinschaften an höheren Schulen, wo man es für sich oder auch parallel mit der allgemeinen Einführung in die Grundlagen der Wahrscheinlichkeitstheorie von H. ATHEN (Wahrscheinlichkeitstheorie und Statistik, Schroedel, Hannover, und Schöningh, Paderborn, 2. Aufl. 1968) behandeln könnte.

Das Buch von DYNKIN und JUSCHKEWITSCH ist wohl einzigartig in seiner Kombination elementarer und klarer Darstellung, Aktualität und mathematischer Eleganz und Tiefe. Es ist sogleich nach Erscheinen im elementaren Seminar über Wahrscheinlichkeitstheorie der Universität Heidelberg mit gutem Erfolg ausprobiert worden, und ich bin sehr froh, daß es jetzt durch die vorliegende deutsche Ausgabe in preiswerter Taschenbuchform so vielen weiteren Interessenten zugänglich gemacht wird.

K. KRICKEBERG

Inhaltsverzeichnis

KAPITEL I

Rekurrenzkriterien

§ 1. Die symmetrische Irrfahrt

Wir betrachten ein Teilchen, welches sich auf den Punkten der x-Achse mit den Koordinaten $0, \pm 1, \pm 2, \ldots$ bewegt, indem es in gleichen Zeitintervallen jeweils um eine Einheit nach links oder rechts springt. Ist dabei die Wahrscheinlichkeit, nach links oder rechts zu springen, stets gleich $\frac{1}{2}$, unabhängig vom vorangegangenen Verhalten des Teilchens, so sagt man, daß das Teilchen auf der Zahlengeraden eine *symmetrische Irrfahrt* vollführe.

Die Punkte $0, +1, -1, \ldots,$ zu denen das Teilchen gelangen kann, heißen *Zustände.*

Es soll nun gezeigt werden, daß sich das Teilchen bei beliebiger Anfangslage mit Wahrscheinlichkeit 1 früher oder später in jedem möglichen Zustand befinden kann. Da alle Zustände offensichtlich gleichwertig sind, genügt es nachzuweisen, daß es von einem beliebigen Zustand aus irgendwann nach 0 gelangt. Bezeichnet $\pi(x)$ die Wahrscheinlichkeit, von x nach 0 zu gelangen, so hat man insbesondere $\pi(0)=1$. Aus dem Satz über die vollständige Wahrscheinlichkeit ergibt sich für $x \neq 0$

$$\pi(x)=\tfrac{1}{2}\pi(x-1)+\tfrac{1}{2}\pi(x+1). \tag{1}$$

Betrachten wir den Graphen der Funktion $\pi(x)$, $x=0,1,2,\ldots$. Aus der Beziehung (1) folgt, daß drei beliebige benachbarte Punkte und somit alle Punkte dieses Graphen auf einer Geraden liegen. Da $\pi(0)=1$, ist, geht diese Gerade durch den Punkt $(0,1)$. Gilt $\pi(x)<1$ für ein gewisses $x>0$, so schneidet sie die x-Achse, und $\pi(x)$ ist negativ für hinreichend große x. Da dies unmöglich ist, muß $\pi(x)=1$ sein für alle $x \geq 0$. Aus Symmetriegründen gilt auch $\pi(x)=1$ für $x<0$. Demnach ist also die Wahrscheinlichkeit, bei beliebigem Anfangszustand 0 zu erreichen, gleich 1.

Als natürliche Verallgemeinerung der Irrfahrt auf der Geraden erscheint die Irrfahrt auf dem l-dimensionalen ganzzahligen Punktgitter H^l. Es besteht aus den Punkten (Vektoren) der Form

$$x = x_1 \mathbf{e}_1 + \cdots + x_l \mathbf{e}_l,$$

wobei $\mathbf{e}_1, \ldots, \mathbf{e}_l$ eine orthonormierte Basis des l-dimensionalen Raumes und die Koordinaten $x_1, \ldots, x_l$ beliebige ganze Zahlen bezeichnen. Vergrößern oder verkleinern wir eine der Koordinaten des Punktes x um 1 und lassen die übrigen Koordinaten ungeändert, so erhalten wir $2l$ Punkte des Gitters, die zu x *benachbart* sind. (So gibt es im zweidimensionalen Fall zu jedem Punkt vier Nachbarn: den rechten, linken, oberen und unteren). In jedem Zeitintervall springt das Teilchen mit jeweils gleicher Wahrscheinlichkeit $\frac{1}{2l}$ in einen der benachbarten Punkte, unabhängig von seiner Lage in den vorangegangenen Zeitpunkten.

Es zeigt sich, daß das Teilchen im zwei- wie auch im eindimensionalen Fall von einem beliebigen Gitterpunkt mit Wahrscheinlichkeit 1 zu einem beliebigen anderen Gitterpunkt gelangen kann (vgl. die Aufgaben am Ende dieses Kapitels). Wie wir sehen werden, gilt dies jedoch nicht mehr, falls das Gitter mindestens dreidimensional ist. Die Wahrscheinlichkeit, statt eines Punktes eine gewisse Menge B zu erreichen, kann gleich oder kleiner als 1 sein. Wir bezeichnen diese Wahrscheinlichkeit mit $\pi_B(x)$, wo x für den Anfangszustand des Teilchens steht. Die Menge B heiße *rekurrent*, wenn $\pi_B(x)=1$ für alle Punkte x des Gitters gilt, und *transient*, wenn für mindestens einen Punkt x $\pi_B(x)<1$ zutrifft. In diesem Kapitel werden wir Kriterien herleiten, die zu entscheiden gestatten, ob eine Menge rekurrent oder transient ist.

§ 2. Die Übergangsfunktion

Mit $x(0)$ bezeichnen wir die Anfangslage eines Teilchens, das eine symmetrische Irrfahrt vollführt; mit $x(n)$ dessen Lage nach n Schritten, $n=1,2,3,\ldots$.

Die Wahrscheinlichkeit für das Eintreten irgendeines Ereignisses A, das mit der Irrfahrt verknüpft ist, hängt natürlich vom Startpunkt x der Irrfahrt ab. Wir schreiben dafür $\mathbf{P}_x\{A\}$ und setzen $\mathbf{M}_x\xi$ für die bzgl. $\mathbf{P}_x$ gebildete mathematische Erwartung einer zufälligen Variablen ξ.

Weiter stehe $p(n,x,y)$ für die Wahrscheinlichkeit des Ereignisses, daß sich das im Punkt x startende Teilchen nach n Schritten im Punkt y befindet:

$$p(n,x,y)=\mathbf{P}_x\{x(n)=y\}.$$

Die Funktion $p(n,x,y)$ ist ein wichtiges Kennzeichen der Irrfahrt und heißt deren *Übergangsfunktion*. Ersichtlich gilt $p(0,x,x)=1$ und $p(0,x,y)=0$ für $x\neq y$. Weiter ist klar, daß $\sum_y p(n,x,y)=1$ ist*.

* Hier und auch im folgenden bezeichne $\sum_y$ die Summation über alle Gitterpunkte aus H^l.

Die Größe

$$\sum_{y \in B} p(n,x,y) = \mathbf{P}_x\{x(n) \in B\},$$

wo B für eine beliebige Teilmenge von H^l stehe, nennen wir *Übergangswahrscheinlichkeit* (von x nach B in n Schritten zu gelangen).

Das Studium der Irrfahrt wird erleichtert durch die wichtige Tatsache, daß die Sprünge $\xi_k = x(k) - x(k-1)$, $k=1,2,\ldots$, voneinander unabhängig sind, nicht vom Anfangszustand des Teilchens abhängen und sämtlich die gleiche Verteilung besitzen. Es ist klar, daß jeder der Vektoren ξ_k mit gleicher Wahrscheinlichkeit jeden der Werte $\pm \mathbf{e}_1, \ldots, \pm \mathbf{e}_l$ annimmt. Hiervon machen wir Gebrauch bei der Herleitung einer Integraldarstellung für die Übergangsfunktion $p(n,x,y)$.

$\theta(x)$ bezeichne die Linearform, die im Vektor $\mathbf{e}_k$ den Wert θ_k annimmt. Aus $x = x_1 \mathbf{e}_1 + \cdots + x_l \mathbf{e}_l$ folgt somit $\theta(x) = \theta_1 x_1 + \cdots + \theta_l x_l$. Wir betrachten die Funktion

$$F(\theta) = \sum_y p(n,x,y)\, e^{i\theta(y)} = \mathbf{M}_x\, e^{i\theta(x(n))}, \tag{2}$$

d. h. die charakteristische Funktion des zufälligen Vektors $x(n)$. (Die Reihe in Formel (2) enthält natürlich nur endlich viele von Null verschiedene Glieder, da sich ein von x ausgehendes Teilchen nach n Schritten in höchstens $(2l)^n$ verschiedenen Zuständen befinden kann). Die Übergangsfunktion $p(n,x,y)$ läßt sich leicht durch die Funktion $F(\theta)$ ausdrücken. In der Tat, sei Q die Menge aller Linearformen $\theta(z) = \theta_1 z_1 + \cdots + \theta_l z_l$ mit Koeffizienten $\theta_1, \ldots, \theta_l$, deren Betrag nicht größer als π ist. Wir multiplizieren die Beziehung (2) mit $e^{-i\theta(z)}$, $z \in H^l$, und integrieren über Q. Da y und z Vektoren mit ganzzahligen Koordinaten sind, ergibt sich

$$\int_Q e^{i\theta(y) - i\theta(z)}\, d\theta = \int_{-\pi}^{+\pi} \cdots \int_{-\pi}^{+\pi} e^{i(\theta_1(y_1 - z_1) + \cdots + \theta_l(y_l - z_l))}\, d\theta_1 \ldots d\theta_l$$

$$= \prod_{k=1}^{l} \int_{-\pi}^{+\pi} e^{i\theta_k(y_k - z_k)}\, d\theta_k = \begin{cases} (2\pi)^l, & y = z \\ 0, & y \neq z, \end{cases}$$

also

$$p(n,x,z) = \frac{1}{(2\pi)^l} \int_Q F(\theta)\, e^{-i\theta(z)}\, d\theta. \tag{3}$$

Berechnen wie die Funktion $F(\theta)$. Da

$$x(n)=x(0)+\sum_{k=1}^{n}\xi_k$$

gilt, wo ξ_k den Sprung im k-ten Zeitintervall bezeichnet, so folgt

$$F(\theta)=\mathbf{M}_x e^{i\theta(x(n))}=\mathbf{M}_x e^{i\theta(x(0))}\prod_{k=1}^{n}e^{i\theta(\xi_k)}.$$

Da mit Wahrscheinlichkeit 1 $x(0)=x$ ist und die zufälligen Vektoren ξ_k unabhängig sind und die gleiche Verteilung besitzen, ergibt sich

$$F(\theta)=e^{i\theta(x)}\,\Phi^n(\theta), \tag{4}$$

falls wir zur Abkürzung $\Phi(\theta)=\mathbf{M}_x e^{i\theta(\xi_1)}$ setzen. Der Vektor ξ_1 nimmt mit Wahrscheinlichkeit $\frac{1}{2l}$ jeden der Werte $\pm\mathbf{e}_1,\ldots,\pm\mathbf{e}_l$ an; folglich haben wir

$$\Phi(\theta)=\frac{1}{2l}\sum_{m=1}^{l}(e^{i\theta_m}+e^{-i\theta_m})=\frac{1}{l}\sum_{m=1}^{l}\cos\theta_m. \tag{5}$$

Führen wir den gefundenen Ausdruck in die Formel (3) ein und ersetzen z durch y, so gelangen wir zu

$$p(n,x,y)=\frac{1}{(2\pi)^l}\int_Q e^{i\theta(x-y)}\,\Phi^n(\theta)\,d\theta. \tag{6}$$

§ 3. Das Verhalten der Trajektorien für $n\to\infty$

Wir setzen jetzt $l\geq 3$ voraus und zeigen, daß für $n\to\infty$ die Länge des Vektors $x(n)$ mit Wahrscheinlichkeit 1 gegen Unendlich strebt. Wir werden sehen, daß sich daraus die Transienz einer beliebigen beschränkten Menge ergibt.

Wird irgendeine Folge von Versuchen durchgeführt, bei der die Wahrscheinlichkeit für einen Erfolg im n-ten Versuch gleich p_n ist, so stellt die Summe $p_1+p_2+\cdots$ die mathematische Erwartung der Zahl der Erfolge dar. (In der Tat ist die Anzahl η der Erfolge gleich der Summe $\eta_1+\eta_2+\cdots$, wobei $\eta_n=1$ ist, falls der n-te Versuch zu einem Erfolg führt und $\eta_n=0$ sonst).

Wir betrachten jetzt eine Irrfahrt, die im Punkt x startet, und sehen den n-ten Schritt als Erfolg an, falls $x(n)=y$ gilt. Dann ist $p_n=p(n,x,y)$, und die Summe

$$g(x,y)=\sum_{n=0}^{\infty}p(n,x,y) \tag{7}$$

stellt die *mathematische Erwartung der Zahl der Treffer im Punkt* y dar.

Zeigen wir, daß

$$g(x,y)<\infty \tag{8}$$

gilt. (Man kann beweisen, daß im ein- und zweidimensionalen Fall $g(x,y)=\infty$ für beliebige x und y ist.)

Die Funktion $\Phi(\theta)$, die in (5) definiert wurde, ist stetig, und es gilt $|\Phi(\theta)|<1$ auf Q mit Ausnahme des Punktes $(0,\dots,0)$ und der 2^l Punkte der Form $(\pm\pi,\dots,\pm\pi)$, in welchen $|\Phi(\theta)|=1$ ist. Deshalb ergibt sich mit (6) und (7)

$$(2\pi)^l g(x,y)\le\sum_{n=0}^{\infty}\int_Q|\Phi^n(\theta)|\,d\theta=\int_Q\frac{d\theta}{1-|\Phi(\theta)|}. \tag{9}$$

Da $\cos\alpha\sim 1-\dfrac{\alpha^2}{2}$ für $\alpha\to 0$ gilt, existiert eine Umgebung U des Punktes $(0,\dots,0)$, in welcher

$$0<\cos\theta_m\le 1-\frac{\theta_m^2}{4},\qquad m=1,\dots,l,$$

gilt. Auf Grund der Beziehung (5) ergibt sich

$$|\Phi(\theta)|=\Phi(\theta)<1-\frac{1}{4l}(\theta_1^2+\cdots+\theta_l^2),\qquad \theta\in U,$$

und wir haben somit

$$\int_U\frac{d\theta}{1-|\Phi(\theta)|}<\int_U\frac{4l\,d\theta}{\theta_1^2+\cdots+\theta_l^2}<\infty,\qquad l\ge 3.$$

Ähnlich überzeugt man sich von der Konvergenz des Integrals in (9) in Umgebungen der Punkte $\theta=(\pm\pi,\dots,\pm\pi)$. Somit ist

$$\int_Q\frac{d\theta}{1-|\Phi(\theta)|}<\infty, \tag{10}$$

und die Ungleichung (8) ist bewiesen.

Aus dieser Ungleichung schließt man, daß mit Wahrscheinlichkeit 1 die Zahl der Besuche des Teilchens im Punkt y endlich ist. Folglich gelangt das Teilchen nur endlich oft zu einem beliebig vorgegebenen Punkt des Gitters. Da der Durchschnitt einer abzählbaren Menge sicherer Ereignisse wiederum ein sicheres Ereignis darstellt, gibt es mit Wahrscheinlichkeit 1 keinen Punkt, den das Teilchen unendlich oft besucht. Hieraus folgt, daß es zu jeder beschränkten Teilmenge des Punktgitters mit Wahrscheinlichkeit 1 einen Zeitpunkt gibt, von dem an das Teilchen nicht mehr in diese Menge gelangt.

Jetzt ist es einfach, die Transienz einer beliebigen beschränkten Menge B zu beweisen. Wir nehmen an, B sei rekurrent. Dann ist die Wahrscheinlichkeit des Ereignisses $A_n = \{$Das Teilchen gelangt beim n-ten Schritt oder später in $B\}$ bei beliebigem Anfangszustand x und beliebigem n nach dem Satz von der vollständigen Wahrscheinlichkeit gleich

$$\sum_y p(n,x,y)\,\pi_B(y) = \sum_y p(n,x,y) = 1\,.$$

Folglich treten alle Ereignisse A_n mit Wahrscheinlichkeit 1 ein, d.h., das Teilchen gelangt in B zu beliebig weit entfernt liegenden Zeitpunkten. Dies widerspricht dem oben Gesagten, nach dem das Teilchen mit Wahrscheinlichkeit 1 nach einem bestimmten Zeitpunkt die Menge B stets meidet.

Aus den Beziehungen (9) und (10) ergibt sich, daß die Reihe

$$e^{i\theta(x-y)} \sum_{n=0}^{\infty} \Phi^n(\theta)$$

gliedweise bzgl. θ integriert werden kann. Demnach ist

$$g(x,y) = \sum_{n=0}^{\infty} \frac{1}{(2\pi)^l} \int_Q e^{i\theta(x-y)}\,\Phi^n(\theta)\,d\theta = \frac{1}{(2\pi)^l} \int_Q \frac{e^{i\theta(x-y)}}{1-\Phi(\theta)}\,d\theta. \tag{11}$$

Die letzte Darstellung gestattet es, die asymptotische Abschätzung

$$g(x,y) \sim \frac{c_l}{\|x-y\|^{l-2}}, \qquad \|x-y\| \to \infty, \qquad l \geq 3, \tag{12}$$

für die Funktion $g(x,y)$ zu beweisen, wobei $\|x\|$ die Länge des Vektors x und c_l eine gewisse positive Konstante bezeichnet (s. Anhang, § 1). Diese Beziehung werden wir benutzen, um Rekurrenzkriterien zu entwickeln.

§ 4. Harmonische Funktionen

Sei $f(x)$ eine auf der Menge H^l der Gitterpunkte definierte Funktion. Wir setzen

$$Pf(x) = \mathbf{M}_x f(x(1)) = \sum_y p(1,x,y)\,f(y). \tag{13}$$

Es liegt nahe, P als *Übergangsoperator* (bez. eines Schritts) zu bezeichnen.

Da $p(1,x,x+\mathbf{e}_k)=\frac{1}{2l}$ ist, erscheint P auch als *Operator der Mittelwertbildung:*

$$Pf(x)=\frac{1}{2l}\sum f(x+\mathbf{e}_k)$$

(hierbei wird summiert über $k=\pm 1,\ldots,\pm l$; wir setzen $\mathbf{e}_{-k}=-\mathbf{e}_k$). Vor längerer Zeit bemerkte man, daß der lineare Operator

$$A=P-E,$$

worin P den Operator der Mittelwertbildung und E den identischen Operator bezeichnen, ein diskretes Analogon zum Operator $\frac{1}{2}\Delta$ darstellt. Dabei ist

$$\Delta=\frac{\partial^2}{\partial x_1^2}+\cdots+\frac{\partial^2}{\partial x_l^2}$$

der Laplacesche Operator.

Es ist bekannt, daß für hinreichend glatte Funktionen, die auf dem ganzen Raum definiert sind,

$$\Delta f(x)=\lim_{h\to 0}\frac{\sum f(x+h\mathbf{e}_k)-2l\,f(x)}{h^2}$$

gilt, so daß man den Laplaceschen Operator aus dem Operator $P-E$ dadurch erhält, daß man die Abstände der Punkte des Gitters H^l gegen Null gehen läßt.

Die Analogie zwischen den Operatoren $\frac{1}{2}\Delta$ und A geht sehr weit. Indem wir uns von ihr leiten lassen, werden wir eine Reihe von Begriffen, die mit der Irrfahrt verknüpft sind, nach ihren Analoga in der Theorie der Differentialgleichungen benennen.

Eine auf H^l definierte Funktion $f(x)$ heiße *harmonisch*, falls $Af(x)=0$ und *superharmonisch*, falls $Af(x)\leq 0$ (jeweils für alle $x\in H^l$) ist. Mit anderen Worten, die Funktion f heißt harmonisch, wenn $Pf=f$, und superharmonisch, wenn $Pf\leq f$ gilt.

Eine beliebige konstante Funktion ist ersichtlich harmonisch. Zeigen wir, daß *jede beschränkte harmonische Funktion konstant ist.*

Der Beweis dafür gestaltet sich sehr leicht, wenn die Funktion f ihr Supremum in einem gewissen Punkt y_0 annimmt. Sind nämlich die Punkte $y_1,y_2,\ldots,y_{2l}$ die Nachbarn des Punktes y_0, dann ist das arithmetische Mittel der Zahlen $f(y_0)-f(y_k)$ gleich 0 (da ja $Pf(y_0)=f(y_0)$ ist). Da diese Zahlen nichtnegativ sind, müssen sie sämtlich gleich 0 sein. Deshalb enthält die Menge der Punkte, in denen die Funktion f ihr Supremum annimmt, mit jedem Punkt dessen sämtliche Nachbarn. Es ist somit klar, daß f konstant ist.

Sei nun M das Supremum einer (beliebig) vorgegebenen beschränkten Funktion φ. Zu jedem $\varepsilon>0$ existiert ein Punkt y mit $\varphi(y)\geq M-\varepsilon$. Ist φ zudem harmonisch, so zeigt man leicht, indem man obige Schlußweise wiederholt, daß für einen beliebigen, zu y benachbarten Punkt y' die Ungleichung $\varphi(y')\geq M-2l\varepsilon$ gilt. Dies hat im Fall $M>0$ zur Folge, daß man zu jeder noch so großen Zahl N Punkte $y_0, y_1=y_0+\mathbf{e}_1,\ldots, y_n=y_{n-1}+\mathbf{e}_1$ finden kann, für welche die Summe

$$s=\varphi(y_0)+\varphi(y_1)+\cdots+\varphi(y_n)\geq N$$

wird.

Ist nun f eine beliebige beschränkte harmonische Funktion, so ist auch die Funktion $\varphi(x)=f(x+\mathbf{e}_1)-f(x)$ harmonisch und beschränkt. Für sie ist die Summe

$$s=f(y_n+\mathbf{e}_1)-f(y_0)$$

höchstens gleich dem doppelten Supremum der Funktion f. Zusammen mit obiger Überlegung bedeutet dies, daß für beliebiges x

$$\varphi(x)=f(x+\mathbf{e}_1)-f(x)\leq 0$$

gilt. Analog zeigt man, daß man statt des Vektors $\mathbf{e}_1$ den Vektor $-\mathbf{e}_1$ nehmen kann. Deshalb folgt

$$f(x+\mathbf{e}_1)=f(x)$$

und ähnlich $f(x+\mathbf{e}_k)=f(x)$ für beliebige x und k.

Als Beispiel für eine harmonische Funktion kann die Funktion $\bar{\pi}_B(x)$ dienen, welche die Wahrscheinlichkeit dafür angibt, daß das in x startende Teilchen unendlich oft in die Menge B gelangt. In der Tat stellt

$$P\bar{\pi}_B(x)=\sum_y p(1,x,y)\bar{\pi}_B(y)$$

die Wahrscheinlichkeit dafür dar, daß das Teilchen, ausgehend von x, nach dem ersten Schritt unendlich oft nach B gelangt. Diese Wahrscheinlichkeit stimmt ersichtlich mit $\bar{\pi}_B(x)$ überein.

Da die Funktion $\bar{\pi}_B(x)$ beschränkt ist, muß sie nach dem Bewiesenen konstant sein. Es soll gezeigt werden, daß sie identisch gleich 1 bzw. 0 ist, wenn die Menge B rekurrent bzw. transient ist. Sei B zunächst als transient vorausgesetzt. Bezeichnen wir durch $q(n,y)$ die Wahrscheinlichkeit, ausgehend von x, in die Menge B zum erstenmal beim n-ten Schritt zu gelangen und dabei den Zustand y anzunehmen, und durch $\pi_B(x)$, wie früher, die Wahrscheinlichkeit, ausgehend von x, irgendwann nach B zu gelangen. Offenbar gilt

$$\pi_B(x)=\sum_{n=0}^{\infty}\sum_{y\in B} q(n,y).$$

Um unendlich oft nach B zu gelangen, muß das Teilchen bei irgendeinem Schritt zum erstenmal und anschließend unendlich oft nach B gelangen. Berechnen wir die Wahrscheinlichkeit dieses Ereignisses durch Anwendung des Satzes von der vollständigen Wahrscheinlichkeit, so erhalten wir

$$\bar{\pi}_B = \bar{\pi}_B(x) = \sum_{n=0}^{\infty} \sum_{y \in B} q(n, y)\, \bar{\pi}_B(y) = \bar{\pi}_B \cdot \pi_B(x), \tag{14}$$

worin x einen beliebigen Gitterpunkt bezeichnet. Da B transient ist, existiert ein x mit $\pi_B(x) < 1$, woraus sich $\bar{\pi}_B = 0$ ergibt.

Ist die Menge B rekurrent, so ist die Wahrscheinlichkeit des Ereignisses $C_n = \{$Das Teilchen gelangt nach dem n-ten Schritt nicht mehr nach $B\}$ gleich 0 für beliebiges $n \geq 0$ und $x \in H^l$. Daher hat man $1 - \bar{\pi}_B(x) = \mathbf{P}_x$ $\{$Das Teilchen gelangt nur endlich oft nach $B\} = \mathbf{P}_x\{C_0 \cup C_1 \cup \cdots\} \leq \mathbf{P}_x\{C_0\} + \mathbf{P}_x\{C_1\} + \cdots = 0$ und folglich $\bar{\pi}_B = 1$.

Deshalb kann man für die Rekurrenz eine weitere Definition geben: *Die Menge B heiße rekurrent, wenn das Teilchen, ausgehend von einem beliebigen Gitterpunkt, mit Wahrscheinlichkeit* 1 *unendlich oft nach B gelangt. Ist die Wahrscheinlichkeit für das Eintreten dieses Ereignisses jedoch für irgendein x kleiner als* 1, *so ist sie gleich* 0 *für alle x, und B ist transient.*

Zum Schluß dieses Abschnittes sei bemerkt, daß nicht nur die beschränkten harmonischen Funktionen, sondern auch die nach unten (oder oben) beschränkten harmonischen Funktionen auf H^l konstant sind (vgl. die Aufgaben). Die Klasse der nach beiden Seiten unbeschränkten harmonischen Funktionen ist bedeutend umfassender. Zum Beispiel genügt eine beliebige lineare Funktion der Koordinaten $x_1, \ldots, x_l$ des Vektors x der Gleichung $Pf = f$ und ist deshalb harmonisch.

§ 5. Das Potential

Mit dem Laplaceschen Operator Δ hängt eng der Begriff des Newtonschen Potentials zusammen. Sei im dreidimensionalen Raum R^3 eine Masse mit der Dichte $\varphi(y)$ verteilt. Entsprechend dem Newtonschen Gravitationsgesetz übt diese Masse auf eine sich im Punkt x befindende Masse der Größe 1 eine Kraft aus, die proportional dem Gradienten der Funktion

$$f(x) = \frac{1}{2\pi} \int_{R^3} \frac{\varphi(y)\, dy}{\|x - y\|} \tag{15}$$

ist, worin $\|x-y\|$ den Abstand zwischen Punkten x und y bezeichnet. Die Funktion $f(x)$ heißt *Potential* der Verteilung $\varphi(y)$. Man kann $f(x)$ auch interpretieren als Potential eines elektrostatischen Feldes, das erzeugt wird durch eine Ladungsdichte φ.

Es zeigt sich, daß unter ziemlich schwachen Voraussetzungen über die Funktion φ das Potential f eine Lösung der Poissonschen Differentialgleichung

$$\tfrac{1}{2}\Delta f(x) = -\varphi(x) \tag{16}$$

ist. Vollkommen analog hierzu ist im l-dimensionalen Raum $R^l (l \geq 3)$ das Integral

$$f(x) = b_l \int_{R^l} \frac{\varphi(y)\,dy}{\|x-y\|^{l-2}} \tag{17}$$

eine Lösung der Differentialgleichung (16); b_l bezeichnet eine gewisse positive Konstante. Dieses Integral wird Potential der Verteilung φ (im l-dimensionalen Raum) genannt.

Im diskreten Fall geht die Differentialgleichung (16) in die Gleichung

$$A f(x) = -\varphi(x) \tag{18}$$

über, worin f und φ auf dem Punktgitter H^l definierte Funktionen bezeichnen. Wir betrachten den Operator

$$G\varphi = \varphi + P\varphi + P^2\varphi + \cdots \tag{19}$$

für $\varphi \geq 0$ und setzen

$$f = G\varphi. \tag{20}$$

Mit (19) ergibt sich

$$P G\varphi = G\varphi - \varphi$$

und deshalb

$$A f = (P-E) f = (P-E) G\varphi = G\varphi - \varphi - G\varphi = -\varphi.$$

Hiernach stellt der Operator G das Analogon zu dem im Ausdruck (17) gegebenen Integraloperator dar. Wir werden daher die Funktion $G\varphi$ als *Potential* der Funktion $\varphi (\varphi \geq 0)$ bezeichnen.

Das diskrete Potential läßt eine einfache wahrscheinlichkeitstheoretische Deutung zu. Das liegt daran, daß

$$P^n \varphi(x) = \sum_y p(n,x,y)\,\varphi(y) = \mathbf{M}_x \varphi(x(n)), \qquad n \geq 0, \tag{21}$$

gilt. Für $n=0$ führt diese Formel zu $\varphi(x)=\varphi(x)$ und für $n=1$ zur Definition des Operators P (vgl. den Ausdruck in (13)). Der Beweis der Beziehung (21) für $n\geq 2$ geschieht nun durch vollständige Induktion.

Nach dem Satz von der vollständigen Wahrscheinlichkeit ist

$$p(n+1,x,y)=\sum_z p(1,x,z)\,p(n,z,y).$$

Nehmen wir an, daß die Beziehung (21) für n bewiesen ist, so folgt

$$\begin{aligned}\mathbf{M}_x\varphi(x(n+1)) &= \sum_y p(n+1,x,y)\varphi(y)=\sum_z p(1,x,z)\Big[\sum_y p(n,z,y)\varphi(y)\Big]\\ &= \sum_z p(1,x,z)[P^n\varphi(z)] = P^{n+1}\varphi(x),\end{aligned}$$

d.h. (21) gilt für $n+1$.

Aus (21) ergibt sich, daß

$$G\varphi(x)=\sum_{n=0}^{\infty}\mathbf{M}_x\varphi(x(n))=\mathbf{M}_x\sum_{n=0}^{\infty}\varphi(x(n)). \tag{22}$$

ist. Diese Formel führt zu folgender wichtigen Interpretation des Potentials. Möge jeder Treffer im Punkt y zu einem Zuwachs $\varphi(y)$ führen. Dann stellt $G\varphi(x)$ den mittleren Zuwachs dar, der sich für die gesamte Irrfahrt des im Punkt x startenden Teilchens ergibt.

Benutzen wir die vermöge (7) (§ 3) eingeführte Abkürzung

$$g(x,y)=\sum_{n=0}^{\infty}p(n,x,y),$$

so können wir das Potential in der Form

$$G\varphi(x)=\sum_y g(x,y)\varphi(y) \tag{23}$$

schreiben.

Wie am Ende des § 3 bemerkt wurde, gilt für große $\|x-y\|$

$$g(x,y)\sim\frac{c_l}{\|x-y\|^{l-2}}.$$

Dies liefert

$$G\varphi(x)=\sum_y g(x,y)\varphi(y)\sim c_l\sum_y\frac{\varphi(y)}{\|x-y\|^{l-2}}$$

für $\|x\|\to\infty$, falls $\varphi(x)$ nur in endlich vielen Punkten von 0 verschieden ist. Somit verhält sich für große $\|x\|$ das diskrete Potential wie das Newtonsche Potential (17).

Wir zeigen nun, daß

$$f(x)-\mathbf{M}_x f(x(\tau))=\mathbf{M}_x\sum_{k=0}^{\tau-1}\varphi(x(k)) \tag{24}$$

gilt, falls $f = G\varphi$ ist und τ den Zeitpunkt des ersten Eintritts in die Menge B bezeichnet. (Wenn das Teilchen niemals nach B gelangt, setzen wir $\tau = \infty$ und $f(x(\tau)) = 0$).

Wir haben

$$f(x) = G\varphi(x) = \mathbf{M}_x[\varphi(x(0)) + \varphi(x(1)) + \cdots]. \tag{25}$$

Die Zerlegung der Trajektorie des Teilchens in das Stück vor dem Zeitpunkt τ und dasjenige, das sich von τ an ergibt, liefert

$$\begin{aligned} f(x) = \mathbf{M}_x[\varphi(x(0)) + \cdots + \varphi(x(\tau - 1))] \\ + \mathbf{M}_x[\varphi(x(\tau)) + \varphi(x(\tau+1)) + \cdots]. \end{aligned} \tag{26}$$

Der erste Summand in (26) stellt anschaulich den mittleren Zuwachs bis zum Eintritt des Teilchens in B dar und entsprechend der zweite Summand den Zuwachs vom ersten Eintritt in B an. Um aus (26) die Beziehung (24) zu erhalten, bleibt zu zeigen, daß

$$\mathbf{M}_x[\varphi(x(\tau)) + \varphi(x(\tau+1)) + \cdots] = \mathbf{M}_x f(x(\tau))$$

gilt. Benutzen wir die Wahrscheinlichkeit $q(n, y) = \mathbf{P}_x\{\tau = n, x(n) = y\}$, so können wir schreiben

$$\mathbf{M}_x \varphi(x(\tau + k)) = \sum_{n,y} q(n, y)\mathbf{M}_y \varphi(x(k)),$$

$$\sum_n q(n, y) = \mathbf{P}_x\{x(\tau) = y\},$$

wobei n die Zahlen von 0 bis ∞ und y die Menge B durchlaufen. Hieraus folgt

$$\begin{aligned} \mathbf{M}_x \sum_{k=0}^{\infty} \varphi(x(\tau + k)) &= \sum_{k=0}^{\infty} \sum_{n,y} q(n, y)\mathbf{M}_y \varphi(x(k)) = \\ &= \sum_{n,y} q(n, y) \cdot \sum_{k=0}^{\infty} \mathbf{M}_y \varphi(x(k)) = \sum_{n,y} q(n, y) f(y) = \\ &= \sum_y f(y)\mathbf{P}_x\{x(\tau) = y\} = \mathbf{M}_x f(x(\tau)). \end{aligned}$$

§ 6. Exzessive Funktionen

Wir erinnern daran, daß eine Funktion $f(x)(x \in H^l)$ superharmonisch genannt wird, falls $Pf \leq f$ gilt. Eine wichtige Rolle in der Theorie der Markoffschen Prozesse spielen die nichtnegativen superharmonischen Funktionen; sie werden *exzessiv* genannt. Da für eine harmonische Funktion f $Pf=f$ gilt, ist eine harmonische Funktion exzessiv, falls sie nichtnegativ ist. Ist weiter $f=G\varphi$, $\varphi\geq 0$, dann folgt

$$f-Pf=(\varphi+P\varphi+P^2\varphi+\cdots)-P(\varphi+P\varphi+P^2\varphi+\cdots)=\varphi\geq 0.$$

Demnach ist das Potential einer beliebigen nichtnegativen Funktion exzessiv.

Es soll gezeigt werden, daß *eine beliebige exzessive Funktion darstellbar ist als Summe einer beliebigen nichtnegativen harmonischen Funktion und des Potentials einer nichtnegativen Funktion.* (Dieses Ergebnis stellt das diskrete Analogon zu einem bekannten Satz von RIESZ in der Theorie der Differentialgleichungen dar.)

Sei f eine exzessive Funktion. Setzen wir $f-Pf=\varphi$, so folgt $\varphi\geq 0$ und

$$f=\varphi+P\varphi+\cdots+P^{n-1}\varphi+P^n f. \tag{27}$$

Aus der Ungleichung

$$\varphi+P\varphi+\cdots+P^{n-1}\varphi=f-P^n f\leq f$$

ergibt sich, daß

$$G\varphi=\varphi+P\varphi+\cdots<\infty$$

ist. Hiermit schließt man aus (27), daß der Grenzwert $h=\lim_{n\to\infty}P^n f$ existiert und

$$f=G\varphi+h \tag{28}$$

gilt. Ersichtlich ist $Ph=h$; h erweist sich demnach als harmonisch.

Als Beispiel für eine exzessive Funktion kann die Funktion $\pi_B(x)$ dienen: die Wahrscheinlichkeit, von x aus die Menge B zu erreichen. Hierzu betrachten wir die Folge der Ereignisse

$A_n=\{$Das Teilchen gelangt in die Menge B beim n-ten Schritt oder später$\}$.

Es ist klar, daß $A_0\supseteq A_1\supseteq\cdots$ gilt. Man beachte, daß $\mathbf{P}_x\{A_0\}=\pi_B(x)$ ist. Vermöge der Beziehung (21) erhält man

$$\mathbf{P}_x\{A_n\}=\sum_y p(n,x,y)\,\pi_B(y)=P^n\pi_B(x), \tag{29}$$

insbesondere also $P\pi_B(x)=\mathbf{P}_x\{A_1\}\leq\mathbf{P}_x\{A_0\}=\pi_B(x)$. Danach ist die Funktion $\pi_B(x)$ exzessiv. Gemäß der Zerlegung (28) läßt sich die Funktion $\pi_B(x)$ in der Form

$$\pi_B(x)=G\varphi_B(x)+\bar{\pi}_B(x) \tag{30}$$

schreiben, wobei $\bar{\pi}_B(x)=\lim_{n\to\infty}P^n\pi_B(x)$, $\varphi_B(x)=\pi_B(x)-P\pi_B(x)$ gilt.

Wegen (29) folgt $\bar{\pi}_B(x)=\lim_{n\to\infty}\mathbf{P}_x\{A_n\}=\mathbf{P}_x\left\{\bigcap_n A_n\right\}$. Demnach ist $\bar{\pi}_B(x)$ die Wahrscheinlichkeit dafür, daß das Teilchen zu beliebig weit entfernt liegenden Zeitpunkten in die Menge B fällt, d.h. unendlich oft dorthin gelangt. Diese Wahrscheinlichkeit begegnete uns in § 4. Dort wurde gezeigt, daß sie in der Tat gleich 0 ist, falls B transient, und gleich 1, falls B rekurrent ist. *Für eine transiente Menge gilt also*

$$\pi_B(x)=G\,\varphi_B(x),$$

d.h., die Wahrscheinlichkeit $\pi_B(x)$ erweist sich als Potential einer nichtnegativen Funktion φ_B. Hierbei stellt wegen der Beziehung (29) $\varphi_B(x)=\pi_B(x)-P\,\pi_B(x)=\mathbf{P}_x\{A_0\}-\mathbf{P}_x\{A_1\}=\mathbf{P}_x\{A_0-A_1\}$ die Wahrscheinlichkeit dafür dar, daß das Teilchen in x startet, sich zu Beginn in B befindet und vom ersten Schritt an nicht mehr in die Menge B gelangt. Es ist klar, daß diese Wahrscheinlichkeit höchstens im Fall $x\in B$ von Null verschieden sein kann, d.h., *die Funktion φ_B ist außerhalb der Menge B gleich* 0.

Der erste Summand in der Zerlegung (30) stellt die Wahrscheinlichkeit dafür dar, daß das Teilchen lediglich endlich oft in die Menge B gelangt. Indem man die Schlußweise vom vorigen Absatz wiederholt, zeigt man leicht, daß $P^n\varphi_B(x)=\mathbf{P}_x\{A_n-A_{n+1}\}$, $n\geq 0$, gilt; dies bedeutet, daß die Beziehung

$$G\,\varphi_B=\sum_{n=0}^{\infty}P^n\,\varphi_B$$

der Darstellung der genannten Wahrscheinlichkeit als Summe der Wahrscheinlichkeiten dafür entspricht, zum letztenmal beim n-ten Schritt in die Menge B zu gelangen, $n\geq 0$.

Aus der Beziehung (24), die am Ende des letzten Abschnitts hergeleitet wurde, ist ersichtlich, daß

$$\mathbf{M}_x f(x(\tau))\leq f(x) \tag{31}$$

gilt, falls $f=G\,\varphi(\varphi\geq 0)$ ist und τ den Zeitpunkt des ersten Eintritts in die Menge B bezeichnet. Aus der Zerlegung (28) ergibt sich, daß eine beliebige beschränkte exzessive Funktion dieser Ungleichung genügt (da nach § 4 eine beschränkte harmonische Funktion konstant ist). Im folgenden werden wir sehen, daß es unnötig ist, die Funktion f als beschränkt vorauszusetzen, und daß die Ungleichung (31) von einer viel umfassenderen Klasse von Zeiten befriedigt wird (vgl. Kap. III, § 3). Die Ungleichung (31) erinnert an die Ungleichung $\mathbf{M}_x f(x(1))=Pf(x)\leq f(x)$, die in die Definition der exzessiven Funktionen eingeht, mit dem Unterschied, daß τ jetzt eine zufällige Zeit darstellt.

§ 7. Die Kapazität

Mit dem Newtonschen Potential ist eng verknüpft der Begriff der *Kapazität*. Die Kapazität eines Körpers B wird in der Elektrostatik in folgender Weise definiert. Man betrachtet alle Verteilungen φ von positiven Ladungen auf B, deren Potential in einem beliebigen Raumpunkt 1 nicht überschreitet. Es wird bewiesen, daß unter diesen Potentialen ein größtes existiert. Man nennt es Gleichgewichtspotential; die zugehörige Ladungsverteilung wird als Gleichgewichtsverteilung bezeichnet. Die Gesamtladung

$$C(B)=\int_B \varphi(y)\,dy$$

bzgl. der Gleichgewichtsverteilung φ wird Kapazität des Körpers B genannt. Geht man von der Formel (17) aus, so kann man die Definition der Kapazität im l-dimensionalen Raum R^l für $l>3$ erhalten. Die Kapazität ist einer der zentralen Begriffe in der Theorie der Laplaceschen Differentialgleichung.

Ausgehend von diskreten Potentialen $f=G\varphi$ versuchen wir, einen analogen Begriff für Funktionen, die auf dem Punktgitter H^l definiert sind, zu entwickeln. Wir wählen eine feste (beliebige) Teilmenge B dieses Punktgitters und betrachten die Familie K_B aller Funktionen $\varphi\geq 0$, die außerhalb von B verschwinden und für welche $G\varphi\leq 1$ gilt.

Für die Funktion $f=G\varphi$, $\varphi\in K_B$, nimmt die Beziehung (24) aus § 5 die Form

$$f(x)=\mathbf{M}_x f(x(\tau)) \tag{32}$$

an, worin τ den Zeitpunkt des ersten Eintritts des Teilchens in die Menge B bezeichne. Aus $f\leq 1$ ergibt sich $\mathbf{M}_x f(x(\tau))\leq \mathbf{P}_x\{\tau<\infty\}=\pi_B(x)$. Demnach erhalten wir aus (32) die Ungleichung

$$f(x)\leq \pi_B(x). \tag{33}$$

Ist die Menge B transient, so gilt, wie wir im vorangehenden Abschnitt sahen, $\pi_B=G\varphi_B$, $\varphi_B=\pi_B-\mathrm{P}\,\pi_B\in K_B$. Es ist demnach naheliegend, π_B als *Gleichgewichtspotential*, φ_B als *Gleichgewichtsverteilung* und den Ausdruck

$$C(B)=\sum_y \varphi_B(y) \tag{34}$$

als *Kapazität* der Menge B zu bezeichnen.

Für rekurrente Mengen wird der Begriff der Kapazität gewöhnlich nicht definiert. Wir erinnern daran, daß alle endlichen Mengen transient sind.

Wir werden zeigen, daß die Gleichgewichtsverteilung φ_B eine Extremaleigenschaft besitzt, die als diskretes Analogon des Satzes von GAUSS aus der Theorie des Newtonschen Potentials erscheint. Sei die Menge B transient. Wir beweisen nun, daß dann für eine beliebige Funktion $\varphi \in K_B$

$$\sum_y \varphi(y) \leq \sum_y \varphi_B(y) = C(B) \tag{35}$$

gilt. Es ist natürlich, die Größe $\sum_y \varphi(y)$ als *Gesamtladung* zu bezeichnen, welche der Verteilung φ entspricht. Die Ungleichung (35) zeigt, daß die *Kapazität einer transienten Menge B als die maximale auf B konzentrierte Gesamtladung definiert werden kann, deren Potential* 1 *nicht überschreitet.*

Zum Beweis der Beziehung (35) führen wir die Abkürzung

$$(f_1, f_2) = \sum_{y \in B} f_1(y) f_2(y)$$

ein. Auf Grund der Symmetrie der Irrfahrt ist $p(n,x,y) = p(n,y,x)$ und folglich $g(x,y) = g(y,x)$. Somit haben wir

$$(Gf_1, f_2) = (f_1, Gf_2).$$

Indem wir benutzen, daß $\pi_B = 1$ auf B und $G\varphi \leq 1$ für $\varphi_B \in K_B$ gilt, erhalten wir

$$\sum_y \varphi(y) = (\varphi, \pi_B) = (\varphi, G\varphi_B) = (G\varphi, \varphi_B) \leq (1, \varphi_B) = C(B).$$

§ 8. Rekurrenzkriterien

Wir leiten jetzt eine notwendige und hinreichende Bedingung für die Rekurrenz einer Teilmenge B des dreidimensionalen Gitters her. Diese Bedingung wird mit Hilfe des Kapazitätsbegriffs formuliert und hat, was ihr Wesen und ihre Formulierung anbetrifft, große Ähnlichkeit mit einem von der Theorie der Differentialgleichungen her bekannten Kriterium von WIENER für die Regularität von Randpunkten*. Der Leser überträgt die folgenden Überlegungen leicht auf den Fall $l > 3$.

Da eine beliebige beschränkte Menge transient ist, hängt die Rekurrenz einer Menge B nicht ab von deren Struktur innerhalb einer beliebigen festen Kugel. Es zeigt sich, daß die Rekurrenz von B

* s. z. B. COURANT, R.: Methods of mathematical physics, Vol. II: Partial differential equations, Interscience, New York, 1962, Kap. IV, § 4, No. 4a.

davon abhängt, wie schnell die Zahl der Punkte von B, welche in einer Kugel vom Radius r liegen, für $r \to \infty$ wächst.

Wir betrachten eine wachsende Folge von Kugeln, deren Mittelpunkte im Nullpunkt liegen und deren Radien die Werte $r = 1, 2, 2^2, \ldots, 2^k, \ldots$ haben und somit eine wachsende geometrische Folge bilden. Mit B_k bezeichnen wir den Teil der Menge B, der zwischen der k-ten und $(k+1)$-ten Kugeloberfläche liegt (genauer: die Menge aller $x \in B$, für welche $2^{k-1} < \|x\| \leq 2^k$ gilt; vgl. Abb. 1). Die Menge B_k ist endlich; folglich ist für sie die Kapazität $C(B_k)$ definiert. Es gilt folgendes Kriterium: *Für die Rekurrenz einer Menge B ist notwendig und hinreichend, daß die Reihe*

$$\sum_k \frac{C(B_k)}{2^k} \tag{36}$$

divergiert.

Wir beweisen zunächst die Notwendigkeit dieser Bedingung, d.h., wir zeigen, daß aus der Konvergenz der Reihe (36) die Transienz der Menge B folgt.

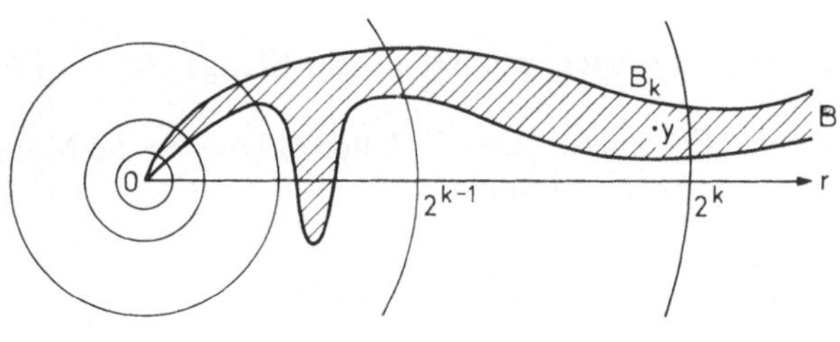

Abb. 1

Wir überzeugen uns zunächst davon, daß mit der Reihe (36) zugleich die Reihe

$$\sum_k \pi_{B_k}(0) \tag{37}$$

konvergiert. Dazu machen wir Gebrauch von der am Ende des § 3 angegebenen asymptotischen Beziehung

$$g(x, y) \sim \frac{Q}{\|x-y\|} \quad \text{für} \quad \|x-y\| \to \infty, \tag{38}$$

wobei $Q = c_3$ ist (vgl. (12)). Wegen der Beziehung (38) existiert ein

$N>0$ derart, daß für $y \in B_k$, $k>N$, die Ungleichung

$$g(0,y) \leq \frac{2Q}{\|y\|} \tag{39}$$

gilt. Da $\pi_{B_k}(x)$ das Gleichgewichtspotential für die Menge B_k darstellt, hat man

$$\pi_{B_k}(0) = G\,\varphi_{B_k}(0) = \sum_y g(0,y)\,\varphi_{B_k}(y),$$

wobei φ_{B_k} die Gleichgewichtsverteilung auf der Menge B_k bezeichne. Benutzt man die Abschätzung (39) und die Tatsache, daß φ_{B_k} außerhalb von B_k verschwindet und daß $\|y\|>2^{k-1}$ für $y \in B_k$ gilt, so gelangt man zu

$$\pi_{B_k}(0) \leqq \sum_y \frac{2Q\,\varphi_{B_k}(y)}{\|y\|} \leqq \frac{Q}{2^{k-2}} \sum_y \varphi_{B_k}(y) = 4Q\,\frac{C(B_k)}{2^k}.$$

Das bedeutet, daß die Reihe (37) bis auf einen konstanten Faktor von der Reihe (36) majorisiert wird und somit ebenfalls konvergiert.

Wir bemerken nun, daß sich auf Grund der Darstellbarkeit des Ereignisses $\left\{\text{Das Teilchen gelangt in die Menge } \bar{B}_n = \bigcup_{k=n}^{\infty} B_k\right\}$ als Vereinigung der Ereignisse {Das Teilchen gelangt in die Menge B_k}, $k=n, n+1, \ldots$, die Ungleichung

$$\pi_{\bar{B}_n}(0) \leq \sum_{k=n}^{\infty} \pi_{B_k}(0)$$

ergibt. Dies besagt, daß für hinreichend großes n $\pi_{\bar{B}_n}(0)<1$ gilt und die Menge $\bar{B} = \bar{B}_n$ somit transient ist. Weil die endliche Menge $\bar{\bar{B}} = B - \bar{B}$ ebenfalls transient ist, bleibt nachzuweisen, daß die Vereinigung zweier transienter Mengen transient ist.

Hierzu erinnern wir uns an die zweite Definition der Rekurrenz, nach der eine Menge transient ist, falls das Teilchen mit Wahrscheinlichkeit 1 nur endlich oft in diese Menge gelangt (s. § 4). Da der Durchschnitt zweier sicherer Ereignisse wiederum ein sicheres Ereignis liefert, gelangt das Teilchen mit Wahrscheinlichkeit 1 sowohl in die Menge $\bar{B}$ als auch in die Menge $\bar{\bar{B}}$ und damit in deren Vereinigung $B = \bar{B} \cup \bar{\bar{B}}$ jeweils nur endlich oft. Folglich ist die Menge B transient.

Es ist komplizierter zu zeigen, daß obiges Kriterium auch hinreichend für Rekurrenz ist. Die Reihe (36) möge divergieren. Wir spalten sie in vier Reihen auf, wobei jede von ihnen gerade diejenigen Summanden der Reihe (36) enthält, deren Indizes bei der Division durch 4 jeweils den gleichen Rest liefern. Wir werden speziell annehmen, daß die Reihe

$$\sum_k \frac{C(B_{4k})}{2^{4k}} \tag{40}$$

divergiert.

Mit S_k bezeichnen wir die Menge derjenigen Gitterpunkte, die in der von den Kugeln mit den Radien 2^{4k-2} bzw. $2^{4k-2}+1$ gebildeten Kugelschale liegen (d.h. die Menge aller $y \in H^3$, für welche $2^{4k-2} \leq \|y\| \leq 2^{4k-2}+1$ gilt) (Abb. 2). Die Menge B_{4k} liegt dann zwischen den Kugelschalen S_k und S_{k+1}, und zwar bedeutend näher an S_k als an S_{k+1}.

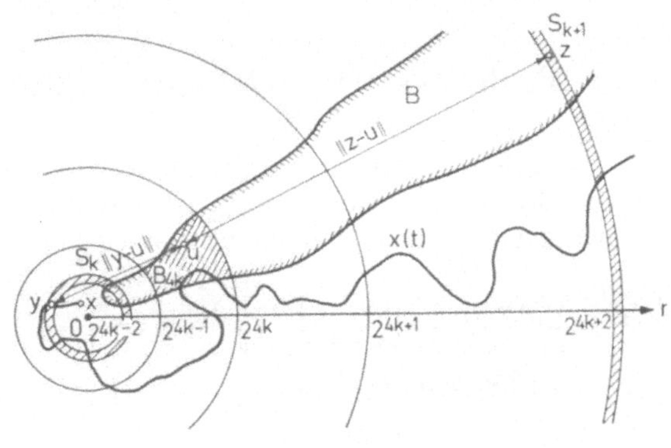

Abb. 2

Da sich der Abstand des Teilchens vom Nullpunkt bei einem Schritt um höchstens 1 ändert, kann es nicht alle Punkte einer Kugelschale S_k auslassen, wenn es S_k kreuzt. Das Teilchen gelangt mit Wahrscheinlichkeit 1 ins Unendliche und durchschreitet demnach alle Kugelschalen S_k, die den Anfangszustand x umschließen. Wir betrachten *das Ereignis A_k, welches darin besteht, daß das Teilchen auf seinem Weg von der Kugelschale S_k zur Kugelschale S_{k+1}* (genauer: zwischen den Zeitpunkten des ersten Eintritts in S_k bzw. S_{k+1}) *in die Menge B_{4k} gelangt.* Wir zeigen, daß für alle hinreichend großen k

$$\mathbf{P}_y\{A_k\} \geq Q_1 \frac{C(B_{4k})}{2^{4k}}, \qquad y \in S_k \tag{41}$$

gilt, worin die Zahl $Q_1 > 0$ nicht von y und k abhängt.

Wenn das Teilchen, ausgehend von $y \in S_k$, in die Menge B_{4k} gelangt, so tritt entweder das Ereignis A_k oder das Ereignis $D_k = \{$Das Teilchen gelangt in die Menge B_{4k}, nachdem es sich in der Kugelschale S_{k+1} befunden hatte$\}$ ein. Also folgt

$$\pi_{B_{4k}}(y) \le \mathbf{P}_y\{A_k\} + \mathbf{P}_y\{D_k\}.$$

Es ist klar, daß

$$\mathbf{P}_y\{D_k\} \le \max_{z \in S_{k+1}} \pi_{B_{4k}}(z)$$

gilt. (Diese Ungleichung beweist man formal durch Einführung der Wahrscheinlichkeit $q(n, z)$ des Ereignisses, zum erstenmal beim n-ten Schritt in die Kugelschale S_{k+1} zu gelangen und dabei den Zustand z anzunehmen – vgl. die Überlegungen am Ende von § 5.) Somit ist

$$\mathbf{P}_y\{A_k\} \ge \pi_{B_{4k}}(y) - \max_{z \in S_{k+1}} \pi_{B_{4k}}(z). \tag{42}$$

Es ist noch die Funktion $\pi_{B_{4k}}$ abzuschätzen. Da diese Funktion das Potential der Gleichgewichtsverteilung $\varphi_{B_{4k}}$ ist und $\varphi_{B_{4k}}$ außerhalb von B_{4k} verschwindet, folgt aus der Ungleichung (42), daß für $y \in S_k$

$$\begin{aligned} \mathbf{P}_y\{A_k\} &\ge \sum_u g(y,u)\,\varphi_{B_{4k}}(u) - \max_{z \in S_{k+1}} \sum_u g(z,u)\,\varphi_{B_{4k}}(u) \\ &\ge C(B_{4k})\Big(\min_{\substack{y \in S_k \\ u \in B_{4k}}} g(y,u) - \max_{\substack{z \in S_{k+1} \\ u \in B_{4k}}} g(z,u)\Big) \end{aligned}$$

gilt, wobei man noch zu beachten hat, daß die aus der Gleichgewichtsverteilung $\varphi_{B_{4k}}$ resultierende Gesamtladung gleich der Kapazität $C(B_{4k})$ ist. Wendet man hier die asymptotische Beziehung (38) an, so sieht man, daß für hinreichend große k und $y \in S_k$

$$\mathbf{P}_y\{A_k\} \ge C(B_{4k})\left(\frac{5Q}{6r_k} - \frac{7Q}{6R_k}\right)$$

gilt, worin r_k für den größten Abstand zwischen den Punkten $y \in S_k$ und $u \in B_{4k}$ stehen möge, entsprechend R_k für den kleinsten Abstand zwischen $z \in S_{k+1}$ und $u \in B_{4k}$. Aus der Lage der Mengen S_k, B_{4k} und S_{k+1} relativ zueinander ergeben sich die Ungleichungen

$$\begin{aligned} r_k &\le 2^{4k-2} + 1 + 2^{4k} \le 2 \cdot 2^{4k}, \\ R_k &\ge 2^{4k+2} - 2^{4k} = 3 \cdot 2^{4k}. \end{aligned}$$

Folglich hat man für hinreichend große k

$$\mathbf{P}_y\{A_k\} \geq \frac{Q}{36}\,\frac{C(B_{4k})}{2^{4k}}, \qquad y \in S_k.$$

Die Ungleichung (41) ist damit bewiesen.

Es ist jetzt nicht mehr schwer, mit Hilfe der Ungleichung (41) die Rekurrenz der Menge B zu beweisen. Wir wählen eine Zahl m derart, daß der Anfangszustand x innerhalb der Kugelschale S_m liegt und die Ungleichung (41) für alle $k \geq m$ zutrifft. Mit τ_k bezeichnen wir den Augenblick des ersten Eintritts in die Kugelschale S_k. Komplementär zum Ereignis A_k ist das Ereignis $\bar{A}_k = \{$Das Teilchen gelangt im Zeitintervall $[\tau_k, \tau_{k+1}]$ nicht in die Menge $B_{4k}\}$. Aus der Ungleichung (41) folgt, daß unabhängig von den Werten von τ_k und $x(\tau_k)$ sowie vom Verhalten des Teilchens bis zum Zeitpunkt τ_k die Wahrscheinlichkeit des Ereignisses $\bar{A}_k$ nicht größer als

$$1 - Q_1\,\frac{C(B_{4k})}{2^{4k}}$$

ist. Deshalb gilt für beliebiges s

$$\mathbf{P}_x\{\bar{A}_m \cap \bar{A}_{m+1} \cap \cdots \cap \bar{A}_{m+s}\} \leq \prod_{k=m}^{m+s}\left(1 - Q_1\,\frac{C(B_{4k})}{2^{4k}}\right).$$

Setzen wir nämlich

$$q_k(n, y) = \mathbf{P}_x\{\tau_k = n, x(\tau_k) = y, \bar{A}_m \cap \cdots \cap \bar{A}_{k-1}\},$$

so ergibt sich

$$\begin{aligned}\mathbf{P}_x\{\bar{A}_m \cap \cdots \cap \bar{A}_{k-1} \cap \bar{A}_k\} &= \sum_{n,y} q_k(n, y)\,\mathbf{P}_y\{\bar{A}_k\}\\ &\leq \left(1 - Q_1\,\frac{C(B_{4k})}{2^{4k}}\right)\mathbf{P}_x\{\bar{A}_m \cap \cdots \cap \bar{A}_{k-1}\}.\end{aligned}$$

Läßt man nun $s \to \infty$ streben und beachtet, daß die Reihe $\sum Q_1\,\frac{C(B_{4k})}{2^{4k}}$ divergiert, so erhält man

$$\mathbf{P}_x\{A_m \cup A_{m+1} \cup \cdots\} = 1 - \mathbf{P}_x\{\bar{A}_m \cap \bar{A}_{m+1} \cap \cdots\} = 1.$$

Das bedeutet, daß das Teilchen mit Wahrscheinlichkeit 1 in eine der Mengen B_{4k} fällt, welche in B liegen. Die Menge B ist somit rekurrent.

§ 9. Die Rekurrenz von Teilmengen einer Koordinatenachse

Wir werden unter Benutzung des im vorigen Abschnitt gewonnenen Rekurrenzkriteriums versuchen, uns eine Vorstellung von der Struktur der rekurrenten und transienten Mengen des dreidimensionalen Punktgitters zu verschaffen.

Es ist klar, daß eine beliebige Teilmenge einer transienten Menge ebenfalls transient ist und daß jede Menge, welche eine rekurrente Teilmenge enthält, selbst rekurrent ist. Außerdem wissen wir, daß jede beschränkte Menge transient ist.

Wir bezeichnen die Koordinaten des Punktes $x(n)$ durch $x_1(n)$, $x_2(n)$ bzw. $x_3(n)$. Wir zeigen, daß die Koordinatenfläche $x_3=0$ rekurrent ist. Ersichtlich ändert sich die Variable $x_3(n)$ wie folgt: In der Zeit 1 vergrößert oder verringert sie sich um 1 jeweils mit der Wahrscheinlichkeit $\frac{1}{6}$, während sie mit der Wahrscheinlichkeit $\frac{2}{3}$ ihren Wert beibehält. Die Wahrscheinlichkeit dafür, daß die Variable $x_3(n)$ ihren Wert bei k aufeinanderfolgenden Schritten beibehält, ist $(\frac{2}{3})^k$. Dies strebt gegen 0 für $k\to\infty$; folglich ändert sich der Wert von $x_3(n)$ mit Wahrscheinlichkeit 1 früher oder später. Aus Symmetriegründen ist klar, daß der erste Zuwachs der Variablen $x_3(n)$ jeweils mit der Wahrscheinlichkeit $\frac{1}{2}$ gleich -1 oder $+1$ ist. Demnach unterscheidet sich das Gesetz für die zufällige Änderung der Variablen $x_3(n)$ von der zu Beginn von § 1 beschriebenen symmetrischen Irrfahrt lediglich hinsichtlich der Möglichkeit, daß die zufällige Variable $x_3(n)$ in jedem Zustand, in dem sie sich befindet, endlich lange verharren kann. Es ist klar, daß hierdurch nicht die Wahrscheinlichkeit, den Zustand 0 zu erreichen, geändert wird, da lediglich die Geschwindigkeit der Bewegung, nicht aber die Form der Trajektorien beeinflußt werden. Da bei der eindimensionalen symmetrischen Irrfahrt der Nullpunkt von einem beliebigen anderen Punkt aus mit Wahrscheinlichkeit 1 erreicht wird, nimmt $x_3(n)$ mit Wahrscheinlichkeit 1 irgendwann den Wert 0 an. Somit ist die Koordinatenfläche $x_3=0$ rekurrent.

Indem man von der Tatsache Gebrauch macht, daß bei der zweidimensionalen symmetrischen Irrfahrt der Nullpunkt ebenfalls von einem beliebigen anderen Punkt aus mit Wahrscheinlichkeit 1 erreicht wird (s. die Aufgaben), kann man analog beweisen, daß die Koordinatenachse $x_2=x_3=0$ eine rekurrente Menge bildet. Die Benutzung des Wienerschen Kriteriums gestattet nicht nur den Beweis dieser vergleichsweise einfachen Tatsache, sondern auch die Herleitung der folgenden hinreichenden Bedingung für die Rekurrenz einer Menge B, welche aus Punkten der Form $(b_n, 0, 0)$ besteht, wobei die $b_1, b_2, \dots$ natürliche Zahlen mit $0<b_1<b_2<\cdots$ bezeichnen:

Wenn die Reihe $\sum \frac{1}{b_n}$ *konvergiert, dann ist die Menge B transient; wenn die Reihe* $\sum \frac{1}{b_n}$ *divergiert und für große n*

$$b_{n+1} - b_n \geq c \cdot \log_2 b_n, \qquad c = \text{const} > 0 \tag{43}$$

gilt, dann ist die Menge B rekurrent.

Der Zusammenhang der Rekurrenz der Menge B mit der Divergenz der Reihe $\sum \frac{1}{b_n}$ ist sehr plausibel: Die Divergenz dieser Reihe besagt, daß die Punkte $(b_n, 0, 0)$ nahe beieinanderliegen, während Konvergenz bedeutet, daß die Zahlen b_n schnell wachsen. Die Bedingung (43), welche mit der im Beweis verwendeten Methode der Abschätzung von Kapazitäten zusammenhängt*, wird nur von sehr langsam divergierenden Reihen erfüllt. Ist z. B. $b_n = [n \log_2 n]$ ($[x]$ bezeichne den ganzen Teil von x), so gilt für große n

$$b_{n+1} - b_n \geq (n+1)\log_2(n+1) - 1 - n\log_2 n \geq \log_2 n - 1$$

$$= \log_2 \frac{n}{2} \geq \log_2 \sqrt{n \log_2 n} \geq \frac{1}{2} \log_2 b_n;$$

die Ungleichung (43) ist somit erfüllt. Demnach ist für $b_n = [n \log_2 n]$ die Menge B rekurrent. Falls jedoch $b_n = [n \log_2^\alpha n]$ mit $\alpha > 1$ ist, so konvergiert die Reihe $\sum \frac{1}{b_n}$, und B ist transient.

* Die Bedingung (43) kann man abschwächen, indem man fordert, daß eine Teilfolge b_{n_k} derart existiert, daß $\sum_k \frac{1}{b_{n_k}} = \infty$ und für alle k

$$b_{n_{k+1}} - b_{n_k} \geq c \log_2 b_{n_k}$$

gilt. In diesem Fall enthält die Menge B eine rekurrente Teilmenge und ist folglich selbst rekurrent. Die Frage liegt nahe, ob es möglich ist, aus jeder Folge b_n, für welche $\sum \frac{1}{b_n} = \infty$ ist, eine Teilfolge b_{n_k} auszuwählen, für welche $\sum_k \frac{1}{b_{n_k}} = \infty$ gilt und die Bedingung (43) erfüllt ist. Beispiele, die von S. M. Gusein-Zade und L. A. Iwanoff konstruiert wurden, zeigen, daß dies nicht immer möglich ist.

Ist nun die Divergenz der Reihe $\sum \frac{1}{b_n}$ hinreichend für die Rekurrenz der Menge B? In der Arbeit von R. S. Bucy, Recurrent sets, Ann. Math. Statistics **36**: 2 (1965), 535—545, wird ein Beispiel angegeben, welches diese Vermutung widerlegt. Andererseits wird in dieser Arbeit gezeigt, daß man die Zusatzbedingung (43) durch die Forderung ersetzen kann, daß die Differenzen $b_{n+1} - b_n$ monoton zunehmen.

Wir setzen nun voraus, daß die Reihe $\sum \frac{1}{b_n}$ konvergiert. Wir bemerken, daß die Kapazität einer endlichen Menge nicht größer ist als die Anzahl der Elemente dieser Menge. Dies ist klar auf Grund der Definition der Kapazität vermöge

$$C(B) = \sum_{x \in B} \varphi_B(x),$$

wobei φ_B als Wahrscheinlichkeit nicht größer als 1 sein kann. Wir schätzen die Zahl der Elemente der Menge B_k, die im Rekurrenzkriterium auftritt, ab; sie sei mit $|B_k|$ bezeichnet. Falls $b_n \in B_k$* ist, gilt $2^{k-1} < b_n \leq 2^k$, folglich $\frac{1}{2^k} \leq \frac{1}{b_n}$. Summieren wir diese Ungleichung über alle Punkte der gegebenen Menge B_k, so erhalten wir

$$\frac{|B_k|}{2^k} \leq \sum_{b_n \in B_k} \frac{1}{b_n}$$

und somit

$$\frac{C(B_k)}{2^k} \leq \sum_{b_n \in B_k} \frac{1}{b_n}.$$

Die Reihe (36) wird also durch die Reihe $\sum \frac{1}{b_n}$ majorisiert und konvergiert deshalb ebenfalls. Auf Grund des Rekurrenzkriteriums ist die Menge B transient.

Wir setzen jetzt voraus, daß die Reihe $\sum \frac{1}{b_n}$ divergiert. Ist zudem die Ungleichung (43) erfüllt, so existiert, wie wir zeigen werden, eine feste Zahl M derart, daß für beliebiges x und $k \geq 1$

$$\sum_{y \in B_k} g(x,y) \leq M \tag{44}$$

gilt. Mit Hilfe dieser Ungleichung schätzen wir $C(B_k)$ nach unten ab. Wir betrachten die Funktion $\varphi(y)$, die gleich $\frac{1}{M}$ auf B_k und gleich 0 in den übrigen Punkten ist. Das Potential dieser Funktion ergibt sich zu

$$f(x) = \sum_y g(x,y)\varphi(y) = \frac{1}{M} \sum_{y \in B_k} g(x,y)$$

und ist wegen (44) in jedem Punkt höchstens gleich 1. Auf Grund der am Ende von § 7 angegebenen Definition der Kapazität als

---

* Hier wie im folgenden schreiben wir statt $(b_n, 0, 0)$ kürzer b_n. Der Leser wird leicht erkennen können, ob es sich bei b_n um eine Zahl oder um einen Punkt des Gitters H^3 handelt.

maximale Gesamtladung, deren Potential nirgends größer als 1 ist, erhalten wir

$$C(B_k) \geq \sum_y \varphi(y) = \frac{|B_k|}{M}.$$

Falls $b_n \in B_k$ ist, so ergibt sich $2^{k-1} < b_n \leq 2^k$, also $\frac{1}{b_n} < \frac{1}{2^{k-1}}$. Summieren wir diese Ungleichung über $b_n \in B_k$, so gelangen wir zu

$$\sum_{b_n \in B_k} \frac{1}{b_n} \leq \frac{|B_k|}{2^{k-1}} \leq 2M \frac{C(B_k)}{2^k}.$$

Folglich wird die Reihe $\sum \frac{1}{b_n}$ bis auf den Faktor $2M$ von der Reihe (36) majorisiert. Aus der Divergenz der Reihe $\sum \frac{1}{b_n}$ ergibt sich die Divergenz der Reihe (36), also die Rekurrenz der Menge B.

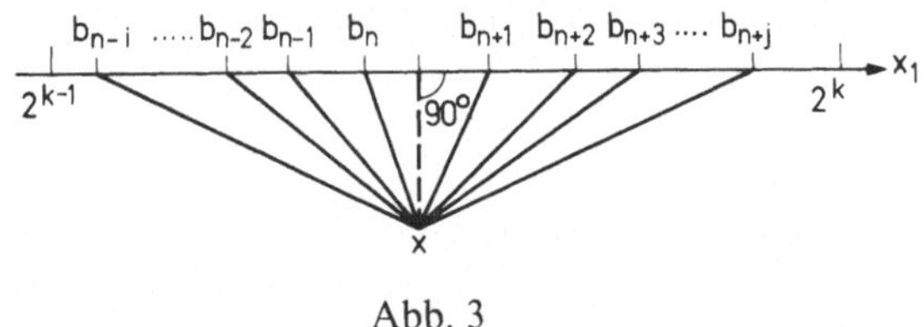

Abb. 3

Es bleibt schließlich nur noch die Ungleichung (44) zu beweisen. Ersichtlich können wir $k \geq 2$ annehmen. Wir bemerken, daß auf Grund der asymptotischen Beziehung (12) die Größen $g(x,y)$ und $\|x-y\| g(x,y)$ durch eine gewisse Zahl Q beschränkt werden. Seien b_n und b_{n+1} die dem Punkt x am nächsten liegenden Punkte der Menge B_k; $b_{n-1}, b_{n-2}, \ldots, b_{n-i}$ sowie $b_{n+2}, b_{n+3}, \ldots, b_{n+j}$ mögen die restlichen Punkte dieser Menge bezeichnen (Abb. 3).

Auf Grund der kurz zuvor gemachten Bemerkung folgt

$$\sum_{y \in B_k} g(x,y) \leq 2Q + Q\left(\frac{1}{\|x-b_{n-1}\|} + \frac{1}{\|x-b_{n-2}\|} + \cdots + \frac{1}{\|x-b_{n-i}\|}\right) + Q\left(\frac{1}{\|x-b_{n+2}\|} + \frac{1}{\|x-b_{n+3}\|} + \cdots + \frac{1}{\|x-b_{n+j}\|}\right).$$

Aus der Ungleichung (43) ergibt sich für Punkte der Menge B_k die Abschätzung

$$b_{l+1} - b_l \geq c \cdot \log_2 b_l \geq c \cdot \log_2 2^{k-1} = c(k-1).$$

Folglich hat man (vgl. Abb. 3)

$$\begin{aligned}
&\|x-b_{n-1}\| \geq b_n - b_{n-1} \geq c(k-1),\\
&\|x-b_{n-2}\| \geq b_n - b_{n-2} \geq 2c(k-1),\\
&\dots\dots\dots\dots\dots\dots\dots\dots\dots\dots\\
&\|x-b_{n-i}\| \geq b_n - b_{n-i} \geq i c(k-1),\\
&\|x-b_{n+2}\| \geq b_{n+2} - b_{n+1} \geq c(k-1),\\
&\|x-b_{n+3}\| \geq b_{n+3} - b_{n+1} \geq 2c(k-1),\\
&\dots\dots\dots\dots\dots\dots\dots\dots\dots\dots\\
&\|x-b_{n+j}\| \geq b_{n+j} - b_{n+1} \geq (j-1)c(k-1)
\end{aligned}$$

und somit

$$\sum_{y\in B_k} g(x,y) \leq 2Q + \frac{Q}{c(k-1)}\left(1+\frac{1}{2}+\cdots+\frac{1}{i}+1+\frac{1}{2}+\cdots+\frac{1}{j-1}\right).$$

Da i und j nicht größer sind als die Anzahl 2^{k-1} der zwischen den Kugeln mit Radien 2^{k-1} bzw. 2^k liegenden Punkte, hat man weiter

$$\sum_{y\in B_k} g(x,y) \leq 2Q + \frac{2Q}{c(k-1)}\left(1+\frac{1}{2}+\frac{1}{3}+\cdots+\frac{1}{2^{k-1}}\right).$$

Nun ist aber

$$\frac{1}{n} \leq \int_{n-1}^{n} \frac{dx}{x},$$

woraus sich die Abschätzung

$$\begin{aligned}
\sum_{y\in B_k} g(x,y) \leq 4Q + \frac{2Q}{c(k-1)}\int_1^{2^{k-1}} \frac{dx}{x} &= 4Q + \frac{2Q}{c(k-1)}\cdot \ln 2^{k-1}\\
&= 2Q\left(2+\frac{\ln 2}{c}\right)
\end{aligned}$$

ergibt.

Aufgaben

Zweidimensionales Gitter

1. Für die symmetrische Irrfahrt auf dem zweidimensionalen Gitter gilt $g(x,x)=\infty$.

Hinweis. Da $p(2k+1,x,x)=0$ ist, hat man

$$g(x,x) = \sum_{k=0}^{\infty} p(2k,x,x).$$

In der Darstellung (6) für $p(2k,x,x)$ ist die unter dem Integralzeichen stehende Funktion nichtnegativ. Demnach kann man gliedweise integrieren und erhält

$$g(x,x) = \frac{1}{\pi^2} \int_{-\pi}^{+\pi} \int_{-\pi}^{+\pi} \frac{d\theta_1\, d\theta_2}{4-(\cos\theta_1+\cos\theta_2)^2}.$$

Das gewonnene Integral wird mit Hilfe der Ungleichung $\cos\alpha \geq 1 - \frac{\alpha^2}{2}$, $|\alpha| < \alpha_0$, abgeschätzt.

2. Mit $r(x)$ bezeichnen wir die Wahrscheinlichkeit dafür, daß das in x startende Teilchen irgendwann nach x zurückkehrt. Dann gilt

$$g(x,x) = \sum_{n=0}^{\infty} r(x)^n.$$

Hinweis. Wir betrachten die zufällige Variable ξ_k, die gleich 1 ist, wenn das Teilchen zum Punkt x mindestens $k$mal zurückkehrt, und die gleich 0 sonst ist, $k=1,2,\ldots$. Dann hat man

$$g(x,x) = 1 + \mathbf{M}_x(\xi_1 + \xi_2 + \cdots).$$

3. Bei der symmetrischen Irrfahrt auf dem zweidimensionalen Gitter ist eine einpunktige Menge rekurrent.

Hinweis. Aus den Aufgaben **1** und **2** folgt, daß $r(x)=1$ ist. Andererseits ist $1-r(x) \geq s(x,y)(1-\pi_x(y))$, wobei $s(x,y)$ die Wahrscheinlichkeit dafür bezeichne, von x aus nach y vor der ersten Rückkehr nach x zu gelangen.

Extremalpunkte einer konvexen Menge

Sei H eine endliche oder abzählbare Menge und E eine gewisse Menge von Funktionen, die auf H definiert sind. Wir sagen, die Funktionenfolge $\{f_n\}$ *konvergiere* gegen die Funktion f, falls $f_n(x) \to f(x)$ gilt für jedes $x \in H$. Die Menge E heiße *abgeschlossen*, falls aus $f_n \to f$, $f_n \in E$, folgt, daß $f \in E$ gilt; sie heiße *kompakt*, falls sie abgeschlossen ist und falls aus jeder Folge $\{f_n\}$, $f_n \in E$, eine konvergente Teilfolge ausgewählt werden kann. Wenn aus $f_1 \in E$, $f_2 \in E$ folgt, daß für beliebige Zahlen $p>0, q>0$ mit $p+q=1$ $pf_1+qf_2 \in E$ gilt, so sagt man, E sei *konvex*.

4. Eine abgeschlossene Menge E ist kompakt genau dann, falls es eine Funktion $c(x)$ gibt, so daß $|f(x)| \leq c(x)$ für $f \in E$ und $x \in H$ gilt.

Hinweis. Um zu zeigen, daß die angegebene Bedingung hinreichend ist, numeriere man die Punkte der Menge H und benutze ein Diagonalverfahren.

Eine kompakte Teilmenge A der Menge E heiße *Extremalmenge*, falls aus $f \in A$, $f = p f_1 + q f_2$, $f_1, f_2 \in E$, $p > 0$, $q > 0$, $p + q = 1$ folgt, daß $f_1, f_2 \in A$ gilt.

5. Sei A eine Extremalmenge. Gilt $f \in A$ mit

$$f = \alpha_1 f_1 + \cdots + \alpha_n f_n,$$

wobei $f_1, \ldots, f_n \in E$, $\alpha_1, \ldots, \alpha_n > 0$, $\alpha_1 + \cdots + \alpha_n = 1$ ist, so folgt $f_1, \ldots, f_n \in A$.

Ein Funktional $l(f)$ heiße *linear*, falls $l(a f_1 + b f_2) = a l(f_1) + b l(f_2)$ für beliebige Zahlen a, b und Funktionen f_1, f_2 gilt und falls aus $f_n \to f$ $l(f_n) \to l(f)$ folgt. Z.B. wird durch $l(f) = f(x_0)$ ein lineares Funktional definiert, wobei x_0 ein fixierter Punkt in H sei.

6. Sei A eine Extremalmenge, l ein lineares Funktional und werde

$$M = \max_{f \in A} l(f)$$

gesetzt. Dann ist die Menge A_1 aller Funktionen $f \in A$, für welche $l(f) = M$ gilt, ebenfalls eine Extremalmenge.

7. Sei $A_1 \supset A_2 \supset \cdots \supset A_n \supset \cdots$ eine Folge kompakter Extremalmengen. Dann ist die Menge $A = \bigcap_n A_n$ ebenfalls eine Extremalmenge.

Eine Extremalmenge, welche nur aus einem Punkt besteht, heiße *Extremalpunkt*.

8. Eine beliebige kompakte konvexe Menge E besitzt einen Extremalpunkt.

Hinweis. Auf Grund von Aufgabe **4** nimmt das durch $l_x(f) = f(x)$, $x \in H$, fest, definierte Funktional auf jedem Kompaktum sein Maximum an; mit seiner Hilfe kann man schon vorhandene Extremalmengen „zusammenziehen" (s. Aufgabe **6**). Beginnt man mit der gesamten Menge E und numeriert sämtliche Funktionale l_x in irgendeiner Reihenfolge, so gelangt man im Grenzfall zu einer Extremalmenge A_∞ (s. Aufgabe **7**). Diese Menge enthält eine einzige Funktion.

Es läßt sich beweisen, daß eine beliebige kompakte konvexe Menge aus allen Funktionen der Form $\alpha_1 f_1 + \cdots + \alpha_n f_n$ besteht mit $\alpha_1, \ldots, \alpha_n > 0$, $\alpha_1 + \cdots + \alpha_n = 1$, wobei $f_1, \ldots, f_n$ Extremalpunkte sind, sowie aus allen Grenzwerten von Folgen derartiger Funktionen (Satz von KREIN-MILMAN)*. Wir benötigen diesen Satz für den speziellen Fall, daß E lediglich einen Extremalpunkt besitzt.

9. Falls eine kompakte konvexe Menge E nur einen Extremalpunkt besitzt, so besteht E aus einer einzigen Funktion g.

Hinweis. Wir nehmen an, daß $h \in E$, $h \neq g$ gelte. Dann existiert ein $x \in H$ derart, daß für eines der durch $l(f) = \pm f(x)$ definierten linearen Funktionale $l(h) > l(g)$ gilt. Nach Aufgabe **6** existiert eine kompakte, konvexe Extremalmenge A, die nicht g enthält. Die Menge A besitzt einen Extremalpunkt $g_1 \neq g$, der sich als Extremalpunkt für die gesamte Menge E erweist.

Positive harmonische Funktionen

10. Falls eine nichtnegative harmonische Funktion in irgendeinem Punkt den Wert 0 annimmt, so ist sie identisch 0.

11. Der Grenzwert einer Folge harmonischer Funktionen stellt eine harmonische Funktion dar.

12. Falls f eine positive harmonische Funktion ist, so folgt die Ungleichung

$$f(x \pm \mathbf{e}_k) \leq 2l\, f(x),$$

wobei l die Dimension des Gitters bezeichne.

Mit E bezeichnen wir die Klasse aller positiven harmonischen Funktionen, welche im Punkt $x=0$ den Wert 1 annehmen.

13. Die Menge E ist konvex und kompakt.

Hinweis. Man benutze die Aufgaben **12, 11** und **4.**

14. Falls $f \in E$ gilt, so gehört für jeden Vektor a mit ganzen Zahlen als Komponenten die Funktion

$$g(x) = \frac{f(x+a)}{f(a)} \quad \text{zu} \quad E.$$

15. Ist g ein Extremalpunkt der Menge E, so hat man

$$g(x \pm \mathbf{e}_k) = g(\mathbf{e}_k)^{\pm 1} g(x).$$

Hinweis. Man benutze die Beziehung $g = Pg$ sowie die Aufgaben **14** und **5.**

16. Unter den Voraussetzungen der vorigen Aufgabe gilt $g(x) = 1$ für alle $x \in H^l$.

---

* s. z. B. NEUMARK, M. A.: Normierte Algebren. Deutscher Verlag der Wissenschaften, Berlin, 1959, § 3, S. 76.

Hinweis. Da $g(\mathbf{e}_k)+g(\mathbf{e}_k)^{-1}\geq 2$ gilt und Gleichheit nur im Fall $g(\mathbf{e}_k)=1$ möglich ist, folgt aus der Beziehung $g=Pg$, daß $g(\mathbf{e}_k)=1$ ist.

Aus den Aufgaben **9**, **13** sowie **16** ergibt sich, daß die Menge E lediglich aus der Funktion besteht, die identisch gleich 1 ist; demnach ist eine beliebige positive harmonische Funktion konstant.

17. Falls eine harmonische Funktion nach unten (nach oben) beschränkt ist, so ist sie konstant.

Das Dirichletsche Problem

Sei B eine Teilmenge des Punktgitters H^l. Ein Punkt $x\notin B$ heiße *Randpunkt* der Menge B, falls einer der Punkte der Form $x\pm\mathbf{e}_k$ zu B gehört. Die Gesamtheit der Randpunkte der Menge B heiße *Rand* von B und werde mit ∂B bezeichnet. Wir sagen, daß eine Funktion $f(x)$, $x\in B\cup\partial B$, *harmonisch (superharmonisch)* auf B sei, falls $f(x)=Pf(x)$ (falls die Ungleichung $f(x)\geq Pf(x)$) für alle $x\in B$ gilt. Die Menge B heiße *zusammenhängend*, wenn zu zwei beliebigen Punkten $x,y\in B$ eine Folge $x_1=x, x_2, x_3, \ldots, x_n=y$ von Punkten aus B derart existiert, daß jede der Differenzen x_i-x_{i-1} von der Form $\pm\mathbf{e}_k$ ist.

18. Ist die Menge B zusammenhängend, ist f eine auf B superharmonische Funktion und nimmt f seinen kleinsten Wert auf $B\cup\partial B$ in einem Punkt $x\in B$ an, so ist f auf $B\cup\partial B$ konstant.

19. Ist die Menge B zusammenhängend und endlich und stimmen zwei harmonische Funktionen f_1 und f_2 auf dem Rand ∂B überein, so stimmen sie auch auf B überein.

Hinweis. Man wende Aufgabe **18** auf die Funktionen f_1-f_2 und f_2-f_1 an.

In den Aufgaben **20**–**24** bezeichnen τ den Augenblick des ersten Eintritts in die Menge ∂B und φ eine beliebige auf ∂B definierte Funktion.

20. Ist die Menge B zusammenhängend, so existiert die mathematische Erwartung $\mathbf{M}_x(x(\tau))$ entweder überall oder nirgends auf B.

21. Die Funktion $f(x)=\mathbf{M}_x\varphi(x(\tau))$ stellt eine auf B harmonische Funktion dar, die auf dem Rand ∂B mit φ übereinstimmt (unter der Voraussetzung, daß diese Erwartung für alle $x\in B$ existiert).

Aus den Aufgaben **19** und **21** ergibt sich, daß zu jeder echten Teilmenge B des Gitters und zu jeder auf ∂B definierten beschränkten Funktion φ eine Funktion f existiert, die auf B harmonisch ist und auf ∂B mit φ übereinstimmt (d.h., das Dirichletsche Problem hat eine Lösung), und daß im Fall einer endlichen Menge B die Lösung eindeutig ist. Eine hinreichende Bedingung für die Eindeutigkeit einer beschränkten Lösung des Dirichletschen Problems für eine unendliche Menge B wird in Aufgabe **22** gegeben.

22. Falls der Rand ∂B der Menge B rekurrent ist und die Funktion φ beschränkt ist, so stellt $f(x)=\mathbf{M}_x f(x(\tau))$ die einzige beschränkte Funktion dar, welche auf B harmonisch ist und auf ∂B mit φ übereinstimmt.

Hinweis. Bezeichne $g(x)$ eine auf B beschränkte harmonische Funktion, die auf dem Rand ∂B mit φ übereinstimmt, K entsprechend den l-dimensionalen Würfel mit dem Nullpunkt als Mittelpunkt und der Seitenlänge a und ferner τ_1 den Augenblick des ersten Eintritts in die Menge $\partial(B\cap K)$. Dann gilt $g(x)=\mathbf{M}_x g(x(\tau_1))$ für $x\in B\cap K$; für $a\to\infty$ geht diese Beziehung über in $g(x)=\mathbf{M}_x\varphi(x(\tau))=f(x)$ (auf Grund der Rekurrenz von ∂B strebt die Wahrscheinlichkeit des Ereignisses $\tau_1=\tau$ für $a\to\infty$ gegen 1).

23. Falls die Menge ∂B transient ist, so ist die Aussage von Aufgabe **22** im allgemeinen falsch.

Hinweis. Man betrachte die Funktionen $f\equiv 1$ sowie $g=\pi_{\partial B}(x)$.

24. Die auf dem gesamten Gitter harmonischen Funktionen lassen sich auch auf folgende Weise charakterisieren: Die Funktion f ist harmonisch, falls für beliebiges x und eine beliebige x enthaltende Menge B $f(x)=\mathbf{M}_x f(x(\tau))$ gilt.

Eigenschaften von Potentialen

In den Aufgaben **25**–**31** beziehe sich „Potential" (Bezeichnung: $G\varphi$), wenn nichts anderes gesagt ist, auf ein endliches Potential einer nichtnegativen Funktion.

25. Es gibt Punkte, in denen ein Potential beliebig nahe bei 0 liegende Werte annimmt.

Hinweis. Man wende auf die Ungleichung $G\varphi\geq h$ $(h=\text{const}>0)$ den Operator P^n an und lasse n gegen Unendlich streben.

26. Falls $\varphi(x)\geq\varepsilon$ auf einer gewissen rekurrenten Menge B gilt (ε sei eine positive Zahl), so ist das Potential $G\varphi$ unendlich.

27. Falls eine exzessive Funktion f nicht größer als ein gewisses Potential ist, so ist sie selbst ein Potential.

Hinweis. Man benutze die Beziehung $f=G\varphi+h$ und Aufgabe **25**.

28. *(Enveloppenprinzip)* Für eine beliebige Familie $\{f_\alpha\}$ von Potentialen gilt, daß die Funktion $f(x)=\inf\limits_\alpha f_\alpha(x)$ ebenfalls ein Potential ist.

Unter dem *Täger* eines Potentials $G\varphi$ verstehen wir die Menge aller Punkte x, für welche $\varphi(x)>0$ gilt.

29. *(Dominationsprinzip)* Gilt $G\varphi_1\geq G\varphi_2$ auf dem Träger von $G\varphi_2$, so gilt $G\varphi_1\geq G\varphi_2$ überall.

Hinweis. Man benutze die Beziehung (24), wobei τ für den Augenblick des ersten Eintritts in den Träger von $G\varphi_2$ stehe.

30. *(Prinzip des Fegens).* Die Funktion $f(x)=\mathbf{M}_x G\varphi(x(\tau))$ (τ bezeichne den Augenblick des ersten Eintritts in die Menge B) besitzt folgende Eigenschaften: 1. f ist ein Potential; 2. f stimmt auf B mit $G\varphi$ überein; 3. f ist höchstens gleich $G\varphi$; 4. der Träger von f ist in B enthalten. Durch die Eigenschaften 1.–4. wird f eindeutig bestimmt.

31. Trifft die folgende Aussage zu: „Aus $G\varphi_1 \geq G\varphi_2$ folgt $\varphi_1 \geq \varphi_2$"?

Hinweis. Wir setzen $\varphi_1(0)=\varphi_1(\mathbf{e}_1)=1$, $\varphi_1(x)=0$ für die übrigen x sowie $\varphi_2(0)=1+\varepsilon$, $\varphi_2(x)=0$ für $x \neq 0$. Für große Werte von $\|x\|$ ist die Ungleichung $G\varphi_1 \geq G\varphi_2$ auf Grund der asymptotischen Beziehung (12) gleichzeitig für alle ε aus dem Intervall $(0,\frac{1}{2})$ erfüllt. Für die restlichen x kann man zur gewünschten Ungleichung durch eine Verkleinerung von ε gelangen, da für $\varepsilon=0$ $G\varphi_1 > G\varphi_2$ gilt und $G\varphi_2$ stetig von ε abhängt.

Exzessive Funktionen

32. Die Darstellung einer exzessiven Funktion in der Form $f=G\varphi+h$, worin φ, $h \geq 0$ sind und h eine harmonische Funktion bezeichnet, ist eindeutig.

33. Für $l=1,2$ sind alle exzessiven Funktionen konstant.

34. Die exzessiven Funktionen kann man auf folgende Weise definieren: f ist exzessiv, falls für einen beliebigen Zustand x und eine beliebige (auch leere) Menge B die Ungleichung $f(x) \geq \mathbf{M}_x f(x(\tau))$ gilt, worin τ den Augenblick des ersten Eintritts in B bezeichne.

Eigenschaften der Kapazität

In den Aufgaben **35–41** werden alle betrachteten Mengen als transient vorausgesetzt; ∂B bezeichne den Rand der Menge B (s. die Bemerkungen vor Aufgabe **18**).

35. Aus $A \subset B$ folgt $C(A) \leq C(B)$.

36. $C(A \cup B) \leq C(A) + C(B)$.

Hinweis. Man betrachte zunächst disjunkte Mengen.

37. Die Gleichgewichtsverteilung für die Menge $B \cup \partial B$ ist auf ∂B konzentriert.

38. Die Gleichgewichtsverteilungen für die Mengen $B \cup \partial B$ und ∂B stimmen überein; insbesondere hat man $C(B \cup \partial B) = C(\partial B)$.

Hinweis. Hat das Teilchen einen Zustand aus der Menge B angenommen, so gelangt es mit Wahrscheinlichkeit 1 auf den Rand ∂B, da die Menge $H^l - B$ rekurrent ist.

39. Die Kapazität des Punktes x ist gleich $\frac{1}{g(x,x)}$.

40. Die Kapazität einer aus n Punkten bestehenden Menge strebt gegen $\frac{n}{g(0,0)}$, falls die gegenseitigen Abstände der Punkte dieser Menge unbegrenzt wachsen.

Hinweis. Man benutze die asymptotische Beziehung (12) und die Aufgaben **35** und **39.**

41. Die Kapazität einer transienten unendlichen Menge ist unendlich.

Die asymmetrische Irrfahrt

Ein Teilchen, welches auf den Punkten des Gitters H^2 eine Irrfahrt vollführt, gelange von einem Punkt aus in den rechten, linken, oberen oder unteren Nachbarpunkt mit der Wahrscheinlichkeit p, q, r bzw. s $(p,q,r,s>0,\ p+q+r+s=1)$, unabhängig von seinem früheren Verhalten. Wir setzen $Pf(x)=pf(x+\mathbf{e}_1)+qf(x-\mathbf{e}_1)+rf(x+\mathbf{e}_2)+sf(x-\mathbf{e}_2)$ und nennen die Funktion f harmonisch, falls $Pf=f$ gilt. Wie im symmetrischen Fall zeigt man leicht, daß die Klasse E der positiven harmonischen Funktionen, die im Nullpunkt den Wert 1 annehmen, konvex und kompakt ist (vgl. die Aufgaben **11–13**). Wir werden die Extremalpunkte der Menge E bestimmen.

42. Wenn $\Lambda(x)$ ein Extremalpunkt der Menge E ist, dann gilt

$$\Lambda(x_1\mathbf{e}_1 + x_2\mathbf{e}_2) = \lambda^{x_1}\mu^{x_2}, \tag{45}$$

worin λ und μ positive Zahlen bezeichnen, die der Gleichung

$$p\lambda + \frac{q}{\lambda} + r\mu + \frac{s}{\mu} = 1 \tag{46}$$

genügen.

Hinweis. Vgl. Aufgabe **15.**

In den Aufgaben **43–47** wird gezeigt, daß umgekehrt die durch die Beziehung (45) definierte Funktion $\Lambda(x)$ ein Extremalpunkt ist (vgl. die Überlegungen in § 4).

43. Gelte für eine harmonische Funktion φ

$$\sup_x \frac{\varphi(x)}{\Lambda(x)} = M < \infty.$$

Ist im Punkt y

$$\frac{\varphi(y)}{\Lambda(y)} \geq M - \varepsilon,$$

so folgt

$$\frac{\varphi(y+\mathbf{e}_1)}{\Lambda(y+\mathbf{e}_1)} \geq M - c\,\varepsilon,$$

mit

$$c = 1 + \frac{1}{p}\left(\frac{q}{\lambda^2} + \frac{r\mu}{\lambda} + \frac{s}{\lambda\mu}\right).$$

44. Ist in der vorigen Aufgabe $M > 0$, so existiert zu einer beliebigen Zahl N eine Folge von Zuständen $y_0, y_1 = y_0 + \mathbf{e}_1, \ldots, y_n = y_{n-1} + \mathbf{e}_1$ derart, daß

$$\varphi(y_0) + \frac{\varphi(y_1)}{\lambda} + \cdots + \frac{\varphi(y_n)}{\lambda^n} \geq N\,\Lambda(y_0)$$

gilt.

45. Gilt $f \in E$ und

$$\sup_x \frac{f(x)}{\Lambda(x)} < \infty,$$

so hat man für alle x

$$f(x+\mathbf{e}_1) \leq \lambda f(x).$$

Hinweis. In Aufgabe **44** setze man

$$\varphi(x) = f(x+\mathbf{e}_1) - \lambda f(x).$$

46. Unter den Voraussetzungen der vorigen Aufgabe gilt $f = \Lambda$.
Hinweis. Man wende die gleichen Überlegungen auf die Vektoren $-\mathbf{e}_1$, $\mathbf{e}_2$ und $-\mathbf{e}_2$ an.

47. Die Funktion Λ ist ein Extremalpunkt der Menge E.

Aus den Aufgaben **42** und **47** ergibt sich, daß sich die Extremalpunkte der Menge E eineindeutig den positiven Lösungen (λ, μ) der Gleichung (46) zuordnen lassen. Man überzeugt sich leicht davon, daß im Fall $p = q$, $r = s$ diese Gleichung die (eindeutig bestimmte) Lösung $\lambda = \mu = 1$ besitzt, während sie in allen übrigen Fällen als Lösungsmenge ein gewisses Oval im Quadranten $\lambda > 0$, $\mu > 0$, liefert.

KAPITEL II

Wahrscheinlichkeitstheoretische Lösung einiger Differentialgleichungen

§ 1. Die Definition des Wienerschen Prozesses

Im vorigen Kapitel untersuchten wir die Irrfahrt auf dem ganzzahligen l-dimensionalen Punktgitter. Wir stellen uns jetzt vor, daß die Länge des Abstandes zwischen benachbarten Punkten des Gitters nicht gleich 1, sondern gleich einer Zahl δ ist (diese Zahl werden wir als *Gitterparameter* bezeichnen). Es ist klar, daß in diesem Fall die Länge des Weges, den das Teilchen bei n Schritten zurücklegt, proportional zu δ ist. Wir werden deshalb in Abhängigkeit von δ die Zahl der Sprünge so variieren, daß bei beliebigem δ das Teilchen in gleichen Zeitabschnitten im Mittel den gleichen Weg zurücklegt. Es ist zu erwarten, daß man im Grenzfall für $\delta \to 0$ einen stetigen Prozeß erhält, der durch seine Eigenschaften an die Irrfahrt auf dem Punktgitter erinnert.

Um eine geeignete Beziehung zwischen dem abnehmenden Parameter δ und der zunehmenden Zahl der Sprünge zu finden und um die Grenzverteilung der Bewegung des Teilchens während der Zeit t zu erhalten, benutzen wir den zentralen Grenzwertsatz für Summen unabhängiger zufälliger Vektoren. Unter der speziellen Voraussetzung, daß die unabhängigen und gleich verteilten Vektoren ξ_i $(i=1,2,\ldots)$ den Mittelwert 0 sowie endliche zweite Momente besitzen, besagt dieser Satz, daß die Verteilung der normierten Summe

$$\frac{\xi_1 + \cdots + \xi_n}{\sqrt{n}} \tag{1}$$

für $n \to \infty$ gegen die Normalverteilung strebt, welche den Mittelwert 0 und die gleiche Kovarianzmatrix wie der zufällige Vektor ξ_i besitzt.

Mit ξ_i bezeichnen wir die Verschiebung des Teilchens beim i-ten Schritt, das eine Irrfahrt auf dem Gitter mit dem Parameter $\delta = 1$ vollführt. Wegen der Symmetrie der Irrfahrt ist $\mathbf{M}\xi_i = 0$. Wir berechnen die zweiten Momente des zufälligen Vektors ξ_i mit den Koordinaten $x_1, \ldots, x_l$. Da nur eine der Koordinaten $x_1, \ldots, x_l$ von Null verschieden sein kann, sind alle gemischten Momente $\mathbf{M}x_j x_k$

für $j \neq k$ gleich 0. Da x_j jeweils mit Wahrscheinlichkeit $\frac{1}{2l}$ die Werte ± 1 annimmt und mit Wahrscheinlichkeit $1-\frac{1}{l}$ gleich 0 ist, erhalten wir $\mathbf{M}x_1^2 = \cdots = \mathbf{M}x_l^2 = \frac{1}{l}$. Daher besitzt der Vektor (1) im Grenzfall eine kugelsymmetrische Normalverteilung, deren Varianz bezüglich einer beliebigen Richtung gleich $\frac{1}{l}$ ist.

Wir bemerken nun, daß bei der Irrfahrt auf dem Gitter mit dem Parameter δ die Verschiebung des Teilchens bei n Schritten gleich

$$\delta(\xi_1 + \cdots + \xi_n) \tag{2}$$

ist. Vergleicht man (1) und (2), so sieht man, daß der Parameter δ von der Größenordnung $\frac{1}{\sqrt{n}}$ sein muß oder, was dasselbe ist, die Zahl n der Schritte von der Größenordnung $\frac{1}{\delta^2}$ sein muß, damit sich eine vernünftige Grenzverteilung ergibt. Wir werden deshalb annehmen, daß das Teilchen bei einem Sprung jeweils eine Strecke der Länge $\frac{\delta^2}{l}$ zurückgelegt (der Faktor $\frac{1}{l}$ wurde zur Vereinfachung des Endresultats eingeführt). Die Lage des Teilchens zum Zeitpunkt t sei bei einer derartigen Irrfahrt durch $x(t)$ bezeichnet (es versteht sich, daß $x(t)$ zunächst nur für solche t definiert ist, die ein Vielfaches von $\frac{\delta^2}{l}$ sind). Bis zum Zeitpunkt t vollführt das Teilchen $n = \frac{lt}{\delta^2}$ Sprünge. Dies bedeutet, daß

$$x(t) - x(0) = \sqrt{\frac{lt}{n}}\,(\xi_1 + \cdots + \xi_n) \quad \text{mit} \quad n = \frac{lt}{\delta^2}$$

gilt.

Danach erhält man den Vektor $x(t) - x(0)$ aus dem Vektor (1) durch Multiplikation mit dem Koeffizienten $\sqrt{lt}$. Folglich besitzt der Zuwachs $x(t) - x(0)$ beim Grenzübergang $\delta \to 0$ eine symmetrische Normalverteilung, deren Varianz bezüglich einer beliebigen Richtung gleich $\frac{1}{l}(\sqrt{tl})^2 = t$ ist. Die Dichte dieser Verteilung wird gegeben durch

$$p(t,y) = p(t, y_1, \ldots, y_l) = \frac{1}{(2\pi t)^{\frac{l}{2}}}\, e^{-\frac{y_1^2 + \cdots + y_l^2}{2t}} = \frac{1}{(2\pi t)^{\frac{l}{2}}}\, e^{-\frac{y^2}{2t}}. \tag{3}$$

(Falls $y = y_1 \mathbf{e}_1 + \cdots + y_l \mathbf{e}_l$ ist, so setzen wir $y^2 = y_1^2 + \cdots + y_l^2$.) Im Grenzfall können t eine beliebige positive reelle Zahl und $x(t)$ sowie $x(0)$ beliebige Punkte des l-dimensionalen Raumes sein.

Wie aus der Beziehung (3) ersichtlich, sind die Koordinaten des Zuwachses $x(t) - x(0)$ im Grenzfall voneinander unabhängig. Wir bemerken, daß dies für die Koordinaten der Summanden ξ_i nicht gilt: Falls eine von ihnen von Null verschieden ist, so sind die restlichen gleich 0. Die Grenzverteilung jeder der Koordinaten des Vektors $x(t) - x(0)$ stellt, unabhängig von der Dimension des Raumes, eine Normalverteilung mit dem Mittelwert 0 und der Varianz t dar.

Man kann sich folglich vorstellen, daß im Grenzfall die Irrfahrt auf dem Gitter in einen stetigen Prozeß übergeht, bei dem die zufällige Bewegung des Teilchens während eines Zeitintervalls der Länge t die Dichte (3) besitzt. Zu diesem Prozeß führt auch die mathematische Theorie der im Jahre 1828 von dem Botaniker Brown entdeckten ungeordneten Bewegung, welche sehr kleine, in einer Flüssigkeit suspendierte Teilchen ausführen. Die Theorie der Brownschen Bewegung wurde 1906 von Einstein und Smoluchowski geschaffen. Die mathematisch korrekte Konstruktion des entsprechenden stochastischen Prozesses wurde 1923 von Wiener ausgeführt. Es ist üblich, diesen Prozeß als *Wienerschen Prozeß* zu bezeichnen. Wir geben nun seine Definition.

Wir betrachten einen Raum X, der aus Funktionen $x(t)$, $t \geq 0$, besteht, die ihre Werte im l-dimensionalen Vektorraum R annehmen. Die Menge dieser Funktionen wird interpretiert als die Gesamtheit aller möglichen Trajektorien eines Teilchens, das eine Brownsche Bewegung ausführt. Auf X sei eine Familie von Verteilungen (d. h. von Wahrscheinlichkeiten) $\mathbf{P}_x$ gegeben, wobei x ein beliebiger Punkt aus R sei. Die Wahrscheinlichkeit $\mathbf{P}_x$ kann man interpretieren als Verteilung der zufälligen Trajektorien des Teilchens, das seine Bewegung zum Zeitpunkt $t = 0$ im Punkt x beginnt. Die der Wahrscheinlichkeit $\mathbf{P}_x$ entsprechende mathematische Erwartung werden wir durch $\mathbf{M}_x$ bezeichnen. (Falls $\mathbf{P}_x$ oder $\mathbf{M}_x$ nicht von x abhängen, schreiben wir statt dessen einfach $\mathbf{P}$ bzw. $\mathbf{M}$*.)

---

* Manchmal werden uns zufällige Größen ξ begegnen, die nicht auf allen Trajektorien definiert sind.

Unter der mathematischen Erwartung einer derartigen zufälligen Größe verstehen wir den üblichen Ausdruck, in welchem sich die Integration bzw. Summation nicht über den gesamten Raum Ω der Elementarereignisse, sondern lediglich über den Definitionsbereich Ω_ξ der zufälligen Größe ξ erstreckt. Eine damit gleichwertige Definition der mathematischen Erwartung $\mathbf{M}_x \xi$ erhält man, wenn man $\xi = 0$ jeweils in den Fällen setzt, in denen ξ nicht erklärt ist.

Man sagt, *eine Familie von Wahrscheinlichkeitsmaßen* $\mathbf{P}_x$ *auf* X *definiere einen Wienerschen Prozeß* $x(t)$, *falls die folgenden Bedingungen erfüllt sind:*

a) *Der Raum* X *enthält nur stetige Funktionen.*

b) $\mathbf{P}_x\{x(0)=x\}=1$.

c) *Der zufällige Zuwachs* $x(t+s)-x(s)$, $s\geq 0$, $t>0$, *besitzt eine symmetrische Normalverteilung mit der Dichte* (3); *dieser Zuwachs hängt nicht ab von beliebigen Ereignissen und beliebigen zufälligen Größen, die vom Verhalten der Trajektorie* $x(t)$ *bis zum Zeitpunkt* s *bestimmt werden**.

Insbesondere hat man für ein beliebiges Gebiet $\Gamma\subset R$

$$\begin{aligned}(4)\quad \mathbf{P}_x\{x(t)\in\Gamma\} &= \mathbf{P}_x\{x(t)-x(0)\in\Gamma-x\}\\ &= \int_{\Gamma-x} p(t,y)\,dy=\int_{\Gamma} p(t,z-x)\,dz,\quad t>0,\quad x\in R.\end{aligned}$$

Diese Wahrscheinlichkeit, für die wir $P(t,x,\Gamma)$ schreiben, bezeichnen wir als *Übergangswahrscheinlichkeit* des Wienerschen Prozesses.

Manchmal erweist es sich als nützlich, eine Trajektorie zu betrachten, die nicht in einem fixierten Punkt x, sondern in einem zufälligen Punkt beginnt, der die Verteilung μ besitzt. In diesem Fall berechnet sich die Wahrscheinlichkeit eines beliebigen Ereignisses A gemäß

$$\mathbf{P}_\mu\{A\}=\int_R \mathbf{P}_x\{A\}\,\mu(dx).$$

Einen derartigen Prozeß werden wir als *Wienerschen Prozeß mit der Anfangsverteilung* μ bezeichnen. Wir merken an, daß für eine beliebige zufällige Größe ξ

$$(5)\qquad \mathbf{M}_\mu\xi=\int_R \mathbf{M}_x\xi\,\mu(dx)$$

gilt.

---

* Unter derartigen Ereignissen und zufälligen Größen versteht man Mengen bzw. Funktionen, die meßbar sind bezüglich der kleinsten σ-Algebra im Raum X, die alle Mengen der Form $\{x(u)\in\Gamma\}$ enthält, wobei Γ ein beliebiges Gebiet in R bezeichne und u beliebig mit $u\leq s$ sei. Im folgenden gehen wir nicht weiter auf Meßbarkeitsfragen ein.

Derjenige Leser, der sich hierfür stärker interessiert, findet darüber Ausführlicheres z. B. im Kap. 3 des Buches [4].

§ 2. Die Verteilung im Augenblick des Austritts aus einem Kreis; die mittlere Austrittszeit

In Kap. I wurden diejenigen Mengen charakterisiert, die bei der Irrfahrt auf dem Punktgitter H^l mit Wahrscheinlichkeit 1 erreicht werden. Da das Erreichen der Menge A den Austritt aus der komplementären Menge $H^l - A$ bedeutet, haben wir zugleich untersucht, aus welchen Mengen das Teilchen irgendwann mit Wahrscheinlichkeit 1 austritt. Es ist naheliegend, die analoge Frage beim Wienerschen Prozeß zu stellen. Sei G ein beliebiges Gebiet und τ der Augenblick des ersten Austritts der Trajektorie $x(t)$ aus diesem Gebiet. Wir werden uns nicht nur für die Wahrscheinlichkeit des Austritts, $\mathbf{P}_x\{\tau < \infty\}$, $x \in G$, sondern auch für den Erwartungswert $\mathbf{M}_x \tau$ und die Verteilung der Lage $x(\tau)$ des Teilchens zum Zeitpunkt τ interessieren (Abb. 4).

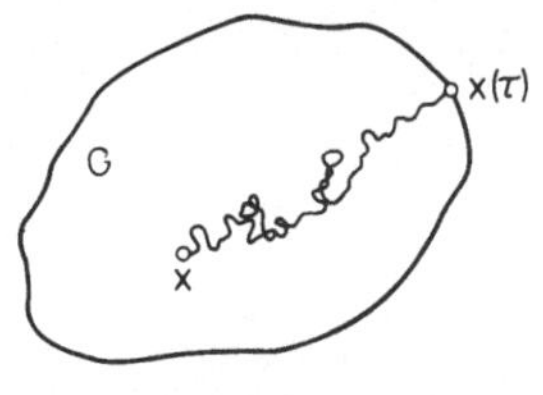

Abb. 4

Es liegt nahe, zunächst die analogen Probleme für die Irrfahrt auf dem Punktgitter zu betrachten; da der Prozeß im stetigen Fall jedoch eine größere Symmetrie besitzt, nehmen die Lösungen hier eine einfachere analytische Form an. Wie wir sehen werden, führen die gestellten Probleme auf Randwertprobleme für die Laplacesche Differentialgleichung $\Delta u = 0$ und die Poissonsche Differentialgleichung $\Delta u = -2$. Es wird möglich, einerseits analytische Hilfsmittel beim Studium der Eigenschaften einer zufälligen Bewegung zu benutzen und andererseits wahrscheinlichkeitstheoretische Methoden zur Lösung analytischer Probleme zu verwenden.

Im folgenden werden wir den Wienerschen Prozeß in der Ebene betrachten. Alle Resultate lassen sich leicht auf einen Raum beliebiger Dimension übertragen*.

Zuerst studieren wir den Augenblick τ des ersten Austritts aus einem Kreis K mit dem Radius r unter der Annahme, daß das Teilchen seine Bewegung im Mittelpunkt dieses Kreises beginnt.

* Besonders einfache Ausdrücke gewinnt man im eindimensionalen Fall (s. die Aufgaben am Ende dieses Kapitels).

Da der Zuwachs $x(t)-x(0)$ nicht vom Anfangspunkt $x(0)$ abhängt, spielt die Lage des Kreises in der Ebene keine Rolle; wir werden deshalb voraussetzen, daß dessen Mittelpunkt mit dem Koordinatenursprung zusammenfällt (Abb. 5).

Zunächst überzeugen wir uns davon, daß *das Teilchen mit Wahrscheinlichkeit* 1 *den Kreis K verläßt*. Bleibt die Trajektorie $x(t)$ bis zur Zeit $t=n$ im Innern von K, so sind die Beträge der Zuwächse $x(1)-x(0), x(2)-x(1), \ldots, x(n)-x(n-1)$ ersichtlich sämtlich kleiner als $2r$. Diese Zuwächse sind unabhängig und besitzen alle die gleiche Normalverteilung. Deshalb folgt

$$\mathbf{P}_0\{\tau \geq n\} \leq [\mathbf{P}\{|x(1)-x(0)| < 2r\}]^n = \alpha^n, \tag{6}$$

wobei α echt kleiner als 1 ist. Dies bedeutet, daß $\mathbf{P}_0\{\tau=\infty\} \leq \alpha^n$ für beliebiges n ist, so daß sich $\mathbf{P}_0\{\tau=\infty\}=0$ ergibt.

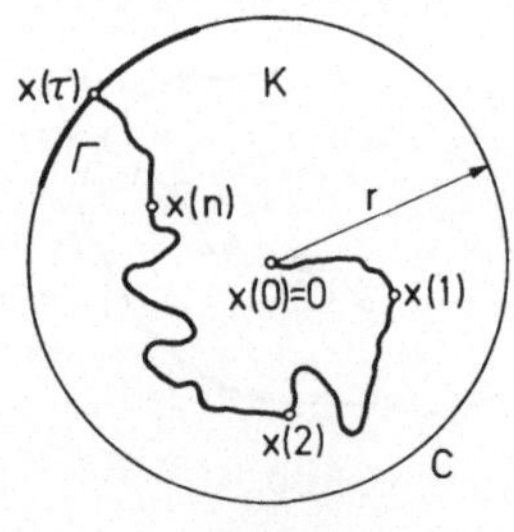

Abb. 5

Wir bestimmen jetzt die Verteilung des Punktes $x(\tau)$. Ersichtlich liegt $x(\tau)$ auf der Peripherie C des Kreises K. Da die Dichte der Verteilung eines beliebigen Zuwachses $x(t)-x(s)$ nur von $t-s$ und der Länge des Vektors $x(t)-x(s)$ abhängt, ändert sich die Verteilung der Trajektorie eines Wienerschen Prozesses nicht, falls die Ebene um einen beliebigen Winkel um den Nullpunkt gedreht wird. Demnach ist die Verteilung des zufälligen Punktes $x(\tau)$ invariant gegenüber allen Drehungen der Peripherie C. Die einzige Verteilung mit dieser Eigenschaft ist die Gleichverteilung, bei der die Wahrscheinlichkeit, zu einem Kreisbogen Γ zu gelangen, proportional zur Länge dieses Bogens ist. Somit ist $x(\tau)$ *auf der Peripherie C gleichverteilt*.

Schließlich zeigen wir, daß der *Mittelwert* $\mathbf{M}_0\tau$ *der Zeit proportional dem Quadrat des Radius des Kreises K ist*. Dazu machen wir von der folgenden Eigenschaft des Wienerschen Prozesses Gebrauch: Streckt man die Ebene R um den Faktor r und die Zeitachse um den Faktor r^2 $(r>0)$, so erhält man aus dem Wienerschen Prozeß wieder einen Wienerschen Prozeß. Ersichtlich bleiben nämlich bei einer solchen Transformation die Stetigkeit der Trajektorien und die Unabhängigkeit der Zuwächse erhalten; weiter ändert sich offenbar auch nicht die Normalverteilung mit der Dichte (3).

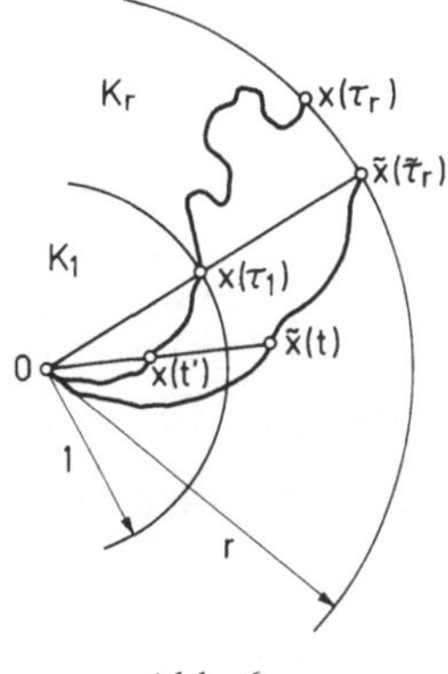

Abb. 6

Wir betrachten zwei Kreise, deren Mittelpunkte mit dem Koordinatenursprung zusammenfallen mögen: den Kreis K_r mit dem Radius r und den Kreis K_1 mit dem Radius 1 (Abb. 6). Wir lassen die Trajektorie $x(t)$ des Wienerschen Prozesses im Nullpunkt beginnen und bezeichnen mit τ_r bzw. τ_1 den Augenblick ihres ersten Austritts aus K_r bzw. K_1. Haben wir die Kurve $x(t)$, so konstruieren wir die Trajektorie $\tilde{x}(t) = r\,x(t')$, $t = r^2 t'$, und bezeichnen mit $\tilde{\tau}_r$ den Augenblick des ersten Austritts der Trajektorie $\tilde{x}(t)$ aus dem Kreis K_r. Es ist klar, daß dann $\tilde{\tau}_r = r^2 \tau_1$ und demnach $\mathbf{M}_0 \tilde{\tau}_r = r^2 \mathbf{M}_0 \tau_1$ gilt. Andererseits erweist sich der Prozeß $\tilde{x}(t)$ auf Grund der im vorigen Absatz erwähnten Eigenschaft als Wienerscher Prozeß; folglich haben wir

$$\mathbf{M}_0 \tau_r = \mathbf{M}_0 \tilde{\tau}_r = c r^2, \tag{7}$$

worin $c = \mathbf{M}_0 \tau_1$ eine gewisse Konstante darstellt.

Allerdings wissen wir bis jetzt nicht, ob c endlich ist. Die Endlichkeit der Größe $\mathbf{M}_0 \tau_1$ erhält man leicht aus der Abschätzung (6). In der Tat, stellt $F(t)$ die Verteilungsfunktion von τ dar, so hat man

$$\mathbf{M}_0 \tau = \int_0^\infty t\,dF(t) = \sum_{n=1}^\infty \int_{n-1}^n t\,dF(t) \le \sum_{n=1}^\infty n \int_{n-1}^n dF(t)$$
$$\le \sum_{n=1}^\infty n\,\mathbf{P}_0\{\tau \ge n-1\} \le \sum_{n=1}^\infty n\,\alpha^{n-1} < \infty.$$

Die gewonnenen Resultate gelten für den Wienerschen Prozeß in einem Raum beliebiger Dimension l. Es sei angemerkt, daß bei beliebigem l in der Beziehung (7) der Exponent 2 (und nicht l!) auftritt; die Konstante c hängt natürlich von l ab. Genauere Betrachtungen zeigen, daß $c=\frac{1}{l}$ ist (vgl. die Aufgaben). Somit hat man im zweidimensionalen Fall

$$\mathbf{M}_0 \tau_r = \tfrac{1}{2} r^2. \tag{8}$$

Die Tatsache, daß die Größe $x(\tau)$ gleichverteilt ist, hat im eindimensionalen Fall zur Folge, daß das Teilchen, welches seine Bewegung im Mittelpunkt eines Intervalls beginnt, zu jedem der Endpunkte mit der Wahrscheinlichkeit $\frac{1}{2}$ gelangt.

§ 3. Die Markoffsche und die starke Markoffsche Eigenschaft

Es wird jetzt eine allgemeine Eigenschaft eines Wienerschen Prozesses $x(t)$, der in einem beliebigen Punkt x startet, benötigt. Wir bemerken zunächst, daß die Summe eines zufälligen Vektors mit der Verteilung μ und eines von ihm unabhängigen Wienerschen Prozesses, der im Nullpunkt beginnt, einen Wienerschen Prozeß mit der Anfangsverteilung μ bildet. Andererseits erweist sich die Differenz $x(s+t)-x(s)$ bei festem s und variablem t, $0<t<\infty$, entsprechend der Definition als Wienerscher Prozeß, der im Nullpunkt startet und nicht vom Verhalten der Variablen $x(t)$ bis zum Zeitpunkt s abhängt. Der Wert $x(s)$ wird bestimmt durch das Verhalten der zufälligen Variablen $x(t)$ bis zum Zeitpunkt s. Stellt man die zufällige Trajektorie $x(s+t)$, $0\leq t<\infty$, als Summe von $x(s+t)-x(s)$ und $x(s)$ dar, so erhält man: *Bei beliebigen Bedingungen A, die an das Verhalten des Wienerschen Prozesses bis zum Zeitpunkt $s>0$ gestellt werden, erweist sich der Prozeß $y(t)\equiv x(s+t)$ als Wienerscher Prozeß mit der Anfangsverteilung* $\mu(\Gamma)=\mathbf{P}_x\{A, x(s)\in\Gamma\}$ (*Markoffsche Eigenschaft* des Prozesses $x(t)$). Im weiteren Sinne bedeutet die Markoffsche Eigenschaft die Unabhängigkeit der Zukunft $x(s+t)$ des Prozesses von seiner Vergangenheit $x(s-t)$ bei bekannter Gegenwart $x(s)$. Zum erstenmal wurden zufällige Folgen $x(0), x(1), \ldots$, die diese Eigenschaft besitzen, von Markoff im Jahre 1907 untersucht. Es sei angemerkt, daß $\mu(\Gamma)$ mit der Übergangswahrscheinlichkeit $P(s,x,\Gamma)=\mathbf{P}_x\{x(s)\in\Gamma\}$ identisch ist, falls keine Bedingungen A gestellt werden.

Für eine weite Klasse von stochastischen Prozessen, zu denen der Wienersche Prozeß gehört, bleibt die Markoffsche Eigenschaft erhalten, falls man unter der Gegenwart nicht nur die Größe $x(s)$

bei fester Zeit s, sondern auch $x(\tau)$ für eine gewisse zufällige Zeit τ versteht. Zum Beispiel verhält sich der in einem Punkt $x>0$ startende Wienersche Prozeß auf der Zahlengerade nach dem erstmaligen Erreichen des Nullpunktes wie ein Prozeß, der im Nullpunkt startet. Diese Behauptung bedarf ungeachtet ihrer scheinbaren Evidenz eines Beweises; tatsächlich gelang es, ihn zu führen.

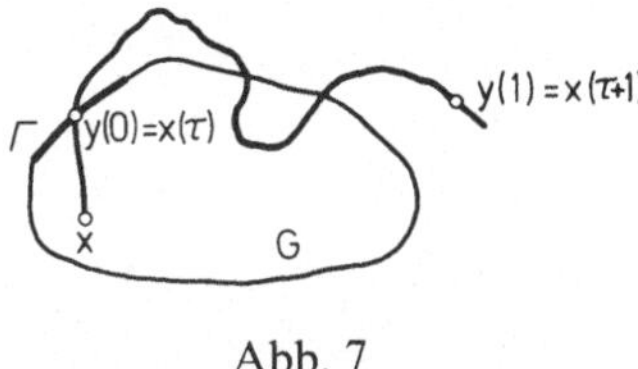

Abb. 7

Allgemein wurde folgendes gezeigt: *Ist* $x(t)$ *ein Wienerscher Prozeß in einem Raum beliebiger Dimension und ist* τ *der Augenblick des ersten Austritts aus einem beliebigen Gebiet* (Abb. 7), *so stellt der Prozeß* $y(t) \equiv x(\tau + t)$, $0 \leq t < \infty$, *bei beliebigen Bedingungen* A, *die an das Verhalten der Trajektorie bis zum Zeitpunkt* τ *gestellt werden, einen Wienerschen Prozeß mit der Anfangsverteilung*

$$\mu(\Gamma) = \mathbf{P}_x\{A, x(\tau) \in \Gamma\}$$

*dar (starke Markoffsche Eigenschaft)**.

Die starke Markoffsche Eigenschaft ist nicht nur erfüllt für den Augenblick des ersten Austritts, sondern allgemein für einen beliebigen zufälligen Augenblick τ, dessen Eintreten oder Nichteintreten durch das Verhalten des Prozesses während des Zeitabschnitts $[0, \tau]$ bestimmt werden (z. B. für $\tau = \sigma + 1$, wobei σ den Augenblick des ersten Austritts bezeichne). Derartige zufällige Variable werden wir als *Markoffsche Zeiten* bezeichnen.

§ 4. Die Harmonizität der Austrittswahrscheinlichkeit

In § 2 untersuchten wir den Augenblick τ des ersten Austritts des Wienerschen Prozesses aus einem Kreis unter der Voraussetzung, daß die Bewegung des Teilchens im Mittelpunkt dieses Kreises beginnt. Falls der Startpunkt x nicht mit dem Kreismittelpunkt

---

* In den Arbeiten von E. B. Dynkin und A. A. Juschkewitsch (1956) sowie von R. Blumenthal (1957) wurde ein systematisches Studium der starken Markoffschen Eigenschaft begonnen. Zum Beweis dieser Eigenschaft vgl. Kap. 5, § 6, in [3].

zusammenfällt, so ist die Symmetrie der zufälligen Bewegung bis zum Zeitpunkt τ verletzt; das Problem erweist sich dann für den Kreis als nicht wesentlich einfacher als für ein beliebiges Gebiet. Diesem allgemeineren Fall wenden wir uns jetzt zu.

Sei G irgendein Gebiet in der Ebene, und es gelte $x(0)=x\in G$ (Abb. 8). Zum Zeitpunkt τ des ersten Austritts aus dem Gebiet G befindet sich das Teilchen auf dem Rand L von G. Die Wahrschein-

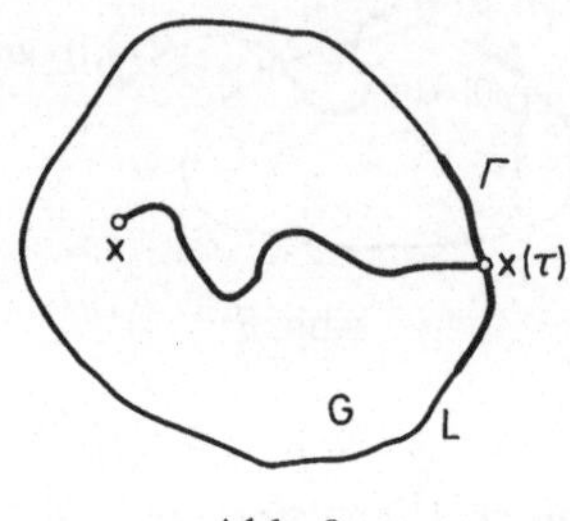

Abb. 8

lichkeit dafür, daß $x(\tau)$ einer bestimmten Teilmenge Γ des Randes L angehört, ist eine Funktion des Anfangspunktes x. Wir bezeichnen sie mit $f(x)$. Wir bemerken, daß

$$f(x) = \mathbf{M}_x\,\varphi(x(\tau)) \tag{9}$$

ist, wobei $\varphi(y)$ die auf L definierte Funktion bezeichne, welche gleich 1 auf Γ und gleich 0 auf $L-\Gamma$ ist. Bei der Untersuchung der Funktion f erweisen sich die speziellen Eigenschaften der Funktion φ als unwesentlich. Es genügt zu fordern, daß die Funktion φ beschränkt (und meßbar) ist.

In diesem Abschnitt beweisen wir, daß *die Funktion $f(x)$ im Gebiet G harmonisch ist, d.h. der Laplaceschen Differentialgleichung $\Delta f=0$* genügt. Weiter werden wir sehen, daß unter schwachen Voraussetzungen die Funktion $f(x)$ auf dem Rand des Gebietes mit $\varphi(y)$ übereinstimmt. Somit stellt der Ausdruck in (9) eine im Innern des Gebietes harmonische Funktion durch ihre Werte auf dem Rand des Gebietes dar (d.h., er liefert eine Lösung des Dirichletschen Problems).

Wir zeigen, daß für einen beliebigen, ganz im Gebiet G liegenden Kreis K gilt, daß der Wert, den die Funktion f im Mittelpunkt a dieses Kreises annimmt, gleich ist dem Mittelwert von f längs der Peripherie C dieses Kreises (Abb.9):

$$f(a) = \int_C f(x)\,\mu(dx), \tag{10}$$

wobei μ die Gleichverteilung auf C mit Gesamtmasse 1 bezeichne.

In der Tat, beginne die Bewegung des Teilchens im Punkt a. Ehe die Trajektorie nach L gelangt, muß sie den Kreis K verlassen. Wie wir wissen, ist die Lage des Teilchens zum Zeitpunkt τ_K des ersten Austritts aus K gleichverteilt auf der Peripherie C. Hieraus folgt

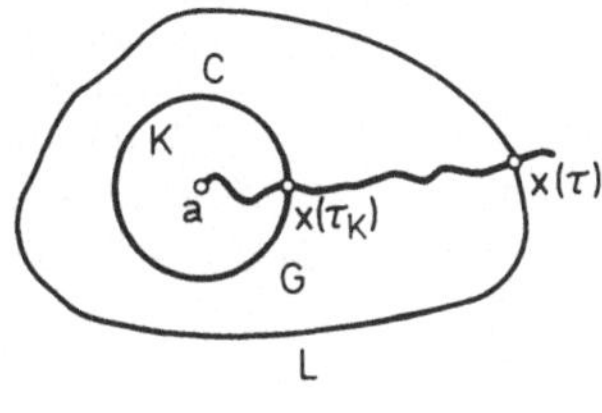

Abb. 9

auf Grund der starken Markoffschen Eigenschaft, daß der zum Zeitpunkt τ_K startende Prozeß $x(t)$ als Wienerscher Prozeß mit der Gleichverteilung als Anfangsverteilung angesehen werden kann. der das Verhalten der Trajektorie $x(t)$ bis zum Zeitpunkt τ_K „vergessen" hat. Deshalb ergibt sich vermöge der Beziehung (5)

$$\mathbf{M}_a \varphi(x(\tau)) = \mathbf{M}_\mu \varphi(x(\tau)) = \int_C \mathbf{M}_x \varphi(x(\tau)) \mu(dx).$$

Dies ist gerade die Aussage von (10).

Wir beweisen jetzt, daß jede Funktion, welche die Eigenschaft (10) (für einen beliebigen Kreis K) besitzt, der Laplaceschen Differentialgleichung genügt.

Zunächst weisen wir nach, daß die Funktion $f(x)$ in G unendlich oft differenzierbar ist*. Wir setzen die Funktion dadurch fort, daß wir sie außerhalb von G gleich 0 setzen. Wir „glätten" die Funktion f, indem wir sie mit Hilfe einer unendlich oft differenzierbaren Funktion $g(x)$ mitteln, welche positiv im Nullpunkt, gleich 0 außerhalb einer ε-Umgebung des Nullpunktes sowie invariant ist bezüglich Drehungen um den Nullpunkt, und setzen

$$\tilde{f}(x) = \int_R f(x+y) g(y) dy. \tag{11}$$

Führen wir durch $y = z - x$ eine neue Integrationsvariable ein, so gelangen wir zu

$$\tilde{f}(x) = \int_R f(z) g(z-x) dz.$$

Das letzte Integral (und damit $\tilde{f}(x)$) ist beliebig oft nach x differenzierbar.

Wenn der Abstand des Punktes $x \in G$ vom Rand L des Gebietes größer als ε ist, so läßt sich das Integral (11) leicht berechnen, indem man zu Polar-

---

* Die Meßbarkeit von $f(x)$ ergibt sich aus allgemeineren Eigenschaften Markoffscher Prozesse (vgl. die Fußnote auf S. 38).

koordinaten mit dem Punkt x als Pol übergeht. Integriert man zunächst längs eines Kreisrandes vom Radius $\rho \leq \varepsilon$, so kann man aus dem inneren Integral die Funktionaldeterminante ρ und das Gewicht $g(y)$, die auf diesem Kreisrand konstant sind, herausziehen; das verbleibende Integral der Funktion $f(x+y)$, genommen längs des Kreisrandes, ergibt bis auf eine von ρ abhängende Konstante den Mittelwert der Funktion f auf diesem Kreisrand, welcher gleich dem Wert von f im Mittelpunkt des zugehörigen Kreises, d. h. gleich $f(x)$, ist. Zieht man dann $f(x)$ aus dem äußeren Integral (bezüglich ρ) heraus, so findet man, daß $\tilde{f}(x)$ bis auf einen konstanten positiven Faktor in allen solchen Punkten x mit $f(x)$ übereinstimmt, die zusammen mit ihrer ε-Umgebung zum Gebiet G gehören. Somit ist in solchen Punkten die Funktion f unendlich oft differenzierbar. Da ε beliebig ist, gilt dies für alle Punkte des Gebietes G.

Entwickeln wir die Funktion $f(x)$ in der Umgebung eines beliebigen Punktes $a \in G$ nach dem Taylorschen Satz, so erhalten wir

$$
\begin{aligned}
f(x) = f(a) &+ \frac{\partial f}{\partial x_1}(x_1 - a_1) + \frac{\partial f}{\partial x_2}(x_2 - a_2) \\
&+ \frac{1}{2}\left[\frac{\partial^2 f}{\partial x_1^2}(x_1 - a_1)^2 + 2\frac{\partial^2 f}{\partial x_1 \partial x_2}(x_1 - a_1)(x_2 - a_2) + \right. \\
&+ \left. \frac{\partial^2 f}{\partial x_2^2}(x_2 - a_2)^2\right] + \alpha(x),
\end{aligned} \tag{12}
$$

wobei die Ableitungen im Punkt $a = (a_1, a_2)$ zunehmen sind; es gilt die Abschätzung $|\alpha(x)| \leq k\rho^3$, $\rho = |x - a|$, für hinreichend kleines ρ. Wir integrieren nun beide Seiten in (12) längs eines Kreisrandes C mit dem Mittelpunkt a bzgl. der Gleichverteilung mit Gesamtmasse 1. Wird der Radius ρ der Peripherie C so klein gewählt, daß sie ganz im Gebiet G liegt, so liefert die linke Seite wegen (10) den Wert $f(a)$. Auf der rechten Seite sind die Integrale der Ausdrücke $x_1 - a_1$, $x_2 - a_2$ sowie $(x_1 - a_1)(x_2 - a_2)$ gleich 0, da aus Symmetriegründen die Integrale über die obere und untere (oder die rechte und linke) Hälfte der Peripherie sich jeweils gegenseitig aufheben. Beachtet man die Invarianz gegenüber Drehungen, so gelangt man zu

$$
\begin{aligned}
\int_C (x_1 - a_1)^2 \mu(dx) = \int_C (x_2 - a_2)^2 \mu(dx) &= \tfrac{1}{2} \int_C [(x_1 - a_1)^2 + (x_2 - a_2)^2] \, \mu(dx) \\
&= \tfrac{1}{2}\rho^2.
\end{aligned}
$$

Wir haben also für hinreichend kleines ρ

$$
f(a) = f(a) + \frac{1}{4}\rho^2 \left(\frac{\partial^2 f}{\partial x_1^2} + \frac{\partial^2 f}{\partial x_2^2}\right) + \int_C \alpha(x) \mu(dx),
$$

woraus sich die Abschätzung

$$\left|\frac{\partial^2 f}{\partial x_1^2}+\frac{\partial^2 f}{\partial x_2^2}\right|+\frac{4}{\rho^2}\left|\int\limits_C \alpha(x)\,\mu(dx)\right| \le \frac{4}{\rho^2}k\rho^3 = 4k\rho$$

ergibt. Läßt man ρ gegen Null gehen und bezeichnet den Laplaceschen Operator $\frac{\partial^2}{\partial x_1^2}+\frac{\partial^2}{\partial x_2^2}$ mit dem Symbol Δ, so findet man, daß im Punkt a

$$\Delta f = 0$$

gilt. Damit ist die Harmonizität bewiesen.

§ 5. Reguläre und irreguläre Randpunkte

Wir studieren jetzt das Verhalten der harmonischen Funktion

$$f(x) = \mathbf{M}_x \varphi(x(\tau)),$$

wenn x gegen einen Punkt a strebt, der zum Rand L des Gebietes G gehört. Dabei werden wir voraussetzen, daß die Randfunktion φ beschränkt und im Punkt a stetig ist.

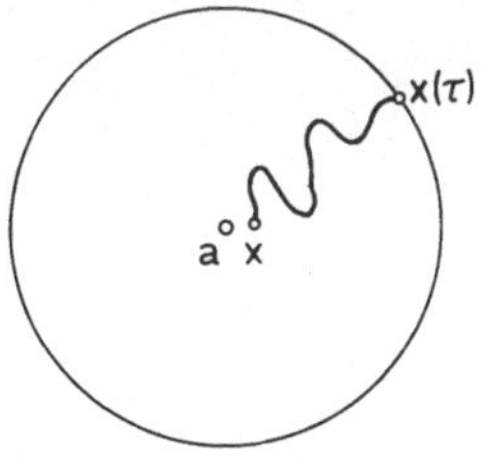

Abb. 10

Wir bemerken, daß $\tau = 0$, $x(\tau) = a$ und somit $f(x) = \varphi(a)$ gilt, falls $x = a$ ist, d.h. die Bewegung im Punkt a beginnt.

Es wird bewiesen werden, daß

$$\lim_{\substack{x \in G \\ x \to a}} f(x) = \varphi(a) \tag{13}$$

gilt, falls der Rand L in einer Umgebung des Punktes a „hinreichend gutartig" ist.

Diese Beziehung wird aus der anschaulichen Tatsache gefolgert werden, daß eine Trajektorie, die in einem nahe bei a liegenden Punkt x beginnt, mit hoher Wahrscheinlichkeit schnell zum Rand gelangt. In dieser Zeit kann sich das Teilchen nicht weit vom Anfangspunkt x entfernen und trifft in der Nähe des Punktes a den Rand L. Das ist zwar plausibel, entspricht jedoch nicht immer der Realität. Ist z.B. G der Einheitskreis mit ausgestanztem Mittelpunkt a (Abb. 10), so verläßt die Trajektorie mit Wahrscheinlichkeit 1 das Gebiet G in einem von a verschiedenen Randpunkt, auch wenn sie noch so nahe bei a begann (dies wird in § 7 gezeigt werden). Daher wird für $x \to a$ τ nicht gegen Null streben. Diese Überlegungen führen zu folgender Definition. Ein Randpunkt a heiße *regulär*, falls für jedes $h > 0$

$$\mathbf{P}_x\{\tau > h\} \to 0 \quad \text{für} \quad x \to a \tag{14}$$

gilt (d.h. falls τ stochastisch gegen 0 für $x \to a$ strebt).

Wir beweisen, daß *die Randbedingung* (13) *in jedem regulären Punkt erfüllt ist.*

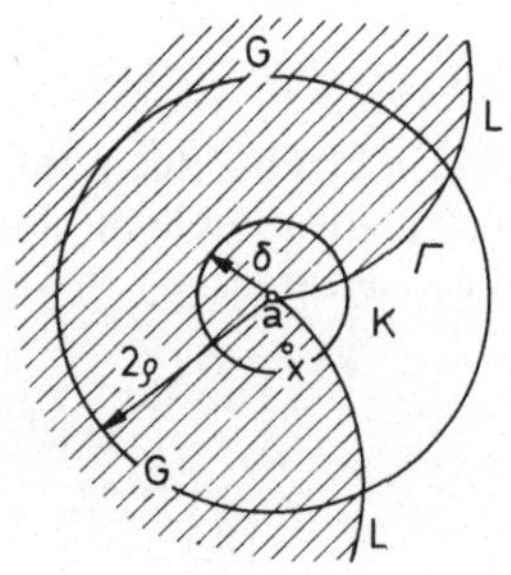

Abb. 11

Sei Γ das Stück des Randes L, das innerhalb des Kreises K mit dem Radius 2ρ um den regulären Punkt a liegt (Abb. 11). Wir zeigen, daß für beliebiges $\rho > 0$

$$\lim_{\substack{x \to a \\ x \in G}} \mathbf{P}_x\{x(\tau) \in \Gamma\} = 1 \tag{15}$$

gilt (d.h., der Punkt $x(\tau)$ strebt stochastisch gegen a).

Es sei angemerkt, daß bei der Brownschen Bewegung die maximale Verschiebung

$$z(h) = \max_{0 \le t \le h} |x(t) - x(0)|$$

während der Zeit h nicht vom Anfangspunkt $x = x(0)$ abhängt. Für jede feste Trajektorie wird $z(h)$ für $h \to 0$ kleiner als die Zahl ρ. Das bedeutet, daß das Ereignis $\{z(h)<\rho\}$ für $h\to 0$ in ein sicheres Ereignis übergeht. Somit haben wir

(16) $$\lim_{h\downarrow 0}\mathbf{P}\{z(h)<\rho\}=1$$

(d.h. $z(h)$ strebt stochastisch gegen 0).

Wir geben uns eine beliebige Zahl $\varepsilon>0$ vor und wählen ein $h>0$ derart, daß

(17) $$\mathbf{P}\{z(h)<\rho\}>1-\varepsilon$$

gilt. Zu diesem h existiert wegen (14) ein $\delta>0$ mit der Eigenschaft, daß aus $|x-a|<\delta$

(18) $$\mathbf{P}_x\{\tau<h\}>1-\varepsilon$$

folgt. Man kann offenbar voraussetzen, daß $\delta<\rho$ gilt. Wenn gleichzeitig $z(h)<\rho$ und $\tau<h$ für $|x-a|<\delta$, $x\in G$, ist, dann gelangt die Trajektorie während der Zeit h zum Rand L, ohne sich von x um mehr als ρ zu entfernen, d.h., sie gelangt zum Rand L, ehe sie den Kreis K verläßt. Folglich gilt dann $x(\tau)\in\Gamma$: dies bedeutet

$$\mathbf{P}_x\{x(\tau)\in\Gamma\}\geq\mathbf{P}_x\{z(h)<\rho,\tau<h\}.$$

Hieraus und vermöge (17) sowie (18) erhalten wir

$$\mathbf{P}_x\{x(\tau)\in\Gamma\}>1-2\varepsilon$$

für $|x-a|<\delta$, $x\in G$. Die Beziehung (15) ist damit bewiesen.

Jetzt ist es leicht zu zeigen, daß in einem regulären Randpunkt a die Beziehung (13) für eine beliebige beschränkte Funktion $\varphi(y)$, die in a stetig ist, zutrifft. Sei μ_x die Verteilung des zufälligen Punktes $x(\tau)$ unter der Voraussetzung, daß $x(0)=x\in G$ ist. Dann folgt

$$f(x)-\varphi(a)=\int_L\varphi(y)\mu_x(dy)-\varphi(a)=\int_\Gamma(\varphi(y)-\varphi(a))\mu_x(dy)$$
$$+\int_{L-\Gamma}\varphi(y)\mu_x(dy)-\varphi(a)(1-\mu_x(\Gamma)),$$

wobei Γ wie oben den Teil des Randes L bezeichnet, der innerhalb des Kreises K mit dem Mittelpunkt a liegt. Da die Funktion φ im Punkt a stetig ist, kann man den Kreis K so wählen, daß sich $\varphi(y)$ von $\varphi(a)$ in K um weniger als ein vorgegebenes $\varepsilon>0$ unterscheidet. Dann erhalten wir

$$|f(x)-\varphi(a)|<\varepsilon\mu_x(\Gamma)+\lambda\mu_x(L-\Gamma)+\lambda(1-\mu_x(\Gamma)),$$

worin λ eine obere Schranke von $|\varphi(y)|$ bezeichne. Da $\mu_x(\Gamma)\to 1$ und $\mu_x(L-\Gamma)\to 0$ für $x\to a$ gilt, ist für alle x, die hinreichend nahe bei a liegen, die rechte Seite der gewonnenen Ungleichung kleiner als 2ε. Dies bedeutet, daß $f(x)$ gegen $\varphi(a)$ strebt für $x\to a$, $x\in G$.

In die Bedingung (14), durch welche die Regularität eines Randpunktes a definiert wird, gehen Trajektorien ein, die insgesamt in unendlich vielen verschiedenen Punkten x beginnen; demnach ist eine unmittelbare Verifizierung dieser Bedingung mühsam. Der Nachweis der Regularität von Randpunkten wird erleichtert durch ein Regularitätskriterium, in dessen Formulierung lediglich Trajektorien eingehen, die im Punkt a beginnen. Hierzu hat man statt des Augenblicks τ des ersten Austritts aus G, der identisch 0 für $x=a$ ist, den ersten unter den *strikt positiven* Zeitpunkten zu betrachten, zu denen sich die Trajektorie außerhalb von G befindet (d.h. den Augenblick σ des *ersten Austritts aus G nach dem Zeitpunkt* 0).

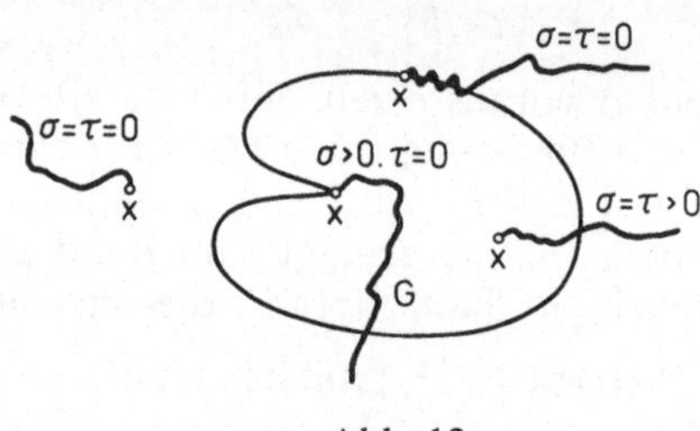

Abb. 12

Falls es unter den Zeitpunkten $t>0$, für welche $x(t)\notin G$ gilt, keinen ersten gibt (dies wird der Fall sein, wenn die Trajektorie $x(t)$ für beliebig kleine positive Werte von t außerhalb von G liegt), so setzen wir $\sigma=0$. (Die Beziehungen zwischen den Zeitpunkten τ und σ für verschiedene Trajektorien veranschaulicht Abb. 12.)

Es zeigt sich: *Der Randpunkt a ist regulär falls*

(19) $$P_a\{\sigma=0\}=1$$

gilt.

Zum Beweis dieses Kriteriums betrachten wir das Ereignis A_u „Die Trajektorie befindet sich im Zeitraum $[u,h]$ innerhalb von G", $0<u<h$. Es ist klar, daß die Ereignisse A_u mit fallendem u abnehmen und ihr Durchschnitt mit dem Ereignis $\{\sigma>h\}$ übereinstimmt. Folglich hat man für beliebiges x aus R

$$\mathbf{P}_x\{\sigma>h\}=\lim_{u\downarrow 0}\mathbf{P}_x\{A_u\},$$

wobei die Funktion $\mathbf{P}_x\{A_u\}$ mit fallendem u abnimmt.

Wir zeigen, daß bei festem $u>0$ die Funktion $\mathbf{P}_x\{A_u\}$ stetig von x abhängt. In der Tat hängt das Ereignis A_u lediglich von den Werten $x(t+u)$, $t\geq 0$, ab und geht beim Prozeß $y(t)\equiv x(u+t)$ in das

Ereignis $\{\tau > h - u\}$ über. Auf Grund der Markoffschen Eigenschaft stellt $y(t)$ einen Wienerschen Prozeß mit der Anfangsverteilung $\mu(\Gamma) = P(u, x, \Gamma)$ dar. Folglich hat man

$$\mathbf{P}_x\{A_u\} = \int_R \mathbf{P}_y\{\tau > h - u\} P(u, x, dy) = \int_R \mathbf{P}_y\{\tau > h - u\} p(u, x - y) dy$$

(s. Formel (4)). Da die Dichte $p(u, x - y)$ stetig von x abhängt und das Integral in jedem endlichen Gebiet gleichmäßig konvergiert, hängt auch das Integral stetig von x ab.

Da die von x abhängende Wahrscheinlichkeit $\mathbf{P}_x\{\sigma > h\}$ Grenzwert der monoton fallenden Folge der stetigen Funktionen $\mathbf{P}_x\{A_u\}$ ist, existiert zu einem beliebigen Punkt a und zu jedem $\varepsilon > 0$ ein $\delta > 0$ derart, daß

$$\mathbf{P}_x\{\sigma > h\} \leq \mathbf{P}_a\{\sigma > h\} + \varepsilon \tag{20}$$

für $|x - a| < \delta$ gilt.

In der Tat kann man wegen der monotonen Konvergenz von $\mathbf{P}_a\{A_u\}$ gegen $\mathbf{P}_a\{\sigma > n\}$ ein $u > 0$ derart wählen, daß

$$\mathbf{P}_a\{A_u\} \leq \mathbf{P}_a\{\sigma > h\} + \frac{\varepsilon}{2}$$

gilt. Hält man dieses u fest, so existiert für die stetige Funktion $\mathbf{P}_x\{A_u\}$ ein $\delta > 0$ mit der Eigenschaft, daß aus $|x - a| < \delta$

$$\mathbf{P}_x\{A_u\} \leq \mathbf{P}_a\{A_u\} + \frac{\varepsilon}{2}$$

folgt. Da $\mathbf{P}_x\{\sigma > h\} \leq \mathbf{P}_x\{A_u\}$ ist, schließt man, daß für $|x - a| < \delta$ die Ungleichung (20) befriedigt ist.

Wenn im Punkt a die Bedingung (19) gilt, so ist $\mathbf{P}_a\{\sigma > h\} = 0$, und es ergibt sich aus der Ungleichung (20)

$$\lim_{x \to a} \mathbf{P}_x\{\sigma > h\} = 0.$$

Da $\tau \leq \sigma$ ist, hat man

$$\mathbf{P}_x\{\tau > h\} \leq \mathbf{P}_x\{\sigma > h\},$$

d.h., $\mathbf{P}_x\{\tau > h\}$ strebt ebenfalls gegen 0. Damit ist die Regularität des Punktes a bewiesen.

Es läßt sich zeigen, daß auch die Umkehrung gilt: Ist für eine beliebige beschränkte und im Punkt a stetige Funktion $\varphi(y)$ die Randbedingung (13) erfüllt, so ist der Punkt a regulär, und es gilt in diesem Punkt mit Wahrscheinlichkeit 1 $\sigma = 0$ (vgl. die Aufgaben).

Uns auf das Kriterium (19) stürzend, werden wir im folgenden Abschnitt eine einfache geometrische Bedingung für die Regularität eines Randpunktes herleiten.

§ 6. Das Null-Eins-Gesetz

Ein hinreichendes Kriterium für Regularität

Wir zeigen, daß *die Wahrscheinlichkeit* $\mathbf{P}_a\{\sigma>0\}$ *keine von* 0 *oder* 1 *verschiedenen Werte annehmen kann.*

Dazu vergewissern wir uns zunächst, daß für beliebiges festes $h>0$ die Lage des zufälligen Punktes $x(h)$ nicht von dem Eintreten oder Nichteintreten des Ereignisses $\sigma>0$ abhängt. Dies erklärt sich daraus, daß das Eintreten des Ereignisses $\sigma>0$ bestimmt wird durch das Verhalten der Trajektorie in einem beliebig kleinen Zeitintervall $[0,s]$. Obwohl die Verteilung des Punktes $x(s)$ auch vom Ereignis $\{\sigma>0\}$ abhängt, wird er auf Grund der Stetigkeit der Trajektorien des Prozesses mit großer Wahrscheinlichkeit für kleines s nahe am Ausgangspunkt a liegen. Hingegen hängt die Verschiebung des Teilchens im restlichen Zeitraum $[s,h]$ nicht vom Verhalten des Prozesses bis zum Zeitpunkt s ab, insbesondere also nicht davon, welches der Ereignisse $\{\sigma>0\}$ bzw. $\{\sigma=0\}$ eintrat. Der zufällige Vektor $x(h)$, der sich als Summe des „beinahe konstanten“ Vektors $x(s)$ und des nicht von $\{\sigma>0\}$ abhängenden Vektors $x(h)-x(s)$ darstellen läßt, hängt demnach „fast nicht ab“ vom Ereignis $\{\sigma>0\}$. Der Grenzübergang $s\to 0$ liefert die „vollkommene“ Unabhängigkeit des Punktes $x(h)$ vom Ereignis $\{\sigma>0\}$.

Um diese anschauliche Überlegung mathematisch exakt zu formulieren, bemerken wir, daß für ein beliebiges Gebiet Γ auf Grund der Markoffschen Eigenschaft

$$\mathbf{P}_a\{\sigma>0, x(h)\in\Gamma\} = \int_R P(h-s,y,\Gamma)\,\mu(dy) \tag{21}$$

gilt, worin μ die Verteilung der Lage des Teilchens zum Zeitpunkt s unter der zusätzlichen Bedingung $\sigma>0$ bezeichne:

$$\mu(\Gamma') = \mathbf{P}_a\{\sigma>0, x(s)\in\Gamma'\}.$$

Im Integral in (21) hat man zur Grenze $s\to 0$ überzugehen. Die Funktion unter dem Integralzeichen in (21) ist beschränkt; aus der Formel (4) ist zu ersehen, daß sie stetig bezüglich der Variablen y und s für $h>s$ ist. Das Maß $\mu(\Gamma')$ ist höchstens gleich $P(s,a,\Gamma')$ und strebt deshalb für das Äußere eines beliebigen Kreises K mit dem Mittelpunkt a für $s\to 0$ gegen 0. Folglich strebt das Maß für den Kreis K selbst gegen $\mathbf{P}_a\{\sigma>0\}$. Nachdem wir einen hinreichend kleinen Kreis K und anschließend ein $s>0$ gewählt haben, spalten wir das Integral über R aus (21) in die Integrale über K bzw. das Komplement $\bar{K}$ von K auf. Der Integrand des Integrals über K unterscheidet sich beliebig wenig von der Zahl $P(h,a,\Gamma)$, während das Maß $\mu(K)$ ungefähr gleich $\mathbf{P}_a\{\sigma>0\}$ ist. Das Integral über $\bar{K}$ ist nicht größer als $\mu(\bar{K})$, liegt also nahe bei 0. Deshalb unterscheidet sich das gesamte Integral in (21) beliebig wenig vom Produkt $\mathbf{P}_a\{\sigma>0\}\cdot P(h,a,\Gamma)$, d.h., es ist gleich diesem Produkt. Somit haben wir

$$\mathbf{P}_a\{\sigma>0, x(h)\in\Gamma\}=\mathbf{P}_a\{\sigma>0\}\cdot\mathbf{P}_a\{x(h)\in\Gamma\}, \tag{22}$$

d.h., der Vektor $x(h)$ und das Ereignis $\{\sigma>0\}$ sind unabhängig.

Weiter folgt aus dem Markoffschen Prinzip der Unabhängigkeit der Zukunft von der Vergangenheit bei gegebener Gegenwart, daß vom Ereignis $\{\sigma>0\}$ im Fall der Unabhängigkeit der „Gegenwart" $x(h)$ vom „vergangenen Ereignis" $\{\sigma>0)$ nicht die „Zukunft" abhängt, d.h. kein Ereignis, welches vom Verlauf des Prozesses nach dem Zeitpunkt h bestimmt wird.

Formal besitzt auf Grund der Markoffschen Eigenschaft ein Ereignis A für den Prozeß $y(t)=x(h+t)$, $t\geq 0$, die Wahrscheinlichkeit

$$\int_R \mathbf{P}_y\{A\}\,P(h,a,dy).$$

Die Ereignisse A und $\{\sigma>0\}$ treten wegen (22) gleichzeitig mit der Wahrscheinlichkeit

$$\int_R \mathbf{P}_y\{A\}\cdot\mathbf{P}_a\{\sigma>0\}\,P(h,a,dy)=\mathbf{P}_a\{\sigma>0\}\cdot\int_R \mathbf{P}_y\{A\}\,P(h,a,dy)$$

ein. Das bedeutet, daß sich die Wahrscheinlichkeiten der Ereignisse $\{\sigma>0\}$ und A für den Prozeß $y(t)$ multiplizieren, diese Ereignisse somit unabhängig sind.

Dank der Tatsache, daß man h beliebig klein wählen kann, gelingt es, aus „zukünftigen" Ereignissen, die nicht vom Ereignis $\{\sigma>0\}$ abhängen, das Ereignis $\{\sigma>0\}$ selbst zu konstruieren; man erhält dann die Unabhängigkeit dieses Ereignisses von sich selbst, d.h. das Null-Eins-Gesetz.

Hierzu betrachten wir das Ereignis $A(h,t)=\{$Die Trajektorie befindet sich während des Zeitintervalls $[h,t]$ im Gebiet $G\}$.

Dem Bewiesenen zufolge sind für $h>0$ die Ereignisse $A(h,t)$ und $\{\sigma>0\}$ unabhängig, d.h., es gilt

$$\mathbf{P}_a\{\sigma>0,\ A(h,t)\}=\mathbf{P}_a\{\sigma>0\}\cdot\mathbf{P}_a\{A(h,t)\}. \tag{23}$$

Ersichtlich nehmen die Ereignisse $A(h,t)$ mit fallendem h ab; für $h\to 0$ gehen sie über in das Ereignis $\{$Die Trajektorie befindet sich während eines beliebigen Zeitabschnitts der Form $[h,t]$ im Gebiet G, $0<h<t\}$, welches dem Ereignis $\{\sigma>t\}$ gleichwertig ist. Läßt man in der Beziehung (23) h gegen 0 gehen und beachtet, daß $\{\sigma>0,\sigma>t\}=\{\sigma>t\}$ ist, so erhält man

$$\mathbf{P}_a\{\sigma>t\}=\mathbf{P}_a\{\sigma>0\}\cdot\mathbf{P}_a\{\sigma>t\}.$$

Strebt jetzt t gegen 0, so führt dies zu

$$\mathbf{P}_a\{\sigma>0\}=[\mathbf{P}_a\{\sigma>0\}]^2.$$

Demnach muß $\mathbf{P}_a\{\sigma>0\}$ gleich 0 oder 1 sein.

Es sei angemerkt, daß das von uns für das Ereignis $\{\sigma>0\}$ bewiesene Null-Eins-Gesetz einen Spezialfall des folgenden Ergebnisses darstellt, welches von BLUMENTHAL bewiesen wurde*: Wenn das Eintreten oder Nichteintreten eines Ereignisses A nur vom Verhalten des Wienerschen Prozesses in einem beliebig kleinen Zeitintervall $[0,t]$, $t>0$, abhängt, so ist die Wahrscheinlichkeit des Ereignisses A gleich 0 oder 1.

Der Beweis dieses Satzes in seiner allgemeinen Formulierung verläuft nach dem gleichen Schema wie derjenige im Fall des Ereignisses $\{\sigma>0\}$. Zunächst zeigt man, daß ein beliebiges Ereignis A_h, welches lediglich vom Verhalten des Wienerschen Prozesses bis zum Zeitpunkt h beeinflußt wird, unabhängig von A ist. Anschließend erhält man durch Approximation des Ereignisses A mit Hilfe von Ereignissen der Form A_h (wobei man sich Fragen der Meßbarkeit von Ereignissen zuzuwenden hat), daß $\mathbf{P}_x\{A\}=[\mathbf{P}_x\{A\}]^2$, also $\mathbf{P}_x\{A\}=0$ oder 1 gilt.

Sei a ein irregulärer Punkt. Aus dem Regularitätskriterium, das im vorigen Abschnitt aufgestellt wurde, folgt, daß die Wahrscheinlichkeit $\mathbf{P}_a\{\sigma>0\}>0$ ist. Nach dem Null-Eins-Gesetz hat man demnach für einen derartigen Punkt

$$\mathbf{P}_a\{\sigma>0\}=1.$$

Dies erlaubt, die folgende hinreichende Bedingung für Regularität herzuleiten: *Ein Punkt a des zum Gebiet G gehörigen Randes L ist regulär, falls man diesen Punkt vom Äußeren des Gebietes G her mit*

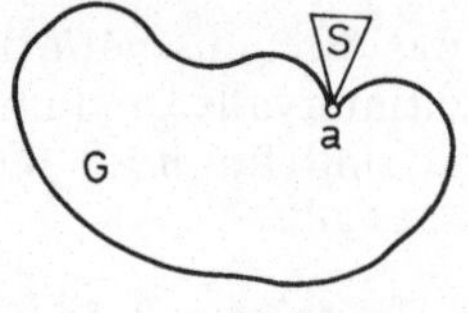

Abb. 13

der Spitze eines Dreiecks erreichen kann (Abb. 13). In der Tat, wäre der Punkt a irregulär, so würde sich das Teilchen, das seine Bewegung im Punkt a beginnt, mit Wahrscheinlichkeit 1 während eines gewissen Zeitintervalls $(0,\sigma)$, $\sigma>0$, innerhalb des Gebietes G befinden, d.h. echt außerhalb des Dreiecks S. Auf Grund der Invarianz

---

* s. z. B. [3], Kap. 5, § 6.

des Wienerschen Prozesses gegenüber Drehungen würde das Gleiche für ein beliebiges Dreieck gelten, das man aus S durch Drehung um den Punkt a erhält. Von diesen Dreiecken überdeckt bereits eine endliche Anzahl eine gewisse Umgebung des Punktes a. Demnach ergibt sich aus unserer Annahme, daß sich das im Punkt a startende Teilchen mit Wahrscheinlichkeit 1 augenblicklich außerhalb dieser Umgebung des Punktes a befindet. Dies widerspricht der Stetigkeit der Trajektorien des Wienerschen Prozesses. Somit ist der Punkt a in der Tat regulär.

Hieraus ergibt sich die Regularität der Randpunkte für eine sehr weite Klasse von Gebieten; dazu gehören insbesondere solche Gebiete, deren Rand aus glatten Kurven besteht. Im dreidimensionalen Raum ist für die Regularität eines Randpunktes hinreichend, daß man ihn von außen her mit der Spitze eines Tetraeders erreichen kann – im eindimensionalen Fall entsprechend mit dem Ende einer Strecke.

§ 7. Das Dirichletsche Problem

Wir werten jetzt einige Ergebnisse aus. Es wurde bewiesen: *Ist G ein Gebiet mit regulärem Rand und ist φ eine beliebige, auf dem Rand definierte, stetige und beschränkte Funktion, so wird durch*

$$f(x) = \mathbf{M}_x \varphi(x(\tau)) \tag{24}$$

eine harmonische Funktion definiert, die im Gebiet G harmonisch ist und auf dem Rand mit der Funktion φ übereinstimmt.

Hiermit haben wir nicht nur die Existenz einer Lösung des Dirichletschen Problems für eine sehr weite Klasse von Gebieten nachgewiesen, sondern wir sind auch zu einem expliziten Ausdruck für diese Lösung gelangt. Diesen Ausdruck kann man für qualitative Untersuchungen der Lösung wie auch für numerische Berechnungen verwenden. Dazu simuliert man zunächst den Wienerschen Prozeß mit Hilfe von Tabellen zufälliger Zahlen und berechnet anschließend das Mittel der Werte, welche die Funktion φ in dem auf dem Rand liegenden zufälligen Austrittspunkt annimmt. Eine der Möglichkeiten, den Wienerschen Prozeß zu simulieren, besteht darin, ihn durch eine symmetrische Irrfahrt auf dem Punktgitter zu ersetzen. Übrigens sind auch andere Simulationsverfahren möglich. An der hier entwickelten Methode erscheint ferner wertvoll, daß sie es gestattet, von der Lösung des Dirichletschen Problems auch dann zu sprechen, wenn die Randfunktionen unstetig sind oder das Gebiet irreguläre Randpunkte aufweist.

Andererseits kann man den Ausdruck in (24) endlich zum Studium analytischer Eigenschaften der Austrittswahrscheinlichkeit benutzen. In einer Reihe von Fällen gelingt es sofort, eine Lösung des Dirichletschen Problems zu finden; dies gestattet, wertvolle Informationen über das Verhalten der Trajektorien eines Wienerschen Prozesses zu erhalten.

Bekanntlich kann das Dirichletsche Problem für ein beschränktes Gebiet nicht zwei verschiedene Lösungen besitzen. (Das folgt daraus, daß eine harmonische Funktion ihr Maximum und Minimum auf dem Rand des Gebietes annimmt.) Im allgemeinen ist das Dirichletsche Problem für ein unbeschränktes Gebiet G nicht eindeutig lösbar (für $l \geq 3$ gibt es im allgemeinen auch keine eindeutige beschränkte Lösung). Es ist im voraus nicht zu sehen, welche dieser Lösungen mit $f(x)$ übereinstimmt. Es läßt sich zeigen, daß durch den Ausdruck in (24) eine minimale nichtnegative Lösung des Dirichletschen Problems gegeben wird, falls die stetige Randfunktion $\varphi(y)$ nichtnegativ und alle Randpunkte regulär sind.

In der Tat seien S die Peripherie eines Kreises, dessen Mittelpunkt der Koordinatenursprung ist, und G' derjenige Teil des Gebietes G, der innerhalb von S liegt (Abb. 14)*. Da ein beliebiger Punkt der Peripherie S vom Äußeren

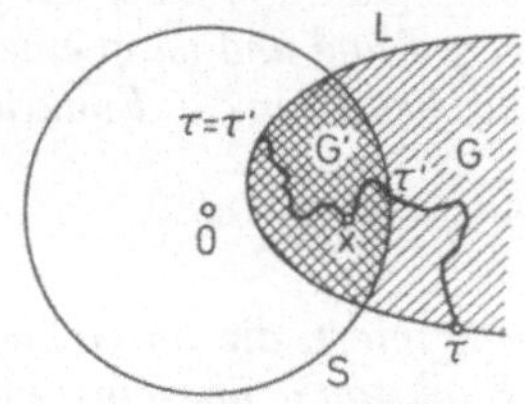

Abb. 14

des Gebietes G' her durch die Spitze eines Dreiecks erreichbar ist, ist der Rand des Gebietes G' ebenfalls regulär. Wir bezeichnen mit τ' den Augenblick des ersten Austritts des Wienerschen Prozesses aus G' und betrachten auf dem Rand von G' die Funktion φ', die gleich φ ist in den Punkten, die den Rändern der Gebiete G' und G gemeinsam angehören, und die gleich 0 ist in den übrigen Punkten des Randes von G'. Wir setzen

(25) $$f'(x) = \mathbf{M}_x \varphi'(x(\tau')), \quad x \in G'.$$

Sei $g(x)$ eine nichtnegative Funktion, die im Gebiet G harmonisch ist und auf dessen Rand mit $\varphi(y)$ übereinstimmt. Auf Grund der Eindeutigkeit der Lösung des Dirichletschen Problems für das beschränkte Gebiet G' haben wir

$$g(x) = \mathbf{M}_x g(x(\tau')), \quad x \in G'.$$

* Im allgemeinen wird G' mehrere Zusammenhangskomponenten besitzen. Dies hat jedoch keinen Einfluß auf unsere Überlegungen.

Da auf dem gesamten Rand des Gebietes G' $\varphi'(y) \leq g(y)$ gilt, folgt aus den angegebenen Ungleichungen, daß

$$f'(x) \leq g(x), \qquad x \in G', \tag{26}$$

ist. Wir bemerken jetzt, daß für eine Trajektorie $x(t)$, die das Gebiet G verläßt, bevor sie in das Äußere von S eintritt, $\tau' = \tau < \infty$ gilt und die Werte der Funktionen φ' und φ im Punkt $x(\tau')$ einander gleich sind. Für alle übrigen Trajektorien ist $\varphi'(x(\tau'))$ entweder gleich 0 (falls $\tau' < \infty$, $\tau' \neq \tau$ ist) oder nicht definiert (falls $\tau' = \infty$ ist). Demnach können wir statt der Gleichung (25)

$$f'(x) = \mathbf{M}'_x \varphi(x(\tau))$$

schreiben, wobei der Strich am Symbol $\mathbf{M}$ andeute, daß sich die Integration nicht über alle Trajektorien mit $\tau < \infty$ erstreckt, sondern lediglich über solche mit $\tau' = \tau < \infty$. Wenn sich die Peripherie S ausdehnt, so nimmt das Ereignis $\{\tau' = \tau < \infty\}$ zu und geht im Grenzfall in das Ereignis $\{\tau < \infty\}$ über. Daraus folgt, daß der Ausdruck $\mathbf{M}'_x \varphi(x(\tau))$ für beliebiges $x \in G$ gegen $\mathbf{M}_x \varphi(x(\tau))$ strebt. Das bedeutet, daß man durch Grenzübergang in Ungleichung (26) zur Beziehung $f(x) \leq g(x)$ gelangt, die im gesamten Gebiet G gilt.

Wir betrachten jetzt Beispiele, in denen der Ausdruck in (24) entweder zur Untersuchung des Wienerschen Prozesses mit Hilfe von Differentialgleichungen oder zur Erlangung der Lösung des Dirichletschen Problems mit Hilfe wahrscheinlichkeitstheoretischer Überlegungen verwendet wird.

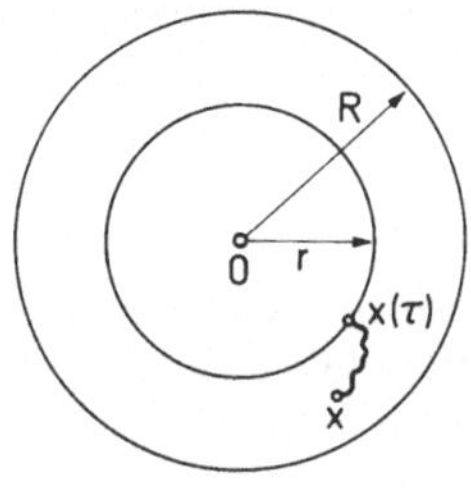

Abb. 15

Zunächst sei bemerkt, daß die Funktion $\ln|x|$ überall mit Ausnahme des Punktes $x=0$ die Laplacesche Differentialgleichung erfüllt und auf einem beliebigen Kreis um dem Nullpunkt konstant ist. Daher ist es leicht, Konstanten c_1 und c_2 derart zu finden, daß die Funktion

$$f(x) = c_1 \ln|x| + c_2$$

gleich 0 auf dem äußeren und gleich 1 auf dem inneren Rand des Kreisringes $G = \{r < |x| < R\}$ ist (Abb. 15). Bezeichnen wir mit τ den

Augenblick des ersten Austritts der Trajektorie aus dem Kreisring G, so erhalten wir vermöge (24)

$$f(x) = \mathbf{M}_x f(x(\tau)) = 1 \cdot \mathbf{P}_x\{|x(\tau)| = r\} + 0 \cdot \mathbf{P}_x\{|x(\tau)| = R\}, \qquad x \in G,$$

d.h., $f(x)$ stellt die Wahrscheinlichkeit dafür dar, daß die Trajektorie den Kreisring G über den inneren Rand verläßt. Wählen wir die Konstanten c_1 und c_2 in der oben angegebenen Weise, so erhalten wir

(27) $$f(x) = \frac{\ln R - \ln|x|}{\ln R - \ln r}.$$

Analoges gilt für den l-dimensionalen Raum, $l \geq 3$. Hier hat man statt der Funktion $\ln|x|$ die Funktion $\frac{1}{|x|^{l-2}}$ zu nehmen. Man erhält dann als Wahrscheinlichkeit dafür, daß die Trajektorie die Kugelschale $\{r < |x| < R\}$ über die innere Begrenzung verläßt, den Ausdruck

(28) $$f(x) = \frac{\dfrac{1}{|x|^{l-2}} - \dfrac{1}{R^{l-2}}}{\dfrac{1}{r^{l-2}} - \dfrac{1}{R^{l-2}}}.$$

Aus den Beziehungen (27) und (28) lassen sich interessante Folgerungen ziehen.

So zeigt sich z. B.: *In der Ebene oder im Raum gelangt die Trajektorie eines Wienerschen Prozesses mit Wahrscheinlichkeit* 1 *niemals zu einem festen Punkt a, der von ihrem Anfangspunkt verschieden ist*.*

Wir betrachten speziell den ebenen Fall. Es ist klar, daß bei beliebigem $R > |x| > r > 0$ die Wahrscheinlichkeit dafür, zum Nullpunkt eher als zum äußeren Rand zu gelangen, kleiner oder gleich ist der Wahrscheinlichkeit $f(x)$ dafür, von x aus eher zum inneren als zum äußeren Rand zu gelangen. Die Beziehung (27) zeigt, daß bei festem $R > |x| > 0$ und hinreichend kleinem $r > 0$ die Wahrscheinlichkeit $f(x)$ nahe bei 0 liegt. Folglich ist bei beliebiger Anfangslage $x \neq 0$ die Wahrscheinlichkeit dafür, daß das Teilchen zum Nullpunkt gelangt, bevor es aus dem Kreis um den Nullpunkt mit dem Radius $R > |x|$ austritt, gleich 0.

Wenn jedoch das Teilchen, das im Punkt $x \neq 0$ startet, mit Wahrscheinlichkeit 1 einen beliebigen festen Kreis vom Radius $R > |x|$ überschreitet, ehe es zum Nullpunkt gelangt, so überschreitet es mit Wahrscheinlichkeit 1 sämtliche Kreise mit den Radien

---

* Hieraus folgert man leicht, daß sie mit Wahrscheinlichkeit 1 auch niemals zum Ausgangspunkt zurückkehrt.

$n|x|$, $n=2,3,\ldots$, ehe es zum Nullpunkt gelangt. Das Teilchen kann aber nicht in endlicher Zeit alle diese Kreise überschreiten, da dessen Trajektorie stetig ist. Folglich gelangt das im Punkt $x \neq 0$ startende Teilchen mit Wahrscheinlichkeit 1 niemals zum Nullpunkt. Das Gleiche gilt für einen beliebigen anderen festen Punkt a der Ebene.

Benutzen wir die Terminologie von Kap. I, so können wir sagen, daß für den Wienerschen Prozeß in der Ebene oder im Raum eine einpunktige Menge transient ist. Es ist leicht zu zeigen, daß im eindimensionalen Fall dagegen jede einpunktige Menge rekurrent ist (s. die Aufgaben). Zum Vergleich erinnern wir daran, daß sich im Fall der symmetrischen Irrfahrt auf dem Punktgitter eine einelementige Menge auf der Geraden oder in der Ebene als rekurrent, im Raum hingegen als transient erwies.

Der auffallende Unterschied zwischen der stetigen und der diskreten Irrfahrt in der Ebene erklärt sich daraus, daß in der gesamten Ebene eine einpunktige Menge viel „magerer" ist als im diskreten Gitter. Die Analogie zwischen dem diskreten und dem stetigen Fall wird wiederhergestellt, wenn man statt eines Punktes einen beliebigen Kreis betrachtet: *Beim Wienerschen Prozeß in der Ebene gelangt das Teilchen mit Wahrscheinlichkeit* 1 *in einen beliebigen Kreis mit positivem Radius.*

In der Tat, kehren wir zurück zu dem in Abb. 15 dargestellten Kreisring. Die Wahrscheinlichkeit, ausgehend von x irgendwann in einen Kreis vom Radius r zu gelangen, ist größer oder gleich der Wahrscheinlichkeit $f(x)$, in diesen Kreis vor dem Austritt aus dem Kreis mit dem Radius R zu gelangen. Auf Grund der Beziehung (27) gilt aber $f(x) \to 1$ für $R \to \infty$. Folglich ist die Wahrscheinlichkeit, in den inneren Kreis zu gelangen, gleich 1.

Konstruiert man in der Ebene abzählbar viele Kreise derart, daß jeder beliebige Punkt in einen Kreis von beliebig kleinem Radius fällt, so findet man: *Die Trajektorien $x(t)$ liegen mit Wahrscheinlichkeit* 1 *in der Ebene überall dicht.*

Im l-dimensionalen Raum mit $l \geq 3$ hat man auf Grund der Beziehung (28)

$$\lim_{R \to +\infty} f(x) = \frac{r^{l-2}}{|x|^{l-2}}.$$

Dieser Grenzwert ist gleich der Wahrscheinlichkeit, ausgehend von x, irgendwann in die Kugel U um den Nullpunkt mit dem Radius r zu gelangen. In der Tat, das Ereignis „Die Trajektorie gelangt in die Kugel U vor ihrem ersten Austritt aus der Kugel vom Radius R" konvergiert für $R \to \infty$ monoton abnehmend gegen das Ereignis „Die Trajektorie gelangt in die Kugel U".

Da man weiß, daß für die Trajektorie die Wahrscheinlichkeit, zu einer beliebigen Kugel zu gelangen, kleiner als 1 ist, kann man schließen, daß *mit Wahrscheinlichkeit* 1 $|x_t| \to \infty$ *für* $t \to \infty$ *gilt* (zu einem analogen Resultat für den diskreten Fall gelangten wir in § 3, Kap. I).

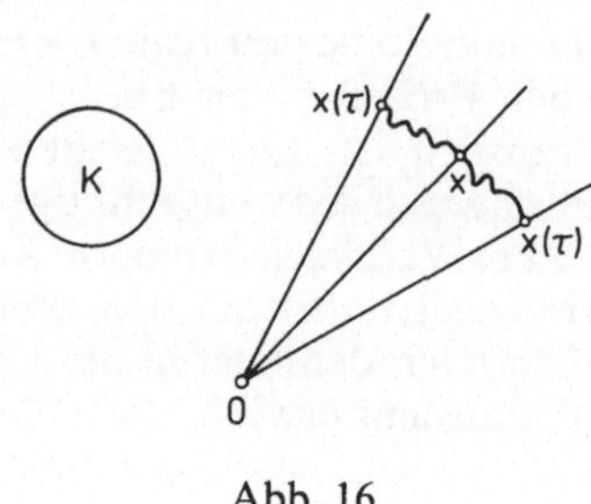

Abb. 16

Im folgenden Beispiel bestimmen wir, ausgehend von wahrscheinlichkeitstheoretischen Überlegungen, die Verteilung der Lage eines Teilchens beim ersten Auftreffen auf eine gegebene Gerade für den Fall der Brownschen Bewegung. Dies gestattet uns, einen Ausdruck herzuleiten, der eine Lösung des Dirichletschen Problems für die Halbebene liefert.

Zunächst bemerken wir, daß ein Teilchen, welches seine Bewegung in einem auf der Winkelhalbierenden eines gegebenen Winkels liegenden Punkt (Abb. 16) beginnt, aus Symmetriegründen das Innere des Winkels jeweils mit gleicher Wahrscheinlichkeit über jeden seiner Schenkel verläßt. Da das Teilchen mit Wahrscheinlichkeit 1 in einen beliebigen, außerhalb des Winkelinneren gelegenen Kreis gelangt, so ist die Wahrscheinlichkeit des Austritts aus dem Winkelinneren gleich 1; dies bedeutet, daß die Wahrscheinlichkeit, beim Austritt auf einen der Schenkel des Winkels zu gelangen, jeweils gleich $\frac{1}{2}$ ist (die Wahrscheinlichkeit, zum Scheitelpunkt des Winkels zu gelangen, ist, wie wir wissen, gleich 0).

Mit Hilfe dieser einfachen Bemerkung ist es leicht, die Wahrscheinlichkeit dafür zu berechnen, daß das Teilchen (bei beliebiger Anfangslage) zunächst über einen bestimmten Schenkel eines gegebenen Winkels aus dem Inneren des Winkels heraustritt, bevor es zum anderen Schenkel gelangt. Wir betrachten einen beliebigen Winkel AOB der Größe α, $0<\alpha<2\pi$. Sei x ein beliebiger Punkt aus dem Inneren des Winkels und bezeichne $p(x)$ die Wahrscheinlichkeit dafür, ausgehend vom Punkt x das Innere des Winkels AOB über den Schenkel OB (Abb. 17) zu verlassen. Wir zeigen, daß die Wahrscheinlichkeit $p(x)$ auf jedem vom Punkt 0 ausgehenden

Strahl konstant ist und den Wert $\frac{\theta}{\alpha}$ besitzt, wobei θ für den Winkel AOx steht. Diese Behauptung ist sicher richtig im Fall $\theta=0$ oder α. Aus der obigen Bemerkung ergibt sich die Richtigkeit der Beziehung $p(x)=\frac{\theta}{\alpha}$ für den Winkel $\theta=\frac{\theta_1+\theta_2}{2}$, falls sie für die Winkel $\theta=\theta_1$ und $\theta=\theta_2$ gilt; auf Grund des Satzes von der voll-

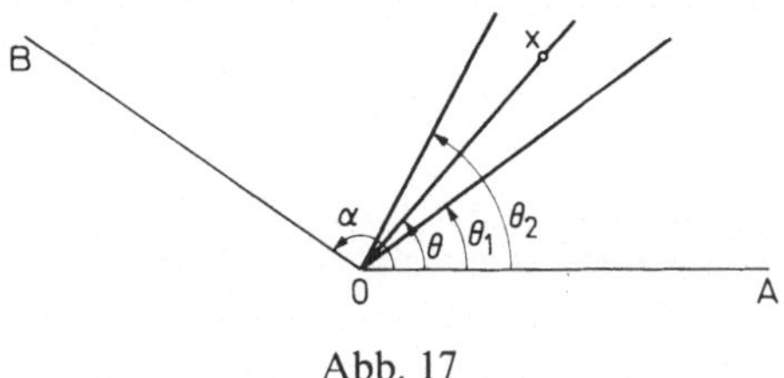

Abb. 17

ständigen Wahrscheinlichkeit ergibt sich nämlich für einen Punkt x mit $\theta=\frac{1}{2}(\theta_1+\theta_2)$ $p(x)=\frac{1}{2}\frac{\theta_1}{\alpha}+\frac{1}{2}\frac{\theta_2}{\alpha}=\frac{\frac{1}{2}(\theta_1+\theta_2)}{\alpha}$. Somit erhalten wir sukzessive, daß die Beziehung $p(x)=\frac{\theta}{\alpha}$ zunächst zutrifft für $\theta=\frac{\alpha}{2}$, anschließend für $\theta=\frac{1}{4}\alpha$ und $\theta=\frac{3}{4}\alpha,\ldots$, d.h., daß sie richtig ist für alle Winkel der Form $\theta=\frac{k}{2^n}\alpha$, $k=0,1,\ldots,2^n$, $n=1,2,\ldots$.

Ein beliebiger Punkt x im Inneren des Winkels AOB liegt bei beliebigem n zwischen zwei Strahlen $\theta_1=\frac{k}{2^n}\alpha$ sowie $\theta_2=\frac{k+1}{2^n}\alpha$. Bezeichnen wir die Wahrscheinlichkeit, von x aus auf den ersten bzw. zweiten Strahl zu gelangen, mit q_1 bzw. q_2 $(q_1+q_2=1)$, so erhalten wir

$$p(x)=q_1\frac{k}{2^n}+q_2\frac{k+1}{2^n}=\frac{k}{2^n}+\frac{q_2}{2^n}=\frac{\theta_1}{\alpha}+\frac{q_2}{2^n}.$$

Für $n\to\infty$ folgt hieraus, daß

$$p(x)=\lim_{n\to\infty}\left(\frac{\theta_1}{\alpha}+\frac{q_2}{2^n}\right)=\lim_{n\to\infty}\frac{\theta_1}{\alpha}=\frac{\theta}{\alpha}$$

gilt.

Wir betrachten jetzt den Zeitpunkt τ, zu dem die Trajektorie eines Wienerschen Prozesses, die in der oberen Halbebene beginnt, erstmals zur x_1-Achse gelangt (Abb. 18). Die Abszisse des Punktes $x(\tau)$ bezeichnen wir mit ξ. Bei beliebigem festem y bedeutet das Ereignis $\xi < y$, daß die Trajektorie aus dem gestreckten Winkel NMP, dessen Scheitel der Punkt $M = (y,0)$ ist, über dessen Schenkel MP hinaustritt.

Folglich hat man

$$\mathbf{P}_x\{\xi < y\} = \frac{\theta}{\pi}, \tag{29}$$

worin θ den Winkel NMx bezeichne. Die Abhängigkeit dieses Winkels von den Koordinaten x_1, x_2 des Punktes x wird durch die Formel

$$\theta = \operatorname{arctg} \frac{x_2}{x_1 - y}$$

gegeben. Differenziert man die Gleichung (29) nach y, so erhält man die Verteilungsdichte der Lage des Punktes ξ:

$$p(x_1, x_2; y) = \frac{1}{\pi} \frac{x_2}{x_2^2 + (y - x_1)^2}.$$

Dies ist die Dichte einer Cauchyschen Verteilung.

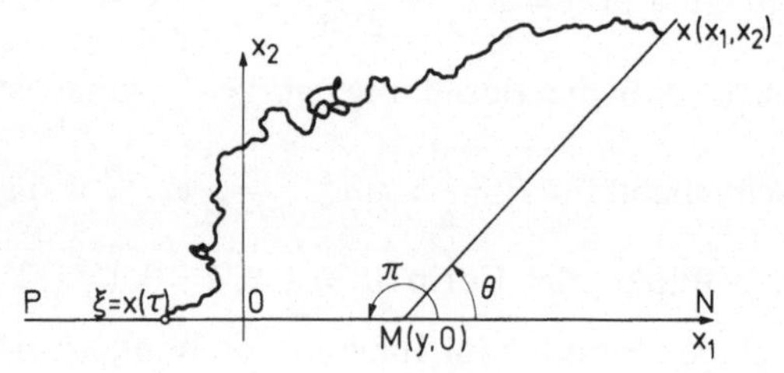

Abb. 18

Da man die Dichte $p(x_1, x_2; y)$ kennt, kann man leicht eine Darstellung für die Funktion $f(x)$ finden, welche in der oberen Halbebene harmonisch ist und auf der x_1-Achse mit einer gegebenen Randfunktion $\varphi(y)$ übereinstimmt:

$$f(x) = \int_{-\infty}^{+\infty} \varphi(y)\, p(x_1, x_2; y)\, dy = \frac{1}{\pi} \int_{-\infty}^{+\infty} \frac{x_2\, \varphi(y)\, dy}{x_2^2 + (y - x_1)^2}. \tag{30}$$

Macht man davon Gebrauch daß bei konformen Abbildungen harmonische Funktionen in harmonische Funktionen übergehen, so kann man aus der Darstellung (30) eine Lösung des Dirichletschen Problems für eine Reihe von Gebieten in der Ebene erhalten; insbesondere läßt sich auf diese Weise die Poissonsche Integralformel gewinnen, welche die Lösung des Dirichletschen Problems für einen Kreis liefert.

Fassen wir die Komponenten x_1 und x_2 als Real- bzw. Imaginärteil der komplexen Variablen $z = x_1 + i x_2$ auf, so können wir die Darstellung (30) in der Form

$$f(z) = \frac{1}{\pi} \int_{-\infty}^{+\infty} \operatorname{Im}\left(\frac{1}{y-z}\right) \varphi(y)\, dy, \qquad \operatorname{Im} z > 0,$$

schreiben.

Die obere Halbebene $x_2 > 0$ wird durch die Funktion $w = \frac{z-i}{z+i}$ in den Einheitskreis abgebildet. Transformiert man obiges Integral mit Hilfe dieser Abbildung, so erhält man nach einigen Umformungen, daß die im Kreis $|w| < 1$ harmonische Funktion $u(w)$, welche auf dem Rand dieses Kreises die Werte $\varphi(y)$ annimmt, durch den Ausdruck

$$u(w) = \frac{1}{2\pi} \int_0^{2\pi} \frac{1 - |w|^2}{|e^{i\theta} - w|^2} \varphi(e^{i\theta})\, d\theta$$

gegeben wird (Poissonsches Integral in komplexer Schreibweise).

§ 8. Wahrscheinlichkeitstheoretische Lösung der Poissonschen Differentialgleichung

Wir wenden uns nun der Berechnung des Erwartungswertes $m(x) = \mathbf{M}_x \tau$ der Zeit zu, die das Teilchen bis zum Austritt aus dem Gebiet G benötigt. Wir zeigen, daß unter ziemlich allgemeinen Voraussetzungen die Funktion $m(x)$ im Gebiet G eine Lösung der Poissonschen Differentialgleichung

$$\Delta m = -2 \tag{31}$$

darstellt, die auf dem Rand des Gebietes verschwindet. Da eine Analogie zum Problem für die Austrittswahrscheinlichkeit besteht, werden wir den Gang der Überlegungen lediglich skizzieren.

Der Punkt a sei Mittelpunkt eines ganz im Gebiet G liegenden Kreises K vom Radius ρ. Wir zerlegen die Zeit τ in zwei Summanden: in die Zeit τ_K bis zum ersten Austritt aus K und die Zeit $\tau - \tau_K$, welche die Trajektorie benötigt, um von der Peripherie C des Kreises K bis zum Rand L des Gebietes G zu gelangen. Aus der starken Markoffschen Eigenschaft schließt man leicht, daß

$$\mathbf{M}_a(\tau - \tau_K) = \int_C m(x)\, \mu(dx)$$

gilt, worin μ die Gleichverteilung auf der Peripherie C bezeichne (vgl. die Herleitung der Beziehung (10) in § 4). In § 2 sahen wir, daß

$\mathbf{M}_a \tau_K = \frac{1}{2}\rho^2$ ist. Somit hat man

$$m(a) = \tfrac{1}{2}\rho^2 + \int_C m(x)\,\mu(dx). \tag{32}$$

Sei das Gebiet G beschränkt. Dann folgt aus den Ergebnissen von § 2, daß die Funktion $m(x)$ endlich ist. Man weist unmittelbar nach, daß die Funktion $-\frac{1}{2}x^2 = -\frac{1}{2}(x_1^2 + x_2^2)$ die Gleichung (32) befriedigt. Demnach genügt die Funktion $n(x) = m(x) + \dfrac{x^2}{2}$ der Gleichung

$$n(x) = \int_C n(y)\,\mu(dy),$$

welche für die Funktion $f(x) = \mathbf{M}_x \varphi(x(\tau))$ mit der Gleichung (10) übereinstimmt. Folglich ist die Funktion $n(x)$ im Gebiet G harmonisch. Da $\Delta(-\frac{1}{2}x^2) = -2$ ist, genügt der Mittelwert $m(x)$ der Differentialgleichung (31). In den Randpunkten des Gebietes gilt ersichtlich $m = 0$. Deshalb ist zu erwarten, daß $m(x)$ gegen 0 strebt, wenn sich x dem Rand nähert. Diese Aussage trifft für reguläre Randpunkte zu und wird mit Hilfe der in § 5 entwickelten Methode bewiesen.

Es gilt somit: *Für ein beschränktes Gebiet G mit regulärem Rand stellt die Funktion* $m(x)$ *eine Lösung der Poissonschen Differentialgleichung* (31) *dar, welche auf dem Rand verschwindet.* Es ist bekannt, daß eine solche Lösung eindeutig bestimmt ist.

Für ein unbeschränktes Gebiet G mit regulärem Rand L kann man zeigen, indem man die Überlegung von § 7 mit einem sich ausdehnenden Kreis wiederholt, daß die Funktion $m(x)$ minimal ist bezüglich der positiven Lösungen der Differentialgleichung (31) im Gebiet G, welche auf dem Rand L verschwinden (falls derartige Lösungen existieren).

§ 9. Infinitesimaler und charakteristischer Operator*

Wir deckten einen engen Zusammenhang zwischen einem Wienerschen Prozeß $x(t)$ und dem Laplaceschen Operator $\Delta = \sum_{i=1}^{l} \dfrac{\partial^2}{\partial x_i^2}$ auf. Wir bemühen uns jetzt, eine tiefere Einsicht in die Natur dieses Zusammenhangs zu gewinnen.

Wir beginnen mit Beispielen. Irgendein Vorgang möge durch eine Funktion $x(t)$ beschrieben werden, wobei t im Intervall (a,b)

* Eine ausführlichere Behandlung der Fragen, die in diesem Abschnitt berührt werden, findet der Leser in [4].

variiert. Es gibt unübersehbar viele Möglichkeiten für den Verlauf eines derartigen Prozesses. Interessieren wir uns jedoch lediglich für den Zuwachs der Funktion $x(t)$ in einem kleinen Zeitintervall $(t_0, t_0+\Delta t)$ und vernachlässigen wir Ausdrücke, die von höherer Ordnung (bezüglich Δt) klein sind, so können wir statt des Ausdrucks $x(t)-x(t_0)$ die lineare Funktion $x'(t_0)(t-t_0)$ betrachten, welche durch den Wert $x'(t_0)$ gegeben wird. Letzterer wird vollkommen durch das Verhalten von $x(t)$ in einer hinreichend kleinen Umgebung von t_0 bestimmt und heißt deshalb *infinitesimale Charakteristik* unseres Prozesses für den Zeitpunkt t_0. Es ist von fundamentaler Wichtigkeit, daß man den gesamten Prozeß rekonstruieren kann, wenn man die infinitesimalen Charakteristiken für alle Zeiten t kennt.

Weiter betrachten wir in der Ebene eine zeitlich stationäre Flüssigkeitsströmung. Die Ebene wird durch die Trajektorien der Teilchen derart überdeckt, daß von jedem Punkt nur eine Trajektorie ausgeht (Abb. 19). Kennen wir die Lage eines Teilchens zu

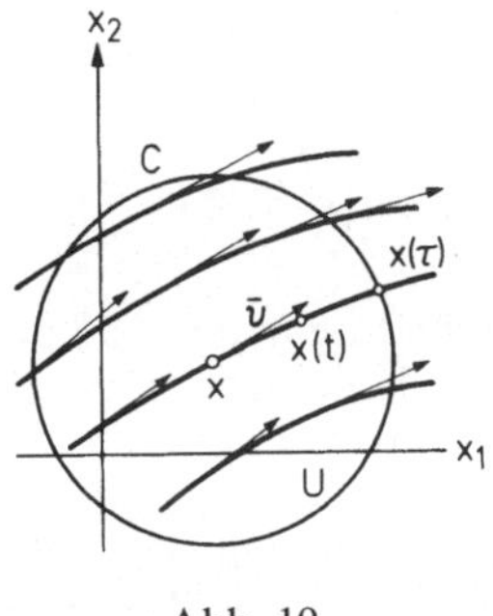

Abb. 19

einem gewissen Zeitpunkt, so können wir seinen zukünftigen Weg ebenso gut vorhersagen, wie wenn wir die gesamte Trajektorie des Teilchens bis zu diesem Zeitpunkt kennen würden. (Diese Eigenschaft begegnete uns schon beim Studium des Wienerschen Prozesses und wurde als Markoffsche Eigenschaft bezeichnet.) Als infinitesimale Charakteristik unserer Strömung dient das Geschwindigkeitsfeld (d. h. das Vektorfeld, welches man erhält, wenn man an jeden Punkt der Ebene den Geschwindigkeitsvektor anträgt, der zu diesem Punkt gehört). Manchmal ist es übrigens vorteilhafter, statt des Geschwindigkeitsfeldes den ihm entsprechenden *Operator A* zu betrachten, den man auf folgende Weise erhält. Sei $x(t)$ die Trajektorie eines Teilchens, das sich zum Zeitpunkt $t=0$ in einem gegebenen Punkt x befindet. Wir werden nicht nur die

Änderung der Koordinaten $x_1(t)$ und $x_2(t)$, sondern auch diejenige einer beliebigen (glatten) Funktion $f(x)=f(x_1,x_2)$ längs der Trajektorie verfolgen. Nach der Zeit t gelangt das Teilchen von x aus in den Punkt $x(t)$, und die Funktion $f(x(t))$ erfährt den Zuwachs $f(x(t))-f(x(0))=f(x(t))-f(x)$. Demnach ist die Änderungsgeschwindigkeit $Af(x)$ der Funktion f im Punkt x gleich

$$(33)\qquad \lim_{t\to 0}\frac{f(x(t))-f(x)}{t}=\frac{df(x(t))}{dt}=\frac{\partial f}{\partial x_1}\cdot\frac{dx_1}{dt}+\frac{\partial f}{\partial x_2}\,\frac{dx_2}{dt}$$

$$=v_1\cdot\frac{\partial f}{\partial x_1}+v_2\cdot\frac{\partial f}{\partial x_2},$$

wobei v_1 und v_2 die Projektionen des Geschwindigkeitsvektors $\bar{v}$ auf die x_1- bzw. x_2-Achse im gegebenen Punkt x bezeichnen und die Ableitungen im gleichen Punkt genommen werden. Der Operator $A=v_1\cdot\frac{\partial}{\partial x_1}+v_2\cdot\frac{\partial}{\partial x_2}$ wird als infinitesimaler Operator des Prozesses bezeichnet. Ersichtlich ist die Angabe von A gleichwertig mit der Angabe des Geschwindigkeitsvektors $\bar{v}$. Löst man die Differentialgleichung

$$\frac{df}{dt}=Af$$

für verschiedene Anfangsbedingungen, so kann man vermöge A die zeitliche Änderung einer beliebigen Funktion f und damit die Strömung als Ganzes rekonstruieren.

Wir versuchen von diesem Gesichtspunkt aus den Wienerschen Prozeß zu behandeln. Beim Wienerschen Prozeß ist die Verschiebung $y(t)=x(t)-x(0)=x(t)-x$ des Teilchens während der Zeit t zufällig und besitzt (in der Ebene) die Wahrscheinlichkeitsdichte

$$p(t,y)=\frac{1}{2\pi t}\,e^{-\frac{y_1^2+y_2^2}{2t}}$$

(vgl. Formel (3)). Daher stellt der Quotient $\frac{f(x(t))-f(x)}{t}$ eine zufällige Variable dar, deren Grenzwert im allgemeinen mit Wahrscheinlichkeit 1 nicht existiert (s. die Aufgaben). Somit hat die direkte Übertragung der obigen Überlegungen auf den Wienerschen Prozeß, die zum Begriff der zufälligen Geschwindigkeit und des zufälligen Operators A führt, keinen Sinn. Die Lage ändert sich jedoch, wenn wir statt der zufälligen Variablen $\frac{1}{t}[f(x(t))-f(x)]$ deren mathematische Erwartung nehmen. Wir gelangen dann zum *infinitesimalen Operator A* des Wienerschen Prozesses*:

(34) $$Af(x_1,x_2)=\lim_{t\to 0}\frac{\mathbf{M}_x f(x(t))-f(x)}{t}$$

$$=\lim_{t\to 0}\left[\frac{1}{2\pi t}\int_{-\infty}^{+\infty}\int_{-\infty}^{+\infty} f(x_1+y_1,x_2+y_2)e^{-\frac{y_1^2+y_2^2}{2t}}dy_1dy_2-f(x_1,x_2)\right].$$

In vielen Fällen erweist sich ein Grenzübergang bzgl. der Raumkoordinaten (statt der Zeit) als geeigneter. Kehren wir zum Beispiel der ebenen stationären Flüssigkeitsströmung zurück. Wir fixieren eine Umgebung U des Punktes x und betrachten die Lage des Teilchens zum Zeitpunkt τ seines ersten Austritts aus U (Abb. 19). Sie stellt einen bestimmten Punkt $x(\tau)$ auf dem Rand von U dar. Während der Zeit τ erfährt die Funktion $f(x(t))$ den Zuwachs $f(x(\tau)) - f(x)$. Läßt man die Umgebung U sich auf den Punkt x zusammenziehen, so erhält man, daß die Änderungsgeschwindigkeit der Funktion f im Punkt x vermöge

$$\lim_{U\downarrow x}\frac{f(x(\tau))-f(x)}{\tau}$$

definiert werden kann, wobei dieser Grenzwert offenbar mit dem in (33) gefundenen Grenzwert übereinstimmt. Beim Wienerschen Prozeß sind nun der Zeitpunkt des ersten Austritts aus der Umgebung U sowie die Lage des Teilchens zur Zeit τ zufällig. Bildet man wie bei der Konstruktion des Operators A die mathematische Erwartung der zufälligen Variablen und läßt U sich auf den Punkt x

* Um den infinitesimalen Operator A vollständig zu definieren, hat man dessen Definitionsbereich anzugeben. Bezeichne C die Menge aller stetigen beschränkten Funktionen. Setzen wir $f\in D_A$ genau dann, wenn $f\in C$, $Af\in C$ gilt und der Ausdruck $\frac{1}{t}(\mathbf{M}_x f(x(t))-f(x))$ gegen $Af(x)$ gleichmäßig bez. x konvergiert, so erhalten wir den sogenannten starken infinitesimalen Operator A. Besteht D_A aus allen Funktionen $f\in C$ mit der Eigenschaft, daß $Af\in C$ gilt, der Ausdruck $\frac{1}{t}(\mathbf{M}_x f(x(t))-f(x))$ in jedem Punkt einen Grenzwert besitzt und für alle x und $t>0$ beschränkt ist, so gelangen wir zum schwachen infinitesimalen Operator A.

zusammenziehen, so gelangt man zum Operator

$$\mathfrak{A}f(x)=\lim_{U\downarrow x}\frac{\mathbf{M}_x f(x(\tau))-f(x)}{\mathbf{M}_x\tau}, \tag{35}$$

der als *charakteristischer Operator* des Prozesses bezeichnet wird*. Falls U ein Kreis mit dem Radius ρ und dem Punkt x als Mittelpunkt ist, dann gilt, wie wir wissen,

$$\mathbf{M}_x f(x(\tau))=\int_C f(y)\mu(dy), \tag{36}$$

worin μ die Gleichverteilung auf dem Rand C des Kreises U bezeichnet, sowie

$$\mathbf{M}_x\tau=\tfrac{1}{2}\rho^2.$$

Wie am Ende von § 4 gezeigt wurde, ist das Integral in (36) gleich

$$f(x)+\frac{\rho^2}{4}\left(\frac{\partial^2 f}{\partial x_1^2}+\frac{\partial^2 f}{\partial x_2^2}\right)+\int_C \alpha(y)\mu(dy),$$

wobei $|\alpha|\le k\rho^3$ ist (die Funktion f wird als hinreichend glatt vorausgesetzt). Setzt man diese Ausdrücke in (35) ein, so erhält man

$$\mathfrak{A}f(x)=\frac{1}{2}\left(\frac{\partial^2 f}{\partial x_1^2}+\frac{\partial^2 f}{\partial x_2^2}\right)=\frac{1}{2}\Delta f(x). \tag{37}$$

Eine genauere Betrachtung zeigt, daß der Grenzwert in (35) existiert und gleich $\frac{1}{2}\Delta f$ ist für alle zweimal stetig differenzierbaren Funktionen f und Umgebungen U beliebiger Form.

Somit gilt: *Der charakteristische Operator des Wienerschen Prozesses, der das Verhalten des Prozesses in der Nähe eines gegebenen Punktes beschreibt, stimmt bis auf einen konstanten Faktor mit dem Laplaceschen Operator überein***.

Falls man den Grenzwert in der Beziehung (34) berechnet, so zeigt sich, daß er gleich $\frac{1}{2}\Delta f(x)$ ist. Diese Übereinstimmung ist nicht zufällig. Man kann zeigen, daß sie bei einer überaus weiten Klasse von Markoffschen Prozessen besteht.

---

* Zum Definitionsbereich $D_{\mathfrak{A}}$ des charakteristischen Operators $\mathfrak{A}$ gehören alle Funktionen f, für welche der Grenzwert in (35) in jedem Punkt x existiert und endlich ist. Manchmal ist es geeigneter, die Menge $D_{\mathfrak{A}}$ enger zu fassen, indem man zusätzlich fordert, daß f und $\mathfrak{A}f$ stetig und beschränkt sind.

** Hierbei wird der Operator $\mathfrak{A}$ lediglich auf den zweimal stetig differenzierbaren Funktionen betrachtet.

Wir sahen, daß das Studium der wahrscheinlichkeitstheoretischen Eigenschaften eines Wienerschen Prozesses eng mit der Untersuchung des Laplaceschen Operators Δ verknüpft ist. Es ist naheliegend zu fragen, für welche Differentialoperatoren außer dem Laplaceschen Operator eine analoge Theorie geschaffen werden kann. Mit anderen Worten: Welche Differentialoperatoren erweisen sich als charakteristische (infinitesimale) Operatoren Markoffscher Prozesse?

Sei $x(t)=\{x_1(t), x_2(t)\}$ ein Wienerscher Prozess in der Ebene, und sei

$$(38) \qquad \begin{cases} y_1(t)=x_1(0)+c_{11}(x_1(t)-x_1(0))+c_{12}(x_2(t)-x_2(0))+b_1 t, \\ y_2(t)=x_2(0)+c_{21}(x_1(t)-x_1(0))+c_{22}(x_2(t)-x_2(0))+b_2 t \end{cases}$$

gesetzt, worin die Ausdrücke c_{ij} und b_i beliebige reelle Konstanten bezeichnen. Dann läßt sich zeigen, daß der charakteristische (infinitesimale) Operator des Prozesses $\{y_1(t), y_2(t)\}$ mit dem Differentialoperator

$$(39) \quad L = \frac{1}{2}\left[a_{11}\frac{\partial^2}{\partial x_1^2} + 2a_{12}\frac{\partial^2}{\partial x_1 \partial x_2} + a_{22}\frac{\partial^2}{\partial x_2^2}\right) + b_1\frac{\partial}{\partial x_1} + b_2\frac{\partial}{\partial x_2}$$

übereinstimmt, wobei

$$(40) \qquad \begin{pmatrix} a_{11} & a_{12} \\ a_{21} & a_{22} \end{pmatrix} = \begin{pmatrix} c_{11} & c_{12} \\ c_{21} & c_{22} \end{pmatrix} \begin{pmatrix} c_{11} & c_{21} \\ c_{12} & c_{22} \end{pmatrix}$$

gilt.

Wir setzen jetzt voraus, daß die Ausdrücke c_{ij} und b_i glatte* Funktionen von x sind. Benutzt man kompliziertere Methoden, so gelingt es in diesem Fall, einen Markoffschen Prozess zu konstruieren, dessen charakteristischer Operator (auf den zweimal stetig differenzierbaren Funktionen) durch den Ausdruck in (39) gegeben wird. Ein solcher Prozeß wird als *Diffusionsprozeß* mit dem Differentialoperator L bezeichnet. Man kann die zu Beginn dieses Abschnitts betrachtete stationäre Flüssigkeitsströmung als Spezialfall eines Diffusionsprozesses (mit $a_{ij}=0$) deuten.

Man sieht leicht, daß die vermöge der Beziehung (40) definierte Matrix $\{a_{ij}\}$ symmetrisch ist und der Bedingung

$$a_{11}\lambda_1^2 + 2a_{12}\lambda_1\lambda_2 + a_{22}\lambda_2^2 \geq 0, \quad \lambda_1, \lambda_2 \quad \text{reell},$$

* In Wirklichkeit genügt es, die Koeffizienten als HÖLDER-stetig vorauszusetzen.

genügt. Falls die stärkere Bedingung

$$a_{11}\lambda_1^2+2a_{12}\lambda_1\lambda_2+a_{22}\lambda_2^2>0 \quad \text{für} \quad \lambda_1^2+\lambda_2^2>0$$

erfüllt ist, heißt der Operator L elliptisch. Die wahrscheinlichkeitstheoretische Betrachtung des Laplaceschen Operators, die in diesem Kapitel durchgeführt wurde, läßt sich auf beliebige elliptische Differentialoperatoren mit hinreichend glatten Koeffizienten übertragen.

Aufgaben

Die Chapman-Kolmogoroffsche Gleichung

1. Man zeige, daß die durch Formel (3) gegebene Dichte $p(t,y)$ der Beziehung

$$p(t+s,y)=\int_R p(t,x)p(s,y-x)\,dx$$

für beliebige $s,t>0$, $y\in R$, genügt.

Hinweis. Man stelle den Zuwachs $x(t+s)-x(0)$ in der Form $(x(s)-x(0))+(x(t+s)-x(s))$ dar.

Austrittswahrscheinlichkeit und mittlere Austrittszeit im eindimensionalen Fall

In den Aufgaben **2**–**6** bezeichne $p(a;x)$ bzw. $q(a;x)$ die Wahrscheinlichkeit dafür, daß sich beim Wienerschen Prozeß ein Teilchen, welches seine Bewegung im Punkt $x\in[0,a]$ beginnt, zum Zeitpunkt des ersten Austritts aus dem Intervall $(0,a)$ in dessen rechtem bzw. linkem Endpunkt befindet; $m(a;x)$ stehe für den Erwartungswert der Zeit, die das Teilchen bis zu seinem Austritt aus dem Intervall $(0,a)$ benötigt. Die Lösungen dieser Aufgaben stützen sich nicht auf die allgemeinen Ergebnisse aus §§ 4–8.

2. Die Punkte des Graphen der Funktion $p(a;x)$, die den äquidistanten Abszissen $0=x_1<x_2<\cdots<x_n=a$ entsprechen, liegen auf einer Geraden.

Hinweis. Vergleiche die Überlegung aus § 1, Kap. I.

3. Die Funktion $p(a;x)$ ist monoton bzgl. x.

Hinweis. Für $0\leq x<y\leq a$ gilt

$$p(a;x)=p(y;x)p(a;y).$$

4. $p(a;x) = \dfrac{x}{a}; \qquad q(a;x) = \dfrac{a-x}{a}.$

5. Ausgehend von der Beziehung $m\left(a;\dfrac{a}{2}\right) = c_1\left(\dfrac{a}{2}\right)^2$ (s. § 2) ist die Beziehung $m(a;x)=c_1 x(a-x)$ herzuleiten.

Hinweis. Unter der Voraussetzung, daß $x < \dfrac{a}{2}$ gilt, lasse man die Trajektorie im Punkt $\dfrac{a}{2}$ beginnen und subtrahiere von der mittleren Zeit bis zum Austritt aus dem Intervall $(0,a)$ die mittlere Zeit bis zum Austritt aus dem Intervall $(x,a-x)$.

6. Die Wahrscheinlichkeit dafür, daß das Teilchen vom Punkt $x \neq 0$ aus zum Punkt 0 gelangt, ist gleich 1; jedoch ist die mittlere Zeit, die bis dahin vergeht, unendlich.

Hinweis. In den Aufgaben **4** und **5** betrachte man den Grenzübergang für $a \to \infty$.

Der eindimensionale Wienersche Prozeß mit Reflexion und Absorption

Wenn man jene Teile der Trajektorie eines Wienerschen Prozesses $x(t)$ auf der Zahlengeraden, für welche $x(t)<a$ gilt, am Punkt a spiegelt und die übrigen Teile der Trajektorie, für welche $x(t) \geq a$ gilt, unverändert läßt, so erhält man auf dem Intervall $[a,+\infty)$ den *Wienerschen Prozeß* $y(t)$ *mit Reflexion von links im Punkt* a. Analog wird die Reflexion von rechts im Punkt a definiert. Im Fall $a<b$ kann man eine im Punkt $x \in [a,b]$ beginnende Trajektorie zunächst von links im Punkt a und die erhaltene Trajektorie von rechts im Punkt b spiegeln; die nunmehr gewonnene Trajektorie kann erneut von links im Punkt a und die hierdurch erhaltene Trajektorie anschließend von rechts im Punkt b gespiegelt werden usw. (im ganzen unendlich oft). Als Resultat erhält man den *Wienerschen Prozeß* $y(t)$ *auf dem Intervall* $[a,b]$ *mit Reflexion in den Punkten* a *und* b. Falls bei einem Wienerschen Prozeß das Teilchen nach seinem ersten Besuch im Punkt a (bzw. in einem der Punkte a, b) für immer in diesem Punkt verbleibt, so erhält man den *Wienerschen Prozeß* $z(t)$ *mit Absorption im Punkt* a (bzw. in den Punkten a und b).

Wenn das Teilchen, vom Punkt a aus startend, zum Zeitpunkt $t>0$ mit der Wahrscheinlichkeit

$$P(t,x,\Gamma)=\int_{\Gamma} p(t,x,y)\,dy$$

in ein beliebiges Intervall Γ gelangt, welches keinen der absorbierenden Endpunkte enthält, so wird die Funktion $p(t,x,y)$ als *Übergangsdichte* des Prozesses bezeichnet. Für den Wienerschen Prozeß auf der gesamten Zahlengeraden wird die Übergangsdichte durch den Ausdruck

$$p(t,x,y)=\frac{1}{\sqrt{2\pi t}}\,e^{-\frac{(x-y)^2}{2t}} \tag{41}$$

gegeben (s. § 1).

7. Die Übergangsdichte für den Wienerschen Prozeß mit Reflexion von links im Nullpunkt ist gleich

$$p(t,x,y)=\frac{1}{\sqrt{2\pi t}}\left(e^{-\frac{(y-x)^2}{2t}}+e^{-\frac{(y+x)^2}{2t}}\right),\qquad x,y\geq 0.$$

Hinweis. Für ein beliebiges Intervall $\Gamma\subset[0,+\infty)$ gilt $\{y(t)\in\Gamma\}=\{x(t)\in\Gamma\cup\Gamma'\}$, wobei man Γ' aus Γ durch Spiegelung am Nullpunkt erhält.

8. Die Übergangsdichte für den Wienerschen Prozeß mit Reflexion von links im Punkt 0 und von rechts im Punkt a ist gleich

$$p(t,x,y)=\frac{1}{\sqrt{2\pi t}}\sum_{n=-\infty}^{+\infty}\left(e^{-\frac{(y-x+2na)^2}{2t}}+e^{-\frac{(y+x+2na)^2}{2t}}\right),\qquad x,y\in[0,a].$$

Hinweis. Durch eine Überlegung, die analog zur derjenigen für die vorige Aufgabe verläuft, erhält man für $\mathbf{P}_x\{y(t)\in\Gamma\}$ eine Darstellung in Form einer Reihe, die aus Integralen der Übergangsdichte (41) gebildet wird. Eine geeignete Transformation der Integrationsvariablen erlaubt, alle Integrationen über das Intervall Γ auszuführen; anschließend kann man auf Grund der Positivität aller Integranden Summation und Integration vertauschen.

Bei der Berechnung der Übergangsdichte für einen Wienerschen Prozeß mit Absorption wird der folgende Satz benutzt, der anschaulich klar ist: Ist τ eine Markoffsche Zeit, für welche $x(\tau)=a$ gilt, und ist μ deren Verteilung, so hat man für beliebiges $t>0$ und ein beliebiges Intervall Γ

$$\mathbf{P}_x\{\tau\leq t, x(t)\in\Gamma\}=\int_0^t P(t-s,a,\Gamma)\,\mu(ds). \tag{42}$$

Dieser Sachverhalt, der Ähnlichkeit mit der starken Markoffschen Eigenschaft hat, läßt sich streng beweisen.

9. Falls der Punkt x und das Intervall Γ auf der gleichen Seite vom Nullpunkt aus liegen, so hat man

$$\mathbf{P}_x\{\tau \leq t, x(t) \in \Gamma\} = P(t, -x, \Gamma),$$

wenn τ den Augenblick des ersten Eintritts in den Nullpunkt bezeichnet.

Hinweis. Für einen beliebigen Anfangszustand x stimmen die Ereignisse $\{\tau \leq t, x(t) \in \Gamma\}$ sowie $\{x(t) \in \Gamma\}$ überein. Weiter benutze man die Beziehung (42).

10. Die Übergangsdichte für den Wienerschen Prozeß $z(t)$ auf der Halbgeraden $[0, +\infty)$ mit Absorption im Nullpunkt ist gleich

$$p(t, x, y) = \frac{1}{\sqrt{2\pi t}}\left(e^{-\frac{(y-x)^2}{2t}} - e^{-\frac{(y+x)^2}{2t}}\right), \qquad x, y > 0.$$

Hinweis. Mit den Bezeichnungen in der vorigen Aufgabe gilt

$$\mathbf{P}_x\{z(t) \in \Gamma\} = \mathbf{P}_x\{\tau > t, x(t) \in \Gamma\}$$

(das Intervall Γ enthält nicht den Nullpunkt).

11. Ist der Anfangszustand $x > 0$, so besitzt der Augenblick τ des ersten Eintritts in den Nullpunkt eine Verteilung mit der Dichte

$$p(x, t) = \frac{x}{\sqrt{2\pi t^3}} e^{-\frac{x^2}{2t}}, \qquad t > 0. \tag{43}$$

Hinweis. Mit den Bezeichnungen von Aufgabe **9** gilt

$$\mathbf{P}_x\{\tau \leq t\} = \mathbf{P}_x\{z(t) = 0\} = 1 - \int_0^\infty p(t, x, y)\, dy.$$

In dem erhaltenen Integral substituiere man $y \pm x = \sqrt{2t}\, u$ und differenziere nach t.

Mit Hilfe der Formel (43) kann man durch Integration erneut die Resultate von Aufgabe **6** erhalten.

12. Seien τ_0 der Augenblick des ersten Eintritts des Prozesses $x(t)$ in den Nullpunkt, σ_1 der Augenblick des ersten Eintritts in den Punkt $a > 0$ nach τ_0, τ_1 der Augenblick des ersten Eintritts in den Nullpunkt nach σ_1, σ_2 der Augenblick des ersten Eintritts in den Punkt a nach τ_1 usw. Sei der Anfangszustand $x > 0$. Dann ist der Zeitpunkt τ_n ebenso verteilt wie der Zeitpunkt, zu dem zum erstenmal vom Punkt $2na - x$ aus der Nullpunkt erreicht wird; der Zeitpunkt σ_n besitzt die gleiche Verteilung wie der Zeitpunkt, zu dem man zum erstenmal vom Punkt $2na+x$ aus den Punkt a erreicht.

Hinweis. Alle Differenzen $\sigma_{i+1}-\tau_i$ sowie $\tau_i-\sigma_i$ sind unabhängig; jede von ihnen besitzt die gleiche Verteilung wie die Zeit, die das Teilchen für eine Bewegung um a Einheiten nach rechts (oder links) benötigt. Die Zufallszeit τ_0 hängt nicht von diesen Differenzen ab und besitzt die gleiche Verteilung wie die Zeit, die das Teilchen für eine Bewegung um x Einheiten nach rechts (oder links) benötigt. Man läßt daher die Verteilung der Summe $\tau_n=\tau_0+(\sigma_1-\tau_0)+(\tau_1-\sigma_1)+\cdots+(\tau_n-\sigma_n)$ bzw. diejenige der entsprechenden Summe für σ_n ungeändert, wenn man annimmt, daß alle Bewegungen in die gleiche Richtung erfolgen.

13. Falls $\tau_0,\sigma_1,\tau_1,\sigma_2,\tau_2,\ldots$ die Folge der Zufallszeiten von Aufgabe **12** bezeichnet und entsprechend $\rho_0,\pi_1,\rho_1,\pi_2,\rho_2,\ldots$ die analoge Folge der Zeitpunkte des Eintritts in die Punkte a und 0, beginnend mit dem Augenblick des ersten Eintritts in den Punkt a, so hat man

$$\{\tau_n\le t \quad \text{und} \quad \rho_n\le t\}=\{\sigma_{n+1}\le t \quad \text{oder} \quad \pi_{n+1}\le t\},$$
$$\{\sigma_n\le t \quad \text{und} \quad \pi_n\le t\}=\{\tau_n\le t \quad \text{oder} \quad \rho_n\le t\}.$$

14. Mit den Bezeichnungen in den Aufgaben **12** und **13** gilt für ein beliebiges Ereignis A

$$\begin{aligned}\mathbf{P}_x\{A,(\tau_0\le t \quad \text{oder} \quad \rho_0\le t)\} &= \sum_{n=0}^{\infty}(\mathbf{P}_x\{A,\tau_n\le t\}+\mathbf{P}_x\{A;\rho_n\le t\})\\ &\quad -\sum_{n=1}^{\infty}(\mathbf{P}_x\{A,\sigma_n\le t\}+\mathbf{P}_x\{A,\pi_n\le t\}).\end{aligned}$$

Hinweis. Man benutzte das Ergebnis der vorigen Aufgabe, wende n-mal die Beziehung $\mathbf{P}\{B\cup C\}=\mathbf{P}\{B\}+\mathbf{P}\{C\}-\mathbf{P}\{B\cap C\}$ an und lasse n gegen Unendlich streben. Der Grenzübergang ist erlaubt, da infolge der Stetigkeit der Trajektorien in einem endlichen Zeitraum nur endlich viele Übergänge von 0 nach a erfolgen können; dies bedeutet, daß die Wahrscheinlichkeiten $\mathbf{P}_x\{\tau_n\le t\}$ und $\mathbf{P}_x\{\sigma_n\le t\}$ gegen 0 streben.

15. Die Übergangsdichte eines Wienerschen Prozesses $z(t)$ mit Absorption in den Punkten 0 und a ist gleich

$$p(t,x,y)=\frac{1}{\sqrt{2\pi t}}\sum_{n=-\infty}^{+\infty}\left(\mathrm{e}^{-\frac{(y-x+2na)^2}{2t}}-\mathrm{e}^{-\frac{(y+x+2na)^2}{2t}}\right),\quad x,y\in(0,a). \tag{44}$$

Hinweis. Wir haben

$$\mathbf{P}_x\{z(t)\in\Gamma\}=\mathbf{P}_x\{x(t)\in\Gamma,\tau_0>t,\rho_0>t\}$$

(das Intervall Γ enthält nicht die Punkte 0 und a). Nun benutze man nacheinander Aufgabe **14,** Beziehung (42), Aufgabe **12** und das analoge Resultat für die Zeitpunkte ρ_n und π_n sowie den Hinweis zu Aufgabe **9** (das in diesem Hinweis formulierte Resultat überträgt sich auf den Fall, daß der Anfangspunkt und die Menge Γ nicht auf der gleichen Seite vom Punkt 0, sondern vom Punkt a aus liegen). Im Ausdruck für $\mathbf{P}_x\{z(t)\in\Gamma\}$ kann man Summation und Integration vertauschen, da die Reihe (44) für beliebige $t>0$, $0<x<a$, gleichmäßig bzgl. y konvergiert.

16. Ist der Anfangszustand $x\in(0,a)$, so besitzt der Augenblick des ersten Austritts aus dem Intervall $(0,a)$ eine Verteilung mit der Dichte

$$p(x,t)=\frac{1}{\sqrt{2\pi t^3}}\sum_{n=-\infty}^{+\infty}\left((x+2na)e^{-\frac{(x+2na)^2}{2t}}+(2na+a-x)e^{-\frac{(2na+a-x)^2}{2t}}\right). \tag{45}$$

Insbesondere gilt

$$p\left(\frac{a}{2},t\right)=\frac{a}{\sqrt{2\pi t^3}}\sum_{k=0}^{\infty}(-1)^k(2k+1)e^{-\frac{(2k+1)^2a^2}{8t}},\quad t>0. \tag{46}$$

Hinweis. Vgl. Aufgabe **11**. Die gliedweise Differentiation nach t ist erlaubt, da die Reihe (45) gleichmäßig für $t\geq t_0>0$ konvergiert.

Die Berechnung der Konstanten c_l

Mit Hilfe der Beziehung (46) kann man auf analytischem Wege die mittlere Zeit bis zum Austritt des Teilchens aus einem Intervall finden und auf diese Weise den Wert der Konstanten c_1 bestimmen (vgl. das Ende von § 2). Kennt man c_1, so ist es nicht schwer, c_l für beliebiges l zu berechnen. Jedoch ist es nicht möglich, das Integral

$$\int_0^\infty t\,p\left(\frac{a}{2},t\right)dt$$

direkt mit Hilfe gliedweiser Integration zu berechnen, da jeweils die Integrale der Summanden divergieren.

17. Unter Benutzung des bekannten Integrals*

$$\int_0^\infty e^{-\alpha x^2 - \frac{\beta}{x^2}} dx = \frac{1}{2}\sqrt{\frac{\pi}{\alpha}}\, e^{-2\sqrt{\alpha\beta}}, \qquad \alpha, \beta > 0,$$

ist das Integral

$$\int_0^\infty t e^{-\lambda t} p\left(\frac{a}{2}, t\right) dt, \qquad \lambda > 0,$$

zu berechnen, wobei p durch Formel (46) gegeben wird.

Lösung.

$$\frac{a e^{-a\sqrt{\frac{\lambda}{2}}}\left(1 - e^{-a\sqrt{2\lambda}}\right)}{\sqrt{2\lambda}\left(1 + e^{-a\sqrt{2\lambda}}\right)^2}.$$

18. Die mittlere Zeit, die ein Wienerscher Prozeß auf der Geraden benötigt, um vom Punkt $\frac{a}{2}$ in einen der Punkte 0 oder a zu gelangen, ist gleich $\frac{a^2}{4}$; somit gilt $c_1 = 1$.

19. Die mittlere Zeit, die ein Wienerscher Prozeß in der Ebene benötigt, um vom Mittelpunkt eines Kreises mit dem Radius r zu dessen Peripherie zu gelangen, ist gleich $\frac{r^2}{2}$; folglich ist $c_2 = \frac{1}{2}$.

Hinweis. Sei τ_1 der Zeitpunkt, zu dem der Prozeß $x(t)$ erstmals auf die Peripherie $x_1^2 + x_2^2 = r^2$ gelangt, und sei τ_2 der Zeitpunkt, zu dem $x(t)$ sich erstmals auf einer der Geraden $x_1 = \pm r$ befindet.

Dann gilt

$$\mathbf{M}_0 \tau_1 = \mathbf{M}_0 \tau_2 - \mathbf{M}_0(\tau_2 - \tau_1) = \mathbf{M}_0 \tau_2 - \mathbf{M}_\mu \tau_2,$$

worin μ die Gleichverteilung auf der Peripherie $x_1^2 + x_2^2 = r^2$ bezeichnet. Da die Koordinate $x_1(t)$ einen eindimensionalen Wienerschen Prozeß darstellt, kann man zur Berechnung von $M_x \tau_2$ die Aufgaben **5** und **18** heranziehen.

---

* s. FICHTENHOLZ, G. M.: Differential- und Integralrechnung II, Deutscher Verlag der Wissenschaften, Berlin, 1964, S. 652—653.

20. Durch Verallgemeinerung der Überlegungen von Aufgabe **19** auf den l-dimensionalen Fall überzeuge man sich davon, daß $c_l = \frac{1}{l}$ gilt.

Hinweis. Wie in Aufgabe **19** führt dieses Problem dazu, die Größe $x_1(2r - x_1)$ über die $(l-1)$-dimensionale Kugeloberfläche zu mitteln. Dieser Mittelwert läßt sich leicht berechnen, z. B. mit Hilfe der am Ende von § 4 angegebenen Methode.

Die Nichtdifferenzierbarkeit der Trajektorien eines Wienerschen Prozesses

Es genügt, den Wienerschen Prozeß auf der Geraden zu betrachten.

21. Jedem t aus dem Intervall $(0, T)$, $T > 0$, entspreche ein Intervall Γ_t auf der x-Achse. Gilt

$$\mathbf{P}_0\{x(t) \in \Gamma_t\} \geq \varepsilon > 0 \quad \text{für} \quad 0 < t < T,$$

so gibt es für die im Nullpunkt startende Trajektorie $x(t)$ mit Wahrscheinlichkeit 1 beliebig nahe bei 0 liegende positive Zeiten t derart, daß $x(t) \in \Gamma_t$ gilt.

Hinweis. Man benutze das Null-Eins-Gesetz.

22. Die Funktion

$$\frac{x(t) - x(0)}{t}$$

nimmt mit Wahrscheinlichkeit 1 alle reellen Werte in einem beliebigen Intervall $0 < t < \varepsilon$, $\varepsilon > 0$, an.

Hinweis. Man wende die vorige Aufgabe auf die Intervalle

$$\Gamma_t = (\sqrt{t}, +\infty) \quad \text{und} \quad \Gamma_t = (-\infty, -\sqrt{t})$$

an.

Notwendige und hinreichende Bedingungen für Regularität

Wir sahen in § 5, daß das Bestehen der Gleichung

$$\mathbf{P}_a\{\sigma = 0\} = 1 \tag{47}$$

hinreichend für die Regularität des Randpunktes a ist (σ bezeichnet den Augenblick des ersten Austritts aus dem Gebiet G nach dem Zeitpunkt 0; als notwendig erwies sich die Gültigkeit der Beziehung

$$\lim_{\substack{x \in G \\ x \to a}} \mathbf{M}_x \varphi(x(\tau)) = \varphi(a) \tag{48}$$

für eine beliebige, auf dem Rand des Gebietes definierte Funktion φ, die beschränkt und im Punkt a stetig ist (τ bezeichne den Augenblick des ersten Austritts aus G). In den Aufgaben **23–26** wird gezeigt, daß diese beiden Bedingungen zugleich notwendig und hinreichend sind. Hierzu wird gezeigt, daß aus der Beziehung (48) die Beziehung (47) folgt. Alle Überlegungen gelten für einen Raum beliebiger Dimension $l \geq 2$, jedoch wird der größeren Anschaulichkeit wegen der Fall $l=2$ betrachtet.

23. Eine Trajektorie $x(t)$, die im Punkt a beginnt, kommt mit Wahrscheinlichkeit 1 für alle $t>0$ nicht zu a zurück.

Hinweis. Man betrachte zunächst ein Zeitintervall der Form $[t_0, +\infty)$ mit $t_0>0$ und verifiziere, daß die Wahrscheinlichkeit, irgendwann von x nach a zu gelangen, gleich 0 ist für $x \neq a$.

24. Falls $\mathbf{P}_a\{\sigma=0\}=0$ ist, so existiert ein Kreis mit positivem Radius und dem Mittelpunkt a, für welchen

$$\mathbf{P}_a\{x(\sigma) \in K\} < \tfrac{1}{2}$$

gilt.

Hinweis. Der Ausdruck $\mathbf{P}_a\{x(\sigma) \in K\}$ strebt gegen $\mathbf{P}_a\{x(\sigma)=a\}$, falls sich der Kreis K auf den Punkt a zusammenzieht.

25. Unter den Voraussetzungen der vorigen Aufgabe gibt es auf dem Rand C eines beliebigen Kreises, der ganz im Innern des Kreises K liegt und den Punkt a enthält, einen Punkt x, für welchen

$$\mathbf{P}_x\{x(\tau) \in K\} < \tfrac{1}{2}$$

gilt.

Hinweis. Falls μ die Verteilung im Augenblick des ersten Austritts auf die Peripherie C (vom Punkt a aus) bezeichnet, so hat man

$$\mathbf{P}_a\{x(\sigma) \in K\} \geq \int_C \mathbf{P}_x\{x(\tau) \in K\}\, \mu(dx).$$

26. Falls $\mathbf{P}_a\{\sigma=0\}<1$ ist, so existiert eine stetige beschränkte Funktion φ, für welche die Beziehung (48) nicht gilt.

Hinweis. Auf Grund des Null-Eins-Gesetzes ist

$$\mathbf{P}_a\{\sigma=0\}=0;$$

es genügt somit, die Funktion φ so zu wählen, daß sie außerhalb des Kreises K verschwindet, innerhalb von K höchstens gleich 1 ist und im Punkt a den Wert 1 annimmt.

Verschärfung einer hinreichenden Bedingung für Regularität

27. Falls ein Randpunkt a eines ebenen Gebietes G von außen her mit dem Ende einer Strecke erreichbar ist, so ist der Punkt a regulär.

Hinweis. Man benutze das Null-Eins-Gesetz. Wäre die Wahrscheinlichkeit dafür, in einem beliebig kurzen Zeitintervall einen vom Punkt $x(0)$ ausgehenden Strahl zu schneiden, gleich 0, so befände sich die Trajektorie mit Wahrscheinlichkeit 1 während eines gewissen Zeitintervalls positiver Länge in einem der von der Geraden $x_2=x_2(0)$ begrenzten Halbräume.

28. Falls man einen Randpunkt a eines dreidimensionalen Gebietes G vom Äußeren des Gebietes her mit der Spitze eines Dreiecks erreichen kann, so ist der Punkt a regulär.

29. Man finde den Fehler in folgender Überlegung: Die Wahrscheinlichkeit des Ereignisses $A_r=\{$Die Trajektorie $x(t)$ (in der Ebene) gelangt in den Kreis K_r mit dem Radius r und dem Nullpunkt als Mittelpunkt$\}$ ist gleich 1 für beliebiges $r>0$; diese Ereignisse nehmen mit r monoton zu. Läßt man r gegen 0 streben, so erhält man, daß die Trajektorie mit Wahrscheinlichkeit 1 zum Nullpunkt gelangt.

Die mittlere Zeit bis zum Austritt aus einem Gebiet

In den Aufgaben **30–33** bezeichnen wir mit a einen regulären Randpunkt des Gebietes G und mit $m(x)$ die mittlere Zeit, die benötigt wird, um vom Punkt x aus das Gebiet G zu verlassen.

30. Falls das Gebiet G beschränkt ist, so ist die Funktion $m(x)$ beschränkt.

31. Falls das Gebiet G beschränkt ist, so gilt $m(x)\to 0$ für $x\to a$.

Hinweis. Es gilt $\mathbf{P}_x\{\tau>\varepsilon\}\to 0$ für $x\to a$ und $m(x)\leq\varepsilon+\mathbf{P}_x\{\tau>\varepsilon\}\cdot\sup_x m(x)$ (τ bezeichne den Augenblick des ersten Austritts aus dem Gebiet G).

32. Die mittlere Zeit bis zum Austritt aus einem Kreis K ist gleich dem halben Produkt des maximalen und des minimalen Abstandes des Anfangspunktes $x\in K$ vom Rand dieses Kreises (vgl. Aufgabe **5**).

33. Falls $m(x)=\infty$ auch nur in einem Punkt gilt, so gilt $m(x)=\infty$ im ganzen Gebiet G.

Hinweis. Mit Hilfe des Poissonschen Integrals (s. § 7) ergibt sich, daß zu jedem Kreisrand $C\subset G$ und zu beliebigen innerhalb von C gelegenen Punkten x, y eine positive Konstante c existiert, so daß

$$\mu_y(\Gamma)=\mathbf{P}_y\{x(\tau)\in\Gamma\}>c\cdot\mathbf{P}_x\{x(\tau)\in\Gamma\}=c\cdot\mu_x(\Gamma)$$

gilt, worin τ den Augenblick des ersten Auftreffens der Trajektorie auf C und Γ einen beliebigen Bogen auf diesem Kreisrand bezeichnen. Deshalb folgt

$$m(y)=\mathbf{M}_y\tau+\int_C m(z)\,\mu_y(d\,z)>c\int_C m(z)\,\mu_x(d\,z)=c(m(x)-\mathbf{M}_x\tau),$$

wobei $\mathbf{M}_x\tau<\infty$ ist.

KAPITEL III

Das Problem des optimalen Stoppens

§ 1. Das Problem der besten Wahl

Wir beginnen mit folgender Aufgabe. Wir nehmen an, daß wir in zufälliger Reihenfolge n Objekte kennenlernen und unter diesen ein bestes auswählen wollen. Wenn wir das nächste Objekt kennenlernen, müssen wir dieses entweder wählen oder ablehnen; es ist nicht zulässig, sich für ein zuvor bereits abgelehntes Objekt nachträglich zu entscheiden.

Die letzte Bedingung erscheint als Einschränkung, welche nicht immer natürlich ist. Sie ist z. B. natürlich für einen Autoreisenden, der im komfortabelsten oder billigsten von den an der Straße gelegenen Gasthäusern logieren möchte, aber auf keinen Fall zurückfahren will (vorausgesetzt, daß dem Fahrer im voraus zwar die Anzahl der Gasthäuser, nicht aber deren Qualität bekannt ist). Weiter kann man sich ein wählerisches Mädchen vorstellen, welches sich fest für den besten der um ihre Hand anhaltenden Freier entscheiden will. In diesem Fall ist außerdem unsere Annahme, daß es unmöglich sei, sich für ein vorher abgelehntes Objekt nachträglich zu entscheiden, hinreichend gerechtfertigt. Jedoch erscheint hier die Bedingung, daß dem Auswählenden im voraus die Zahl n der Objekte bekannt ist, als ziemlich künstlich.

Wir präzisieren nun die Problemstellung. Es gebe n Objekte, die hinsichtlich ihrer Qualität in bestimmter Weise geordnet sind. Man kann sich z. B. vorstellen, daß diese Objekte durch Punkte auf der Zahlengerade dargestellt werden, wobei den besseren Objekten weiter rechts liegende Punkte entsprechen. Mit a_1 sei das Objekt bezeichnet, das wir als erstes kennenlernen. Da das Bekanntwerden mit den Objekten in zufälliger Reihenfolge geschieht, kann (jeweils mit gleicher Wahrscheinlichkeit) als Punkt a_1 ein beliebiger unter den vorhandenen n Punkten auftreten. Ebenso kann der zweite Punkt a_2 (jeweils mit gleicher Wahrscheinlichkeit) ein beliebiger unter den verbleibenden $n-1$ Punkten sein. Indem wir die Objekte in der Reihenfolge numerieren, in der wir sie kennenlernen, gelangen wir schließlich zu einer gewissen Stichprobe $a_{i_1}, \ldots, a_{i_n}$, wobei jede der möglichen $n!$ Permutationen mit gleicher Wahrscheinlichkeit auftritt. Eine solche Permutation lernen wir nach und nach kennen: Nach dem zweiten Versuch kennen wir nur die relative Lage von a_1 und a_2 und nach dem k-ten Versuch diejenige von $a_1, \ldots, a_k$ (der Leser möge sich vorstellen, daß in den Punkten $a_1, \ldots, a_n$ nacheinander Lämpchen aufleuchten). Die Aufgabe besteht darin, unter den n Punkten den am weitesten rechts liegenden in dem Augenblick zu erkennen, wenn er zum erstenmal erscheint. Es wird nach einer Methode gesucht, die zu diesem Ergebnis mit maximaler Wahrscheinlichkeit führt.

Um das Problem besser zu verstehen, betrachten wir die einfachsten Auswählverfahren. Man kann sich z. B. für den ersten Punkt a_1 entscheiden. Ersichtlich ist die Wahrscheinlichkeit, hierbei den am weitesten rechts liegenden Punkt zu treffen, gleich $\frac{1}{n}$ (dies strebt gegen 0 für $n \to \infty$). Das gleiche Resultat erhält man, wenn man bei a_2 oder a_3 usw. haltmacht.

Auf den ersten Blick könnte es scheinen, daß bei jedem Auswählverfahren die Wahrscheinlichkeit einer richtigen Entscheidung gegen 0 strebt für $n \to \infty$. Das ist jedoch nicht der Fall. Setzen wir der Einfachheit halber voraus, daß die Anzahl n der Punkte gerade ist. Wir nehmen an, daß wir uns für keinen unter den ersten $\frac{n}{2}$ Punkten entscheiden und anschließend den ersten auswählen, der größer als alle vorherigen Punkte ist. Bei dieser Strategie erreichen wir unser Ziel, wenn das beste Objekt in der zweiten und das zweitbeste Objekt in der ersten Hälfte der Folge $a_1, \ldots, a_n$ liegen. Die Wahrscheinlichkeit für eine derartige Anordnung der beiden besten Objekte ist gleich $\frac{\frac{n}{2}}{n} \cdot \frac{\frac{n}{2}}{n-1} > \frac{1}{4}$. Dies bedeutet, daß es zu jeder beliebigen geraden Zahl n von Objekten eine Strategie gibt, die zu einer richtigen Wahl mit einer Wahrscheinlichkeit führt, welche größer als $\frac{1}{4}$ ist.

Sei schon die Lage der Punkte $a_1, \ldots, a_k$ auf der Zahlengeraden bekannt (vgl. Abb. 20 mit $k=4$). Wir bestimmen nun die Wahrscheinlichkeit, mit welcher der folgende Punkt a_{k+1} in jedes der $k+1$ Intervalle fällt, in welche die reelle Achse durch die Punkte $a_1, \ldots, a_k$ zerlegt wird. Fällt der Punkt a_{k+1} in ein bestimmtes (festes) Intervall, so entspricht dem eine bestimmte Permutation der $k+1$ Punkte $a_1, \ldots, a_k, a_{k+1}$. Da alle Punkte gleichberechtigt sind, so ist die Wahrscheinlichkeit einer derartigen Permutation gleich dem Reziproken der Zahl aller Permutationen von $k+1$ Elementen, d. h. gleich

$\frac{1}{(k+1)!}$. Analog ergibt sich die Wahrscheinlichkeit der Permutation der Punkte $a_1, \ldots, a_k$, die ihrer gegebenen Anordnung auf der Geraden entspricht, zu $\frac{1}{k!}$. Folglich ist die bedingte Wahrscheinlichkeit dafür, daß der Punkt in eines der $k+1$ Intervalle fällt, unter der Bedingung, daß die Lage der Punkte $a_1, \ldots, a_k$ bekannt ist, gleich $\frac{1}{(k+1)!} : \frac{1}{k!} = \frac{1}{k+1}$, wie auch die Punkte $a_1, \ldots, a_k$ liegen mögen. Somit gilt: *Der folgende beobachtete Punkt fällt mit gleicher Wahrscheinlichkeit in jedes der Intervalle, in welche die Zahlengerade durch die schon beobachteten Punkte zerlegt wird, unabhängig davon, in welcher Reihenfolge diese Punkte erschienen sind.*

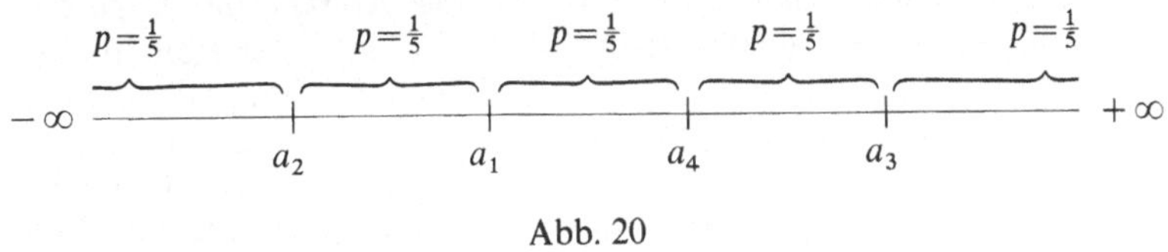

Abb. 20

Wenn der nächste beobachtete Punkt a_k links von einem schon beobachteten Punkt liegt, so ist er sicher nicht der am weitesten rechts liegende Punkt. Daher hat man lediglich unter solchen Punkten a_k zu wählen, die rechts von allen vorangehenden Punkten $a_1, \ldots, a_{k-1}$ liegen. Wir werden solche Punkte *maximal* nennen. Es ist klar, daß der Punkt a_1 stets maximal ist wie auch der am weitesten rechts liegende unter den Punkten $a_1, \ldots, a_n$. Der gesuchte Punkt erscheint somit als letzter in der Folge der maximalen Punkte.

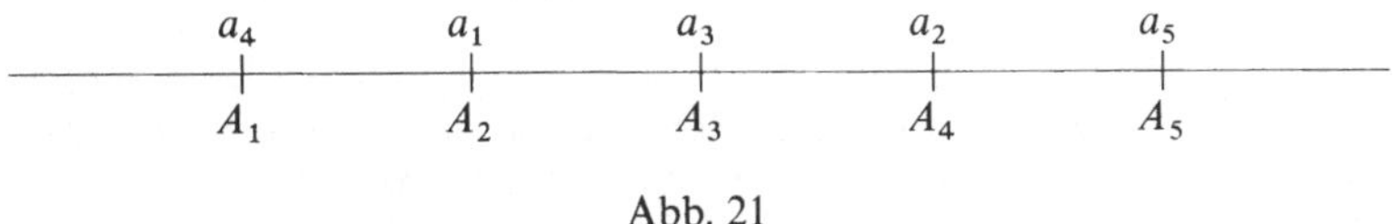

Abb. 21

Tritt der nächste maximale Punkt auf, so hat man sich zu entscheiden, ob man bei diesem Punkt anhält oder weiter wartet. Hierbei ist die gegenseitige Lage der Punkte $a_1, \ldots, a_k$ bekannt, von denen a_k am weitesten rechts liegt. Da man jetzt nur zwischen den Punkten $a_k, a_{k+1}, \ldots, a_n$ zu wählen hat, muß die Entscheidung lediglich abhängen von der Prognose bzgl. der gegenseitigen Lage der Punkte $a_k, a_{k+1}, \ldots, a_n$. Außer den bedingten Wahrscheinlichkeiten für die verschiedenen Permutationen der Punkte $a_k, a_{k+1}, \ldots, a_n$ unter der Bedingung, daß die Punkte $a_1, \ldots, a_k$ bekannt sind, kann nichts diese Entscheidung beeinflussen. Wir zeigen, daß die uns interessierenden bedingten Wahrscheinlichkeiten nur von der Zahl k abhängen und nicht von der Lage der Punkte $a_1, \ldots, a_{k-1}$. Hiermit ergibt sich, daß *sich beim Auftreten des maximalen Punktes a_k eine Entscheidung nur nach der Größe des Index k dieses Punktes zu richten braucht* (unter Berücksichtigung der Anzahl n aller Punkte).

Die Punkte $a_1, \ldots, a_k$ auf der Zahlengerade sind nach der Reihenfolge ihres Auftretens numeriert. Wir numerieren die schon aufgetretenen Punkte $a_1, \ldots, a_k$ gemäß ihrer Lage auf der reellen Achse von links nach rechts: $A_1, \ldots, A_k$. Wenn ein Punkt a_k maximal ist, so stimmt er mit A_k überein (Abb. 21.). Die Angabe der Lage der Punkte $a_1, \ldots, a_k$ ist gleichwertig mit der Angabe der Reihenfolge des Auftretens der Punkte $A_1, \ldots, A_k$. Die Unabhängigkeit einer beliebigen Permutation der Punkte $A_k, a_{k+1}, \ldots, a_n$ von der Reihenfolge, in der die Punkte $A_1, \ldots, A_{k-1}$ auftraten, wird bewiesen sein, wenn wir gezeigt haben, daß von der Reihenfolge des Auftretens der Punkte $A_1, \ldots, A_{k-1}$ weder die gegenseitige Lage der Punkte $A_k, a_{k+1}, \ldots, a_n$ noch deren Lage bzgl. der Punkte $A_1, \ldots, A_{k-1}$ abhängt. Die letzte Tatsache ergibt sich daraus, daß der folgende Punkt, wie schon früher bemerkt, mit gleicher Wahrscheinlichkeit in jedes der Intervalle fällt, in welche die Zahlengerade durch die vorigen Punkte zerlegt wird. Der Punkt a_{k+1} fällt nämlich mit der Wahrscheinlichkeit $\dfrac{1}{k+1}$ in ein beliebiges Intervall der Form $(-\infty, A_1)$, $(A_1, A_2), \ldots, (A_k, +\infty)$, unabhängig von der Reihenfolge des Erscheinens der Punkte $A_1, \ldots, A_{k-1}$; der Punkt a_{k+2} fällt mit der Wahrscheinlichkeit $\dfrac{1}{k+2}$ in jedes der Intervalle, die von den Punkten $A_1, \ldots, A_k$ und a_{k+1} gebildet werden, unabhängig von der Reihenfolge des Erscheinens der Punkte $A_1, \ldots, A_{k-1}$ usw. Indem wir die genannten Wahrscheinlichkeiten miteinander multiplizieren, erhalten wir, daß die Wahrscheinlichkeit einer beliebigen Permutation der Punkte $A_1, \ldots, A_k$, $a_{k+1}, \ldots, a_n$ (unter Beibehaltung der natürlichen Reihenfolge der Punkte $A_1, \ldots, A_k$) gleich

$$\frac{1}{k+1} \cdot \frac{1}{k+2} \cdots \frac{1}{n}$$

ist, unabhängig von der Reihenfolge des Auftretens der Punkte $A_1, \ldots, A_{k-1}$. Damit ist unsere Behauptung bewiesen.

Seien z.B. im Fall $n=10$ die Punkte $a_1, \ldots, a_{10}$ wie in Abb. 22 verteilt.

$$a_5 \quad a_7 \quad a_4 \quad a_2 \quad a_1 \quad a_3 \quad a_6 \quad a_{10} \quad a_9 \quad a_8$$

Abb. 22

Die Punkte a_1, a_3, a_6 und a_8 sind dann maximal. Beim Erscheinen des Punktes a_1 hat man eine Entscheidung zu treffen, wobei man lediglich zu berücksichtigen hat, daß dessen Index gleich 1 ist; ähnlich beim Erscheinen des Punktes a_3 (vorausgesetzt natürlich, daß wir nicht schon früher stoppten) usw.

Um eine optimale Entscheidung zu treffen, hat man sich demnach nur nach den Indizes der maximalen Punkte zu richten*. Wir bezeichnen diese (wachsenden) Indizes mit $x(0), x(1), x(2), \ldots$ Wie schon bemerkt, ist $x(0)=1$. Die Indizes $x(1), x(2), \ldots$ sowohl als auch deren Anzahl sind zufällige Variable; sie sind sämtlich höchstens gleich n. Der letzte (und damit größte) unter den Indizes $x(i)$ stellt den Index des am weitesten rechts liegenden Punktes dar; es gilt, diesen Index mit maximaler Wahrscheinlichkeit zu erraten. Hierbei hat man sich beim Auftreten der nächsten zufälligen Größe $x(i)$ auf Grund der Kenntnis ihres Wertes entweder dafür zu entscheiden, daß $x(i)$ der letzte Index ist, oder man hat weiter zu warten. (Insbesondere braucht man im Fall einer optimalen Strategie weder die Werte noch die Anzahl der vorangegangenen Indizes $x(0), \ldots, x(i-1)$ zu kennen.)

Um unser Problem vollständig in die Sprache der Folge $\{x(i)\}$ zu übertragen, haben wir noch das Wahrscheinlichkeitsgesetz dieser zufälligen Folge aufzustellen. Zunächst zeigen wir, daß die zufälligen Größen $x(0), x(1), \ldots$ eine *Markoffsche Kette* bilden. Dies bedeutet, daß die bedingte Wahrscheinlichkeit des Ereignisses $x(i+1)=l$ unter der Bedingung, daß die Werte aller vorangehenden zufälligen Größen $x(0), \ldots, x(i)$ bekannt sind, tatsächlich nur vom Wert k abhängt, den die unmittelbar vorangehende zufällige Größe $x(i)$ annimmt.** Sei nämlich bekannt, daß $x(0)=1$,

---

* Da es nur endlich viele Strategien für die Auswahl gibt, befindet sich natürlich unter diesen eine optimale.

** Dies ist genauer die Definition der Markoffschen Kette mit stationären Übergangswahrscheinlichkeiten. Markoffsche Ketten, deren Übergangswahrscheinlichkeiten nicht stationär sind, werden in diesem Buch nicht betrachtet.

$x(1)=b,\ldots,x(i)=k$ gilt. Dies ist gleichwertig damit, daß unter den Punkten $a_1,\ldots,a_k$ die Punkte $a_1,a_b,\ldots,a_k$ maximal sind. Mit anderen Worten, es ist bekannt, daß der Punkt a_k maximal ist; weiter weiß man etwas über die relative Lage der Punkte $a_1,\ldots,a_{k-1}$. Das Ereignis $x(i+1)=l$ bedeutet dabei, daß die Punkte $a_{k+1},\ldots,a_{l-1}$ links von a_k und der Punkt a_l rechts von a_k liegen. Folglich kann man das Ereignis $x(i+1)=l$ mit Hilfe der relativen Lage der Punkte $a_k,a_{k+1},\ldots,a_l,\ldots,a_n$ beschreiben, falls bekannt ist, daß $x(0)=1, x(1)=b,\ldots,x(i)=k$ ist. Nun haben wir aber oben gezeigt, daß, falls der Punkt a_k maximal ist, die bedingte Wahrscheinlichkeit eines beliebigen Ereignisses, welches von der relativen Lage der Punkte $a_k,\ldots,a_n$ abhängt, unter der Bedingung, daß etwas über die relative Lage der Punkte $a_1,a_2,\ldots,a_{k-1}$ bekannt ist, in der Tat nur vom Index k abhängt. Somit hängt die bedingte Wahrscheinlichkeit

$$P\{x(i+1)=l \mid x(0)=1, x(1)=b,\ldots,x(i)=k\}$$

außer von l nur von k ab (und vielleicht auch von der Anzahl n der Punkte). Sie heißt *Übergangswahrscheinlichkeit* der Markoffschen Kette und werde mit $p(k,l)$ bezeichnet.

Die Größen $x(0), x(1),\ldots$ nehmen die Werte $1,2,\ldots,n$ an. Die Gesamtheit dieser Werte (*Zustandsraum* genannt) kann man sich als Menge von Punkten vorstellen, auf denen ein Teilchen eine Irrfahrt vollführt (Abb. 23). Zu Beginn befindet sich das Teilchen im

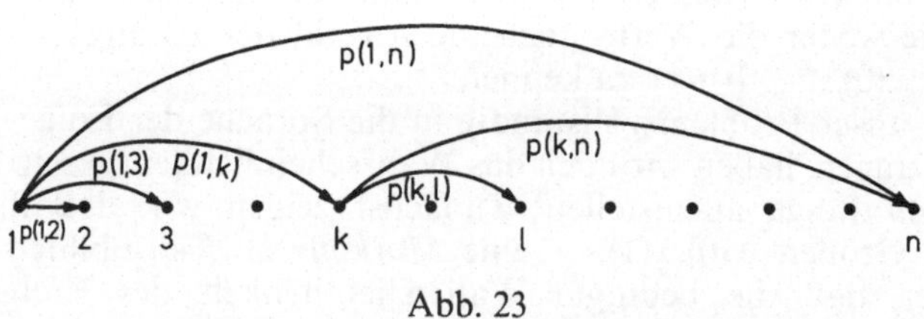

Abb. 23

Punkt 1; dann springt es in den Punkt k mit der Wahrscheinlichkeit $p(1,k)$. Allgemein: Befand sich das Teilchen zu einem gewissen Zeitpunkt im Zustand k, dann geht es beim folgenden Schritt mit der Wahrscheinlichkeit $p(k,l)$ in den Zustand l über, unabhängig davon, wie es sich vor seinem Eintritt in den Zustand k verhielt. Im vorliegenden Fall kann $\sum_l p(k,l)$ kleiner als 1 sein. Es ist naheliegend, die Differenz $1-\sum_l p(k,l)$ als Extinktionswahrscheinlichkeit des Teilchens zu bezeichnen. Der Übergang des Teilchens von k nach l bedeutet, daß auf den maximalen Punkt a_k der maximale Punkt a_l folgt. Die Extinktion des Teilchens besagt, daß es keine weiteren maximalen Punkte gibt.

Wir berechnen nun die Übergangswahrscheinlichkeiten $p(k,l)$. Nach Definition der bedingten Wahrscheinlichkeit ist

$$p(k,l) = \frac{P\{x(i)=k,\, x(i+1)=l\}}{P\{x(i)=k\}}, \qquad k,l=1,\dots,n.$$

Ersichtlich ist $p(k,l)=0$ für $l \le k$ (in Abb. 23 sind lediglich Sprünge von links nach rechts möglich). Im Fall $l>k$ bedeutet das Ereignis $\{x(i)=k, x(i+1)=l\}$, daß unter den Punkten $a_1,\dots,a_l$ die Punkte a_k und a_l am weitesten rechts liegen (wobei a_l rechts von a_k liegt). Die Wahrscheinlichkeit dieses Ereignisses ist wegen der Gleichwertigkeit aller Punkte gleich $\frac{1}{l(l-1)}$. Analog erhält man, daß $P\{x(i)=k\} = \frac{1}{k}$ ist. Folglich ergibt sich

$$p(k,l) = \frac{k}{l(l-1)}, \qquad 1 \le k < l \le n.$$

Es soll jetzt eine optimale Auswahlstrategie entwickelt werden.

Wie schon erwähnt, kann man eine derartige Methode erhalten, indem man für jeden Index k angibt, ob man bei diesem Index stoppen oder weiter warten soll. Es ist ersichtlich hinreichend, eine Teilmenge Γ jener Indizes anzugeben, bei welchen zu stoppen ist. Die Menge $\{1,\dots,n\}$ besitzt 2^n Teilmengen (einschließlich der leeren und der gesamten Menge). Jeder unter diesen entspricht eine gewisse Strategie; unser Ziel besteht darin, unter diesen 2^n Strategien eine optimale auszuwählen.

Natürlich gibt es außer den angegebenen noch viele andere mögliche Strategien. Beispielsweise bezeichne ξ den ersten der Werte $x(0), x(1), \dots$, welcher größer oder gleich k ist (wobei also $\xi = x(i)$ mit $x(0) < \cdots < x(i-1) < k, x(i) \ge k$ gilt). Man kann nun die Strategie betrachten, die darin besteht, bei dem auf ξ folgenden Index, d.h. $x(i+1)$, zu stoppen. Strategien von dieser Art sind ersichtlich nicht optimal; von ihnen werden wir beim Studium eines optimalen Auswahlverfahrens keinen Gebrauch machen.

Bezeichnet $q(k)$ die bedingte Wahrscheinlichkeit für eine richtige Entscheidung unter der Bedingung, daß im Punkt $x(i)=k$ gestoppt wird, so ergibt sich

$$q(k)=1-\sum_{l=k+1}^{n} p(k,l)=1-\sum_{l=k+1}^{n} \frac{k}{l(l-1)}=1-k\cdot\sum_{l=k+1}^{n}\left(\frac{1}{l-1}-\frac{1}{l}\right)$$

$$=\frac{k}{n}, \quad 1\leq k\leq n.$$

Zum Vergleich bestimmen wir die bedingte Wahrscheinlichkeit $q'(k)$ für eine richtige Entscheidung, falls man in der gleichen Situation noch einen Schritt wartet, d.h. erst beim Index $x(i+1)$ stoppt. Nach dem Satz von der vollständigen Wahrscheinlichkeit erhält man

$$q'(k)=\sum_{l=k+1}^{n} p(k,l)q(l)=\sum_{l=k+1}^{n} \frac{k}{l(l-1)}\cdot\frac{l}{n}=$$

$$=\frac{k}{n}\left(\frac{1}{k}+\frac{1}{k+1}+\cdots+\frac{1}{n-1}\right)=q(k)\left(\frac{1}{k}+\frac{1}{k+1}+\cdots+\frac{1}{n-1}\right), \quad k<n,$$

und

$$q'(k)=0, \quad k=n.$$

Da die Summe $\frac{1}{k}+\cdots+\frac{1}{n-1}$ mit wachsendem k monoton abnimmt, fällt auch der Quotient $\frac{q'(k)}{q(k)}$ monoton und nimmt für $k=n$ den Wert 0 an. Folglich existiert eine kleinste natürliche Zahl k_n derart, daß für $k_n\leq k\leq n$ $q'(k)\leq q(k)$ gilt.

Es soll gezeigt werden, daß *der Menge* $\Gamma=\{k_n,\ldots,n\}$ *eine optimale Strategie entspricht* (mit anderen Worten, *man hat abzuwarten, solange* $x(i)<k_n$ *und zu stoppen, wenn zum erstenmal* $x(i)\geq k_n$ *ist*).

Wir werden im folgenden annehmen, daß die Anzahl der Objekte $n\geq 3$ ist. Im Fall $n=1$ besteht keine Wahlmöglichkeit; im Fall $n=2$ kann man bei gleichen Erfolgsaussichten bei einem beliebigen der beiden Objekte stoppen. Es ist unmittelbar klar, daß in beiden Fällen die Menge $\Gamma=\{k_n,\ldots,n\}$ einer optimalen Strategie entspricht; die folgenden Überlegungen sind jedoch auf diese Fälle nicht anwendbar, da jeweils $k_n=1$ für $n=1,2$ ist.

Für $n\geq 3$ gilt

$$q'(1)=q(1)\left(1+\frac{1}{2}+\cdots+\frac{1}{n-1}\right)>q(1)$$

und demnach $k_n > 1$. Folglich ist die Strategie, im Punkt $1 = x(0)$ zu stoppen, nicht optimal; in der Tat liefert diese Strategie eine richtige Entscheidung mit Wahrscheinlichkeit $q(1)$, während die Strategie, den Index $x(1)$ zu wählen, zu einer richtigen Entscheidung mit der größeren Wahrscheinlichkeit $q'(1)$ führt.

Folglich haben wir ein optimales Auswahlverfahren nur unter solchen Strategien zu suchen, die fordern, beim ersten Index nicht zu stoppen. Da für $2 \leq k \leq n$ $p(1,k) > 0$ gilt, warten wir bei der Anwendung einer derartigen Strategie A mit positiver Wahrscheinlichkeit $p_A(k)$ bis zu einem beliebigen Index k. Wir nehmen an, daß die Strategie A vorschreibt, bei einem Index $k < k_n$ zu stoppen. Dann wird eine Strategie A', die mit A übereinstimmt, wenn sich das Teilchen nicht in k befindet, und die im anderen Fall fordert, nach genau einem Schritt zu stoppen, ersichtlich besser als A sein. In der Tat wird für die Strategie A' die Erfolgswahrscheinlichkeit einen um $p_A(k)(q'(k) - q(k))$ größeren Wert als derjenige für die Strategie A haben. Demnach schließt eine optimale Strategie ein Stoppen bei den Indizes $1, \ldots, k_n - 1$ aus.

Wir zeigen durch Induktion von größeren nach kleineren Werten von k, daß eine optimale Strategie A ein sofortiges Stoppen in den Punkten der Menge $\{k_n + 1, \ldots, n\}$ fordert. Ersichtlich gilt in den Punkten dieser Menge die strenge Ungleichung $q'(k) < q(k)$. Wenn die Strategie A vorschreibt, den Index n abzulehnen, dann würde die Strategie A', die ein Stoppen im Punkt n vorsieht und sonst mit A übereinstimmt, die Wahrscheinlichkeit für einen Erfolg – verglichen mit A – um den Wert $p_A(n)$ erhöhen; die Strategie A wäre somit nicht optimal. Unsere Behauptung ist somit für $k = n$ bewiesen. Wir nehmen an, sie sei schon für die Punkte $k+1$, $k+2, \ldots, n$, $k \geq k_n + 1$, bewiesen. Würde die Strategie A fordern, den Index k abzulehnen, so wäre die Strategie A', die ein Stoppen im Punkt k vorsieht und im übrigen mit A übereinstimmt, besser als A. Gelangt nämlich das Teilchen zum Punkt k, so erfordert die Strategie A' ein sofortiges Stoppen, während die Strategie A dies auf Grund der Induktionsvoraussetzung erst beim nächsten Index vorsieht. Deshalb wäre für die Strategie A' die Erfolgswahrscheinlichkeit um den Wert $p_A(k)(q(k) - q'(k))$ höher als diejenige für A; die Strategie A wäre demnach nicht optimal. Folglich erfordert die Strategie A, im Punkt k zu stoppen.

Wir haben somit gezeigt, daß eine optimale Strategie A ein Stoppen in den Punkten $1, \ldots, k_n - 1$ verbietet, während sie es in den Punkten $k_n + 1, \ldots, n$ fordert. Gilt für $k = k_n$ die strenge Ungleichung $q'(k_n) < q(k_n)$, dann läßt sich die Induktion bis $k = k_n$ fortsetzen; man überzeugt sich davon, daß die Strategie A auch im Punkt k_n ein Stoppen vorschreibt. Gilt jedoch für ein n $q'(k_n) = q(k_n)$, so ist es gleichgültig, wie man im Punkt k_n verfährt. Um eindeutig zu sein, wollen wir in diesem Fall den Punkt k_n in die Menge Γ nehmen*.

Somit erhält man ein optimales Auswahlverfahren dadurch, daß man die ersten $k_n - 1$ Objekte passieren läßt und anschließend das erste Objekt wählt, welches größer als alle vorhergehenden ist.

Die Zahl k_n ist die kleinste natürliche Zahl, für welche $q'(k) \leq q(k)$, d.h.

$$\frac{1}{k} + \frac{1}{k+1} + \cdots + \frac{1}{n-1} \leq 1$$

gilt. Folglich wird k_n durch die Ungleichung

$$(1) \qquad \frac{1}{k_n} + \cdots + \frac{1}{n-1} \leq 1 < \frac{1}{k_n - 1} + \frac{1}{k_n} + \cdots + \frac{1}{n-1}$$

definiert.

Wir berechnen jetzt die Wahrscheinlichkeit eines Erfolges bei Benutzung einer optimalen Strategie. Zunächst bestimmen wir die Wahrscheinlichkeit s_m dafür, daß das erste Objekt nach den abgelehnten $k_n - 1$ Objekten, welches besser als alle vorangehenden ist, den Index m besitzt. Dieses Ereignis bedeutet, daß unter den Punkten $a_1, \ldots, a_m$ der am weitesten rechts liegende a_m und der nächstfolgende ein beliebiger unter den Punkten $a_1, \ldots, a_{k_n - 1}$ ist. Da alle Objekte gleichberechtigt sind, ist die Wahrscheinlichkeit eines solchen Ereignisses gleich $\frac{1}{m} \cdot \frac{k_n - 1}{m - 1}$. Somit erhalten wir

$$s_m = \frac{k_n - 1}{m(m-1)}.$$

Die bedingte Wahrscheinlichkeit eines Erfolges ist in diesem Fall gleich $q(m) = \frac{m}{n}$. Das bedeutet, daß die Wahrscheinlichkeit für

* Tatsächlich ist die Gleichung $q'(k) = q(k)$ nur im Fall $n = 2, k = 1$ möglich. Unter den Zahlen $k, k+1, \ldots, n-1$ ist nämlich genau eine durch die maximale Potenz von 2 teilbar, welche $n-1$ nicht überschreitet. Bringt man die Summe

$$s = \frac{1}{k} + \frac{1}{k+1} + \cdots + \frac{1}{n-1}$$

auf den Hauptnenner, so ist demnach der Zähler ungerade. Für $n > 2$ ist der Nenner gerade, d.h., s ist von 1 verschieden.

eine richtige Entscheidung sich zu

$$(2) \qquad p_n = \sum_{m=k_n}^{n} s_m q(m) = \sum_{m=k_n}^{n} \frac{k_n - 1}{m(m-1)} \cdot \frac{m}{n}$$
$$= \frac{k_n - 1}{n} \left(\frac{1}{k_n - 1} + \frac{1}{k_n} + \cdots + \frac{1}{n-1} \right)$$

ergibt.

Beispielsweise haben wir für $n = 10$ die folgende Tabelle.

k	$\frac{1}{k}$	$\frac{1}{k} + \cdots + \frac{1}{n-1}$	k	$\frac{1}{k}$	$\frac{1}{k} + \cdots + \frac{1}{n-1}$
9	0,111	0,111	4	0,250	0,996
8	0,125	0,236	3	0,333	1,329
7	0,143	0,379	2	0,500	...
6	0,167	0,546	1	1,000	...
5	0,200	0,746			

Aus dieser Tabelle ist ersichtlich, daß $k_n = 4$ ist. Folglich hat man zunächst drei Objekte abzulehnen und dann das erste auszuwählen, welches besser als alle vorhergehenden ist. Die Wahrscheinlichkeit für einen Erfolg ist dabei

$$p_{10} = 0{,}3 \cdot 1{,}329 = 0{,}399 .$$

Ähnliche Rechnungen lassen sich leicht für beliebige, nicht zu große n durchführen. Es sollen jetzt Ausdrücke entwickelt werden, die k_n bzw. p_n für große n gut approximieren. Für beliebiges $m \geq 2$ haben wir

$$\ln(m+1) - \ln m = \int_{m}^{m+1} \frac{dx}{x} < \frac{1}{m} < \int_{m-1}^{m} \frac{dx}{x} = \ln m - \ln(m-1) .$$

Summieren wir diese Ungleichungen von $m = k$ bis $m = n - 1$, so erhalten wir, daß

$$\ln \frac{n}{k} < \frac{1}{k} + \frac{1}{k+1} + \cdots + \frac{1}{n-1} < \ln \frac{n-1}{k-1}$$

gilt. Aus diesen Ungleichungen ergibt sich unter Beachtung von (1), daß

$$\ln \frac{n}{k_n} < 1 < \ln \frac{n-1}{k_n - 2}$$

und somit

$$\frac{n}{e} < k_n < \frac{n}{e} + \left(2 - \frac{1}{e}\right)$$

ist.

Da in ein Intervall der Länge $2 - \frac{1}{e}$ nicht mehr als zwei ganze Zahlen fallen können, erlauben die erhaltenen Ungleichungen, bei beliebigem n k_n mit einem Fehler zu bestimmen, der nicht größer als 1 ist. Für große n hat dieser Fehler bei der Berechnung von k_n nur geringen Einfluß auf die Wahrscheinlichkeit einer richtigen Wahl.

Aus den Ungleichungen in (1) ist ersichtlich, daß die Summe $\frac{1}{k_n - 1} + \cdots + \frac{1}{n-1}$ sich von 1 um weniger als $\frac{1}{k_n - 1}$ unterscheidet. Da $k_n \to \infty$ gilt für $n \to \infty$, hat man

$$\lim_{n \to \infty} \left(\frac{1}{k_n - 1} + \frac{1}{k_n} + \cdots + \frac{1}{n-1} \right) = 1 .$$

Mit der Beziehung (2) gelangt man so zu

$$\lim_{n \to \infty} p_n = \lim_{n \to \infty} \frac{k_n - 1}{n} = \frac{1}{e} \approx 0{,}368 .$$

§ 2. Das Problem des optimalen Stoppens einer Markoffschen Kette

Im vorigen Abschnitt lösten wir das Problem der besten Wahl, wobei wir eine geeignete spezielle Markoffsche Kette konstruierten. Jetzt untersuchen wir das allgemeine Problem des optimalen Stoppens einer beliebigen Markoffschen Kette.

Ein gewisses Teilchen (oder System) möge sich in jedem Zeitpunkt in einem gewissen Zustand befinden, wobei die Gesamtheit aller Zustände eine endliche oder abzählbare Menge E bilde, die wir *Zustandsraum* nennen wollen.

Befindet sich das Teilchen in einem gewissen Augenblick im Zustand x, so möge es sich nach der Zeit 1 mit der Wahrscheinlichkeit $p(x,y)$ im Zustand y befinden, unabhängig davon, wann und auf welche Weise es zum Punkt x gelangte. Man sagt dann, daß eine *Markoffsche Kette mit den Übergangswahrscheinlichkeiten* $p(x,y)$ gegeben sei.

Die Wahrscheinlichkeiten $p(x,y)$ können beliebige nichtnegative Zahlen sein, die der Bedingung

$$\sum_y p(x,y) \leq 1, \qquad x \in E,$$

genügen. Gilt für ein gewisses x $\sum_y p(x,y) < 1$, so stellt der Ausdruck $q(x) = 1 - \sum_y p(x,y)$ die Extinktionswahrscheinlichkeit des in x befindlichen Teilchens für den nächsten Schritt dar. Ein vernichtetes Teilchen kann nicht wieder neu gebildet werden, so daß die Kette in diesem Fall für immer abbricht.

Beispiele für Markoffsche Ketten liefern die Irrfahrt auf dem Punktgitter, welche in Kap. I untersucht wurde, sowie die Folge der Indizes der maximalen Punkte im Problem der besten Wahl. Im ersten Beispiel bricht die Kette niemals ab, während sie im zweiten Beispiel mit Wahrscheinlichkeit 1 spätestens nach n Schritten abbricht.

Bezeichne $x(n)$ die Lage des Teilchens zum Zeitpunkt n. Wir nehmen an, daß wir die Trajektorie $x(0), x(1), \ldots, x(n), \ldots$ beobachten und die Bewegung des Teilchens zu einem beliebigen Zeitpunkt n stoppen können. Wenn sich das Teilchen im Augenblick des Stoppens im Punkt x befindet, so erhalten wir die Auszahlung $f(x)$, wo f eine bekannte Funktion sei. Wenn wir den Prozeß nicht stoppen (entweder weil er vorzeitig abbrach oder weil wir unendlich lange warten), so sei die Auszahlung gleich 0. Es erhebt sich die Frage, wie man eine größtmögliche Auszahlung erzielen kann.

Wir präzisieren nun die Problemstellung. Zunächst beschreiben wir die Klasse aller möglichen Stoppzeiten τ. Der Zeitpunkt τ ist im allgemeinen zufällig, da er von der (zufälligen) Trajektorie des Teilchens abhängt. Er erweist sich jedoch nicht als eine vollkommen willkürliche zufällige Variable. Das liegt daran, daß wir zum Zeitpunkt τ nicht wissen, wie sich der Prozeß nach τ entwickelt und wir die Frage, wann wir zu stoppen haben, lediglich auf Grund des Verhaltens des Prozesses bis zum Zeitpunkt τ entscheiden können. Deshalb werden wir nur solche ganzzahlige zufällige Variable betrachten, für die sich das Eintreten oder Nichteintreten des Ereignisses $\{\tau = t\}$ eindeutig aus den Werten $x(0), x(1), \ldots, x(t)$ bestimmt. Derartige zufällige Zeiten werden gewöhnlich als *Markoffsche Zeiten* bezeichnet. (Von Markoffschen Zeiten für den Wienerschen Prozeß war schon in § 4, Kap. II, die Rede.)

Die Summe $\sum_{t=0}^{\infty} \mathbf{P}_x\{\tau=t\}$ kann kleiner als 1 (oder sogar gleich 0) sein. Statt zu sagen, daß τ für die entsprechenden Trajektorien nicht definiert ist, werden wir manchmal $\tau=\infty$ setzen.

Eine typische Markoffsche Zeit stellt der Augenblick des ersten Eintritts in eine beliebige Teilmenge Γ der Menge E dar. (Übrigens existieren auch andere Markoffsche Zeiten, z. B. $\tau\equiv 5$ oder $\tau=\tau_1+2$, wobei τ_1 eine Markoffsche Zeit ist usw.)

Ist die Stoppzeit τ gewählt (anders ausgedrückt, hat derjenige eine Strategie gewählt, der den Prozeß stoppt), so erweist sich die Auszahlung $f(x(\tau))$ als zufällige Variable. Es wird gefordert, τ so zu wählen, daß der Erwartungswert $\mathbf{M}_x f(x(\tau))$, wenn möglich, maximal ist. (Wie gewöhnlich bezeichnet $\mathbf{M}_x$ die mathematische Erwartung im Fall, daß sich das Teilchen anfangs im Punkt x befindet*. Damit der Erwartungswert für beliebiges τ definiert ist, hat man zusätzliche Voraussetzungen über die Funktion f zu machen. Es genügt die Forderung, daß f beschränkt ist.

Somit stellt sich das Problem in folgender Form: *Auf einer endlichen oder abzählbaren Menge E sind eine Markoffsche Kette mit den Übergangswahrscheinlichkeiten $p(x,y)$ und eine beschränkte Funktion f gegeben. Es ist 1. die Größe $v(x)=\sup_{\tau}\mathbf{M}_x f(x(\tau))$ zu berechnen, wobei τ alle Markoffschen Zeiten durchläuft, und 2. eine Markoffsche Zeit τ_0 zu finden, für welche $\mathbf{M}_x f(x(\tau_0))=v(x)$ ist.*

Analog zur Spieltheorie bezeichnen wir die Größe $v(x)$ als *Wert des Spiels* und die Markoffsche Zeit τ_0 als *optimale Strategie*.

Um das Problem zu verdeutlichen, wenden wir uns einigen Spezialfällen und Beispielen zu.

Falls $f\leq 0$ auf dem gesamten Zustandsraum E gilt, so besitzt das Problem eine triviale Lösung: Ersichtlich kann man als optimale Strategie $\tau_0\equiv\infty$ wählen (dies bedeutet, den Prozeß niemals zu stoppen); es gilt $v(x)=0$. Im folgenden schließen wir diesen uninteressanten Fall aus und setzen voraus, daß $\sup_x f(x)>0$ ist.

Weiter betrachten wir die symmetrische Irrfahrt auf dem eindimensionalen Punktgitter. Wie wir wissen (vgl. § 1, Kap. I), gelangt dabei das Teilchen mit Wahrscheinlichkeit 1 früher oder später in

---

* Bei der Berechnung des Erwartungswertes $\mathbf{M}_x f(x(\tau))$ wird nur über solche Elementarereignisse summiert, für welche τ endlich ist (vgl. die Fußnote auf S. 37).

einen beliebigen Zustand x. Folglich ist in diesem Fall $v(x)=c$ (wobei $c=\sup_x f(x)$ gesetzt wurde), da man so lange warten kann, bis das Teilchen in einen Punkt gelangt, in welchem die Funktion f einen hinreichend nahe bei c liegenden Wert annimmt. Falls f den Wert c auf einer Teilmenge Γ des Gitters annimmt, so stellt der Augenblick des ersten Eintritts in die Menge Γ eine optimale Strategie dar. Falls f nirgends den Wert c annimmt, so existiert keine optimale Strategie; jedoch kann man zu einer Auszahlung gelangen, die sich beliebig wenig von c unterscheidet.

Es ist klar, daß das gleiche für eine beliebige Markoffsche Kette gilt, bei der das Teilchen mit Wahrscheinlichkeit 1 alle Zustände annehmen kann (solche Ketten nennt man *rekurrent*).

Weiter betrachten wir eine eindimensionale Irrfahrt auf einem Intervall mit Absorption in den Endpunkten (Abb. 24). Von den Punkten 1–11 springt das Teilchen jeweils mit Wahrscheinlichkeit $\frac{1}{2}$ in den linken oder rechten Nachbarpunkt; gelangt es zu den Punkten 0 oder 12, so bleibt es dort für immer. Der Graph der Funktion $f(x)$ ist in Abb. 24 dargestellt (der Anschaulichkeit wegen sind benachbarte Punkte des Graphen durch Strecken verbunden).

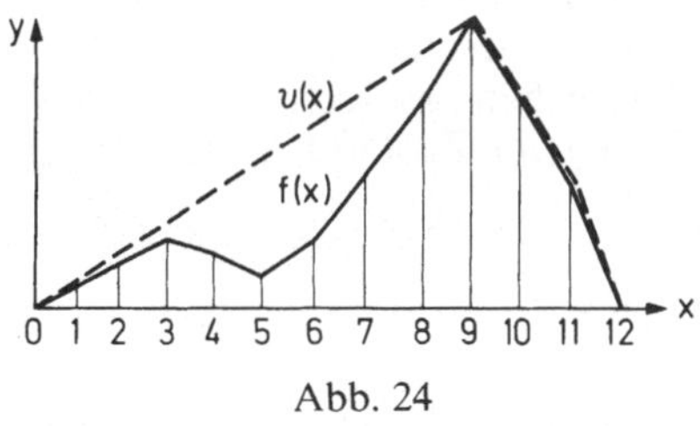

Abb. 24

Da es unmöglich ist, die Punkte 0 und 12 zu verlassen, gilt $v(0)=f(0)=0$, $v(12)=f(12)=0$. In diesen Punkten braucht man nicht zu warten, sondern kann dort sofort stoppen. Ähnlich folgt, daß man im Punkt 9 sofort stoppen kann: In diesem Zustand nimmt die Funktion $f(x)$ ihr (globales) Maximum an; läßt man den Prozeß weiterlaufen, so kann sich die Auszahlung nur verringern. Dies bedeutet, daß $v(9)=f(9)$ gilt. Umgekehrt ist es unvorteilhaft, im Punkt 5 zu stoppen, da $f(x)$ dort ein (lokales) Minimum annimmt: Schon nach einem Schritt kann man zu einer Auszahlung gelangen, die höher als $f(5)$ ist. Demnach gilt $v(5)>f(5)$. Wie verhält es sich mit den restlichen Zuständen? Im Punkt 3 z. B. besitzt die Funktion $f(x)$ ein (lokales) Maximum. Wartet man noch ein oder zwei Schritte, so verringert sich die mittlere Auszahlung. Wartet man länger, so kann man hoffen, daß der Prozeß in den Bereich des anderen, größeren Maximums fällt, in welchem die Auszahlung bedeutend größer als $f(3)$ ist; es besteht jedoch die Gefahr, daß man in den Zustand 0 gelangt und folglich keine Auszahlung erhält.

Wir werden später zeigen, daß in diesem Beispiel der Wert $v(x)$ des Spiels die kleinste unter denjenigen konvexen Funktionen ist, welche größer oder gleich $f(x)$ sind. Mit anderen Worten: Um den Graphen der Funktion $v(x)$ zu erhalten, hat man oberhalb des Graphen der Funktion $f(x)$ einen Faden zu spannen (in Abb. 24 ist der Graph $v(x)$ punktiert gezeichnet). Als optimale Strategie erweist sich das Stoppen der Kette zum Zeitpunkt τ_0, wenn das Teilchen zum erstenmal in einen Punkt x gelangt, für welchen $f(x)=v(x)$ gilt.

Wir werden beweisen, daß das Problem in dem allgemeinen Fall der Kette mit endlich vielen Zuständen eine analoge Lösung besitzt. Dabei spielt die Klasse der mit einer gegebenen Markoffschen Kette verknüpften exzessiven Funktionen die Rolle der konvexen Funktionen.

Das Problem der besten Wahl, welches in § 1 untersucht wurde, erweist sich als Spezialfall unseres allgemeinen Problems. In der Tat wurde in § 1 eine Markoffsche Kette $x(i)$ mit den Zuständen $1, 2, \ldots, n$ konstruiert; das Problem der besten Wahl lief darauf hinaus, die Kette mit maximaler Wahrscheinlichkeit in dem Augenblick zu stoppen, der dem Abbrechen der Kette unmittelbar vorangeht. Befindet sich das Teilchen im Zustand k, dann bricht die Kette im folgenden Zeitpunkt mit der Wahrscheinlichkeit $q(k) = \frac{k}{n}$ ab. Somit ist die Erfolgswahrscheinlichkeit für die Strategie τ gleich

$$\sum_{k=1}^{n} \mathbf{P}_1\{x(\tau)=k\} \cdot \frac{k}{n} = \mathbf{M}_1 \frac{x(\tau)}{n} = \mathbf{M}_1\, q(x(\tau)).$$

(Der Index 1 bei **P** und **M** drückt aus, daß die Trajektorie $x(0), x(1), \ldots$ im Punkt 1 beginnt.) Folglich führt das Problem der besten Wahl auf das Problem des optimalen Stoppens für die Auszahlungsfunktion $f(x)=q(x)$ und den Anfangszustand $x=1$.

§ 3. Exzessive Funktionen

Wir beginnen die Untersuchung des Problems des optimalen Stoppens einer beliebigen Markoffschen Kette mit dem Studium jener Auszahlungsfunktionen f, für welche eine optimale Strategie in sofortigem Stoppen besteht. Es ist klar, daß es sich dabei um solche Funktionen f handelt, die bei beliebiger Markoffscher Zeit τ der Ungleichung

$$f(x) \geq \mathbf{M}_x f(x(\tau)), \qquad x \in E \tag{3}$$

genügen.

Da es im allgemeinen unendlich viele Markoffsche Zeiten gibt, wäre es mühsam, die Gültigkeit der Ungleichung (3) für jede Markoffsche Zeit τ nachzuprüfen. Wie wir sehen werden, genügt es nachzuweisen, daß (3) für $\tau \equiv \infty$ und $\tau \equiv 1$ erfüllt ist; ist dies der Fall, so gilt (3) auch für alle übrigen Markoffschen Zeiten.

Für $\tau \equiv \infty$ führt die Bedingung (3) zur Ungleichung

$$f(x) \geq 0, \qquad x \in E. \tag{4}$$

Für $\tau \equiv 1$ geht (3) über in die Beziehung

$$f(x) \geq Pf(x), \tag{5}$$

worin P den Operator bezeichnet, der durch

$$Pf(x) = \sum_y p(x, y) f(y)$$

definiert ist (Übergangsoperator bzgl. eines Schritts).

Die Beziehungen (4) und (5) sind uns von Kap. I her bekannt: Sie stellen die Definition der exzessiven Funktion für die symmetrische Irrfahrt auf dem Punktgitter dar. Es ist naheliegend, eine analoge Definition im Fall einer beliebigen Markoffschen Kette einzuführen. *Nichtnegative Funktionen f, für welche $Pf \leq f$ gilt, werden exzessiv genannt.*

Wir zeigen, daß die Ungleichung (3) für eine beliebige Markoffsche Zeit τ gilt, falls f exzessiv ist.*

Für die Irrfahrt auf dem Punktgitter wurde dies schon in § 6, Kap. I, bewiesen. Dabei stand τ zwar für den Augenblick des ersten Eintritts in eine gewisse Menge, aber die dortigen Überlegungen lassen sich, wie leicht zu sehen, auch auf beliebige Markoffsche Zeiten anwenden. Die Grundidee des Beweises bestand darin, die exzessive Funktion f darzustellen als Summe einer nichtnegativen Konstanten, für die (3) sicher erfüllt ist, und des Potentials

$$\begin{aligned} G\varphi(x) &= \varphi(x) + P\varphi(x) + P^2\varphi(x) + \cdots \\ &= \mathbf{M}_x[\varphi(x(0)) + \varphi(x(1)) + \cdots] \end{aligned} \tag{6}$$

---

* Dies wurde (in einem allgemeineren Zusammenhang) von HUNT bewiesen (vgl. [5]).

der nichtnegativen Funktion $\varphi = f - Pf$. Für das Potential ergab sich die Ungleichung (3) aus der Beziehung

$$\text{(7)} \qquad \mathbf{M}_x G\varphi(x(\tau)) = \mathbf{M}_x[\varphi(x(\tau)) + \varphi(x(\tau+1)) + \cdots],$$

in welcher die rechte Seite höchstens gleich der rechten Seite der Ungleichung (6) ist.

Im Fall einer beliebigen Markoffschen Kette kann die Reihe (6) divergieren. Diese Schwierigkeit beseitigt man durch Einführung eines „konvergenzerzeugenden Koeffizienten" $\alpha < 1$, den man später gegen 1 streben läßt.

Setzt man $\varphi(x) = f(x) - \alpha Pf(x)$, $0 < \alpha < 1$, so erhält man die offensichtlich richtige Identität

$$f = \varphi + \alpha P\varphi + \alpha^2 P^2 \varphi + \cdots + \alpha^n P^n \varphi + \alpha^{n+1} P^{n+1} f,$$

wobei wegen (5) auf Grund der Definition $\varphi \geq 0$ ist. Beachtet man, daß aus $0 \leq P^n f = P^{n-1}(Pf) \leq P^{n-1} f$ $\alpha^n P^n f \to 0$ für $n \to \infty$ folgt, so erhalten wir für f die Reihendarstellung

$$\text{(8)} \qquad \begin{aligned} f(x) &= \varphi(x) + \alpha P\varphi(x) + \alpha^2 P^2 \varphi(x) + \cdots \\ &= \mathbf{M}_x[\varphi(x(0)) + \alpha\varphi(x(1)) + \alpha^2 \varphi(x(2)) + \cdots] \end{aligned}$$

(die Beziehung $P^n\varphi(x) = \mathbf{M}_x\varphi(x(n))$ läßt sich im allgemeinen Fall analog herleiten wie im Fall der Irrfahrt auf dem Punktgitter). Ebenso, wie sich die Beziehung (7) aus (6) ergab, folgt vermöge (8), daß

$$\text{(9)} \qquad \mathbf{M}_x \alpha^\tau \cdot f(x(\tau)) = \mathbf{M}_x[\alpha^\tau \varphi(x(\tau)) + \alpha^{\tau+1} \varphi(x(\tau+1)) + \cdots]$$

gilt (wir überlassen es dem Leser, sich davon zu überzeugen). Der Vergleich von (8) und (9) führt zu

$$f(x) \geq \mathbf{M}_x \alpha^\tau f(x(\tau)).$$

Um hieraus die Ungleichung (3) zu erhalten, läßt man α gegen 1 streben*.

Ähnlich beweist man die folgende allgemeinere Eigenschaft der exzessiven Funktionen: *Ist f exzessiv und sind τ, τ' Markoffsche Zeiten mit $\tau' \geq \tau$, so gilt*

$$\text{(10)} \qquad \mathbf{M}_x f(x(\tau)) \geq \mathbf{M}_x f(x(\tau')), \qquad x \in E.$$

---

* Die bedenkenlose Vertauschung von Grenzübergang und Bildung der mathematischen Erwartung führt leicht zu falschen Ergebnissen. Jedoch folgt aus $\xi_\alpha \to \xi$ $\mathbf{M}\xi_\alpha \to \mathbf{M}\xi$ in den beiden folgenden wichtigen Fällen:
1. wenn $|\xi_\alpha| \leq \eta$ für alle α und $\mathbf{M}\eta < \infty$ oder wenn
2. $\xi_\alpha \geq 0$ und monoton zunehmend $\xi_\alpha \to \xi$ gilt.

Zum Beweis schreibt man die Beziehung (9) für τ und τ' hin. Da $\tau \leq \tau'$ ist, wird die Reihe (9) für τ die Glieder der Reihe (9) für τ' enthalten, möglicherweise jedoch noch weitere (positive) Summanden. Folglich hat man für $0<\alpha<1$

$$\mathbf{M}_x \alpha^{\tau} f(x(\tau)) \geq \mathbf{M}_x \alpha^{\tau'} f(x(\tau')).$$

Für $\alpha \to 1$ ergibt sich daraus die Beziehung (10).

Aus der Ungleichung (10) folgert man leicht: *Ist die Funktion f exzessiv und bezeichnet τ den Augenblick des ersten Eintritts in eine gewisse Teilmenge Γ, so ist die Funktion*

$$h(x) = \mathbf{M}_x f(x(\tau))$$

ebenfalls exzessiv.

In der Tat, bezeichne τ' den ersten unter den Zeitpunkten $t \geq 1$, zu denen sich das Teilchen in der Menge Γ befindet. Es ist klar, daß $\tau' \geq \tau$ und folglich

$$\mathbf{M}_x f(x(\tau')) \leq \mathbf{M}_x f(x(\tau)) = h(x)$$

gilt. Gelangt aber das Teilchen beim ersten Schritt von x nach y, so wird dabei $\mathbf{M}_x f(x(\tau'))$ gleich $\mathbf{M}_y f(x(\tau)) = h(y)$. Somit ist

$$\mathbf{M}_x f(x(\tau')) = \sum_{y \in E} p(x, y) h(y) = P h(x),$$

also $P h \leq h$.

§ 4. Der Wert des Spiels

Ist die Auszahlungsfunktion f exzessiv, so stimmt, wie man leicht sieht, der Wert v des Spiels mit f überein.

Wir bemerken, daß allgemein gilt: *Majorisiert eine exzessive Funktion g die Auszahlungsfunktion f, so majorisiert sie auch den Wert v des Spiels.*

Gilt nämlich $g \geq f$ und ist g exzessiv, so folgt für eine beliebige Strategie τ

$$\mathbf{M}_x f(x(\tau)) \leq \mathbf{M}_x g(x(\tau)) \leq g(x),$$

und somit

$$v(x) = \sup_{\tau} \mathbf{M}_x f(x(\tau)) \leq g(x).$$

Weiter zeigen wir, daß der *Wert v des Spiels* selbst *exzessiv ist.*

Ersichtlich ist die Funktion v nichtnegativ, da man die Auszahlung 0 stets durch Wahl der Strategie $\tau \equiv \infty$ erzielen kann.

Um die Beziehung $Pv \leq v$ nachzuweisen, konstruieren wir eine Strategie τ, die zu einer beliebig nahe bei $Pv(x)$ gelegenen mittleren Auszahlung $\mathbf{M}_x f(x(\tau))$ führt; anschließend machen wir von der Ungleichung $\mathbf{M}_x f(x(\tau)) \leq v(x)$ Gebrauch.

Wir geben uns eine beliebige Zahl $\varepsilon > 0$ vor und bezeichnen mit $\tau_{\varepsilon, y}$ eine Strategie, für welche

$$\mathbf{M}_y f(x(\tau_{\varepsilon,y})) \geq v(y) - \varepsilon, \qquad y \in E$$

gilt. (Die Existenz einer Markoffschen Zeit $\tau_{\varepsilon,y}$ bei beliebigem y ergibt sich unmittelbar aus der Definition des Wertes eines Spiels.) Die Strategie τ bestehe darin, zunächst einen Schritt abzuwarten und anschließend im Fall, daß dieser Schritt das Teilchen in den Zustand y überführt, die Strategie $\tau_{\varepsilon,y}$ anzuwenden. Genauer: Gilt $x(1) = y$, so sei $\tau = 1 + \tau_{\varepsilon,y}$ gesetzt, wobei $\tau_{\varepsilon,y}$ zur Trajektorie $x(1)$, $x(2), \ldots$ gehöre, die nicht zum Zeitpunkt 0, sondern zum Zeitpunkt 1 beginnt. Man zeigt leicht, daß τ eine Markoffsche Zeit ist. Für diese Zeit τ haben wir

$$\begin{aligned}\mathbf{M}_x f(x(\tau)) &= \sum_{y \in E} p(x,y) \mathbf{M}_y f(x(\tau_{\varepsilon,y})) \geq \sum_{y \in E} p(x,y) [v(y) - \varepsilon] \\ &= Pv(x) - \varepsilon \sum_{y \in E} p(x,y) \geq Pv(x) - \varepsilon.\end{aligned}$$

Folglich gilt für beliebiges $\varepsilon > 0$ $v(x) \geq Pv(x) - \varepsilon$, woraus sich $Pv(x) \leq v(x)$ ergibt. Somit ist bewiesen, daß v exzessiv ist.

Da eine der möglichen Strategien sofortiges Stoppen vorsieht, gilt $v(x) \geq f(x)$.

Wir haben demnach gezeigt: *Der Wert v des Spiels ist die kleinste aller exzessiven Funktionen, die mindestens gleich der Auszahlungsfunktion f sind* (es ist naheliegend, derartige Funktionen als *exzessive Majoranten* von f zu bezeichnen).

Es sei angemerkt, daß wir gleichzeitig die Existenz einer exzessiven Majorante zu einer beliebigen Funktion f nachgewiesen haben (dies ist a priori nicht selbstverständlich).

Das gewonnene Resultat erlaubt es, im Fall endlich vieler Zustände den Wert des Spiels mit Hilfe von Methoden des linearen Programmierens zu finden. In der Tat ist der Wert $v(x)$ des Spiels die kleinste Funktion, die das System der $3n$ linearen Ungleichungen

$$\begin{aligned}&v(x) \geq \sum_{y \in E} p(x,y) v(y), && x \in E, \\ &v(x) \geq f(x), && x \in E, \\ &v(x) \geq 0, && x \in E\end{aligned}$$

befriedigt, worin n die Anzahl der Zustände der Markoffschen Kette bezeichne.

§ 5. Die optimale Strategie

Mit Γ bezeichnen wir die Menge aller Zustände x, in denen die Auszahlungsfunktion $f(x)$ gleich ihrer exzessiven Majorante $v(x)$ ist. Diese Menge heiße *Stützmenge* (in Abb. 24 besteht die Stützmenge aus den Punkten 0, 9, 10, 11 und 12; der Graph der Funktion f „stützt" in diesen Punkten den Faden, der den Graphen der Funktion v bildet).

Das Teilchen möge seine Bewegung im Punkt x aus der Stützmenge beginnen. Sofortiges Stoppen in diesem Punkt liefert die Auszahlung $v(x)$; keine andere Strategie kann eine höhere Auszahlung liefern. Umgekehrt liefert das Stoppen in dem außerhalb der Menge Γ gelegenen Punkt x eine Auszahlung $f(x)$, die echt kleiner als der Wert $v(x)$ des Spiels ist. Wüßten wir von vornherein, daß erstens eine optimale Strategie existiert und daß es zweitens bei dieser Strategie nur von der gegenwärtigen Lage des Teilchens abhängt, ob sie ein Stoppen oder eine weitere Beobachtung vorschreibt (wie es der Fall ist beim Problem der besten Wahl), so dürften wir schließen, daß eine optimale Strategie durch den Augenblick τ des ersten Eintritts des Teilchens in die Menge Γ gegeben wird. Einstweilen können wir dies lediglich als vernünftige Hypothese ansehen.

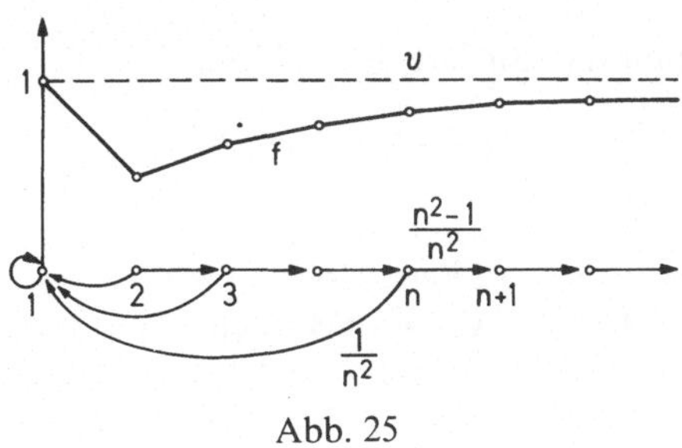

Abb. 25

Es zeigt sich allerdings, daß diese Hypothese nicht immer zutrifft. Betrachten wir z.B. die Markoffsche Kette mit den (unendlich vielen) Zuständen $1, 2, \ldots, n, \ldots$, bei der das Teilchen vom Punkt n mit Wahrscheinlichkeit $\frac{1}{n^2}$ zum Punkt 1 und mit Wahrscheinlichkeit $\frac{n^2-1}{n^2}$ zum Punkt $n+1$ gelangt (Abb. 25). Gelte $f(n) = 1 - \frac{1}{n}$ für $n > 1$ und $f(1) = 1$. Ersichtlich kann man hier stets eine Auszahlung erzielen, die zwar beliebig nahe bei 1 liegt, jedoch

1 nicht überschreitet. Die Stützmenge besteht in diesem Beispiel aus dem Punkt 1. Da $f(1)=1$ gilt, ist für den Zeitpunkt τ des ersten Eintritts in die Menge Γ die mittlere Auszahlung $\mathbf{M}_n f(x(\tau))$ gleich der Wahrscheinlichkeit $\pi(n)$, von n aus irgendwann nach 1 zu gelangen. Die Wahrscheinlichkeit des komplementären Ereignisses, welches darin besteht, daß das Teilchen unbegrenzt weit nach rechts gelangt, ist gleich

$$\prod_{k=n}^{\infty} \frac{k^2-1}{k^2}. \tag{11}$$

Da

$$\prod_{k=n}^{m} \frac{k^2-1}{k^2} = \prod_{k=n}^{m} \frac{(k-1)(k+1)}{k \cdot k} = \frac{(n-1)(m+1)}{n \cdot m}$$

ist, konvergiert das unendliche Produkt (11) und hat den Wert $\frac{n-1}{n}$. Demnach gilt $\pi(n) = \frac{1}{n}$, während $v(n)=1$ ist.

Für dieses Beispiel trifft unsere Hypothese nicht zu. Das hängt damit zusammen, daß der Zustandsraum unendlich ist. Wir werden beweisen, daß *im Fall eines endlichen Zustandsraumes der Augenblick τ_0 des ersten Eintritts in die Stützmenge eine optimale Strategie darstellt.*

Wir betrachten die mittlere Auszahlung

$$h(x) = \mathbf{M}_x f(x(\tau_0)), \tag{12}$$

die der Strategie τ_0 entspricht. Es ist zu beweisen, daß $h=v$ gilt. Nach der Definition des Wertes des Spiels ist $h \leq v$. Da $x(\tau_0) \in \Gamma$ gilt und auf der Menge Γ die Funktionen f und v übereinstimmen, kann man in (12) die Funktion f durch die exzessive Funktion v ersetzen; daraus schließt man, daß h ebenfalls exzessiv ist (§ 3). Da v die kleinste unter den exzessiven Majoranten von f ist, genügt es zu zeigen, daß $h \geq f$ gilt.

In den Punkten der Stützmenge Γ haben wir $h(x)=f(x)$, da in diesen Punkten die Strategie τ_0 sofortiges Stoppen vorschreibt. Wir nehmen an, daß irgendwo außerhalb von Γ $h(x)<f(x)$ ist. Mit a bezeichnen wir jenen Punkt, in welchem die Differenz $f(x)-h(x)$ ihren größten Wert annimmt. Die Funktion $h_1(x)=h(x)+[f(a)-h(a)]$ majorisiert dann f, stimmt im Punkt a mit f überein und ist als Summe der exzessiven Funktion $h(x)$ und der positiven Konstanten $f(a)-h(a)$ ebenfalls exzessiv. Folglich majorisiert h_1 den Wert v des Spiels, und es gilt $f(a)=h_1(a) \geq v(a)$. Demnach gehört der Punkt a der Stützmenge Γ an. Der erhaltene Widerspruch zeigt, daß die

Ungleichung $h(x) < f(x)$ unmöglich ist. Somit ist bewiesen, daß die Strategie τ_0 optimal ist.

Wir wenden uns nun dem Fall der Markoffschen Kette mit abzählbarem Zustandsraum zu. Hier kann sich, wie wir wissen, das Stoppen zum Zeitpunkt des ersten Eintritts in die Menge Γ als eine überaus ungünstige Strategie erweisen. Nimmt man jedoch statt der Menge $\Gamma = \{x: f(x) = v(x)\}$ die „ε-Stützmenge" $\Gamma_\varepsilon = \{x: v(x) - f(x) \leq \varepsilon\}$ und betrachtet den Augenblick τ_ε des ersten Eintritts in die Menge Γ_ε, so läßt sich zeigen, daß für beliebiges $\varepsilon > 0$

$$\mathbf{M}_x f(x(\tau_\varepsilon)) \geq v(x) - \varepsilon \tag{13}$$

gilt. Somit erlauben es die ε-Stützmengen, Strategien zu finden, welche zu beliebig nahe am Wert des Spiels liegenden Auszahlungen führen.

Der Beweis der Ungleichung (13) läßt sich, von geringfügigen Unterschieden abgesehen, nach dem gleichen Schema wie im Fall des endlichen Zustandsraumes führen, wo $\varepsilon = 0$ ist. Da $f(x) \geq v(x) - \varepsilon$ auf Γ_ε gilt, hat man

$$\mathbf{M}_x f(x(\tau_\varepsilon)) \geq \mathbf{M}_x v(x(\tau_\varepsilon)) - \varepsilon \mathbf{P}_x\{\tau_\varepsilon < \infty\} \geq \mathbf{M}_x v(x(\tau_\varepsilon)) - \varepsilon.$$

Die Funktion $h(x) = \mathbf{M}_x v(x(\tau_\varepsilon))$ ist zusammen mit v exzessiv. Wir zeigen, daß $h(x) \geq f(x)$ ist. Gilt nämlich $\sup[(f(x) - h(x)] = c > 0$, so ist die Funktion $h(x) + c$ exzessiv und majorisiert $f(x)$. Folglich hat man $h(x) + c \geq v(x)$ für alle x. Da $c > 0$ ist, existiert ein Zustand a, für den $f(a) - h(a) > 0$ und zugleich $f(a) - h(a) > c - \varepsilon$ gilt. Somit ergibt sich $f(a) = f(a) - h(a) + h(a) \geq c - \varepsilon + v(a) - c = v(a) - \varepsilon$, also $a \in \Gamma_\varepsilon$. In den Punkten der Menge Γ_ε stimmen jedoch die Funktionen h und v überein, so daß $h(a) = v(a) \geq f(a)$ ist. Dies widerspricht der Ungleichung $f(a) - h(a) > 0$. Das bedeutet, daß c nicht positiv sein kann und somit $h(x)$ die Funktion $f(x)$ majorisiert. Dann majorisiert jedoch die exzessive Funktion $h(x)$ den Wert $v(x)$. Folglich haben wir

$$\mathbf{M}_x f(x(\tau_\varepsilon)) \geq h(x) - \varepsilon \geq v(x) - \varepsilon.$$

§ 6. Anwendung auf die Irrfahrt mit Absorption und auf das Problem der besten Wahl

Bei der Irrfahrt auf dem Intervall $[0, a]$ mit Absorption in den Endpunkten springt das Teilchen, das sich in den Punkten $1, 2, \ldots, a-1$ befindet, jeweils mit Wahrscheinlichkeit $\frac{1}{2}$ um eine Einheit nach links oder rechts; gelangt es zu den Punkten 0 oder a, so bleibt es dort für immer (vgl. Abb. 24 mit $a = 12$).

Die Lösung für das Problem des optimalen Stoppens einer derartigen Markoffschen Kette wurde ohne Beweis am Ende von § 2 angegeben. Den allgemeinen Konstruktionen in §§ 3–5 zufolge hat man sich zur Begründung dieser Lösung davon zu überzeugen, daß als exzessive Funktionen die nichtnegativen, von oben konvexen Funktionen auftreten.

Nach Definition ist eine Funktion f exzessiv, falls $f \geq 0$ und $Pf \leq f$ gilt. Die Bedingung $Pf \leq f$ führt im vorliegenden Fall auf die Beziehung

$$(14) \qquad \frac{f(x-1)+f(x+1)}{2} \leq f(x), \qquad x=1,2,\ldots,a-1,$$

sowie auf die trivialen Ungleichungen

$$f(0) \leq f(0), \quad f(a) \leq f(a).$$

Die Ungleichungen (14) besagen folgendes: Verbindet man benachbarte Punkte des Graphen der Funktion $f(x)$ durch Strecken, so liegt die zu einem inneren Punkt x gehörige Ecke des erhaltenen Polygons nicht unterhalb der Sehne, welche die zu den Punkten

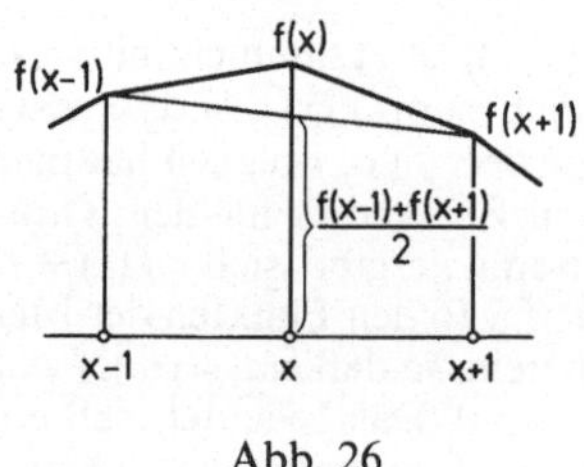

Abb. 26

$x-1$ und $x+1$ (Abb. 26) gehörigen Ecken verbindet. Demnach ist die Beziehung $Pf \leq f$ gleichwertig damit, daß die Funktion $f(x)$ konvex von oben ist, was zu zeigen war.

Wir wollen jetzt sehen, was die von uns eingeführten Begriffe beim Problem der besten Wahl leisten. Wie wir wissen, führt letzteres auf das Problem des optimalen Stoppens der Markoffschen Kette mit den Zuständen $1,2,\ldots,n$, den Übergangswahrscheinlichkeiten

$$p(k,l) = \begin{cases} \dfrac{k}{l(l-1)}, & l > k, \\ 0, & l \leq k, \end{cases}$$

und der Auszahlungsfunktion $f(k) = \dfrac{k}{n}$ (vgl. § 2).

Wir bestimmen die exzessive Majorante $v(k)$ der Auszahlungsfunktion $f(k)$ und die Stützmenge $\Gamma=\{k: f(k)=v(k)\}$. Nach Definition ist v die kleinste Funktion, die den Ungleichungen $v\geq f$, $Pv\leq v$, $v\geq 0$ genügt. Im vorliegenden Fall nehmen diese die Form

$$v(k) \geq \frac{k}{n}, \qquad k=1,2,\ldots,n;$$

$$v(k) \geq \sum_{l=k+1}^{n} \frac{k}{l(l-1)} v(l), \qquad k=1,2,\ldots,n,$$

an. Ist $v(l)$ schon für $l>k$ bekannt, so ergibt sich also

$$v(k)=\max\left\{\frac{k}{n},\ k\cdot \sum_{l=k+1}^{n} \frac{v(l)}{l(l-1)}\right\}.$$

Wir haben damit eine Rekursionsformel für die Berechnung von $v(k)$ erhalten. Nach dieser Formel findet man sukzessive

$$v(n)=\max\left\{\frac{n}{n}\right\} = 1=f(n);$$

$$v(n-1)=\max\left\{\frac{n-1}{n}, (n-1)\frac{1}{n(n-1)}\right\} = \max\left\{\frac{n-1}{n}, \frac{1}{n}\right\}$$

$$=\frac{n-1}{n} = f(n-1);$$

. . . .

$$v(k)=\max\left\{\frac{k}{n},\ k\left[\frac{\frac{k+1}{n}}{(k+1)\cdot k} + \frac{\frac{k+2}{n}}{(k+2)(k+1)} + \cdots + \frac{\frac{n}{n}}{n(n-1)}\right]\right\}$$

$$=\max\left\{\frac{k}{n}, \frac{k}{n}\left(\frac{1}{k} + \frac{1}{k+1} + \cdots + \frac{1}{n-1}\right)\right\} = \frac{k}{n} = f(k),$$

solange die Ungleichung

$$\frac{1}{k} + \frac{1}{k+1} + \cdots + \frac{1}{n-1} \leq 1 \tag{15}$$

gilt.

Sobald mit abnehmendem k die Summe $\frac{1}{k} + \cdots + \frac{1}{n-1}$ größer als 1 wird, erweist sich $v(k)$ als echt größer als $\frac{k}{n} = f(k)$. Bei weiterer Verkleinerung von k bleibt die Summe $\frac{1}{k}+\cdots+\frac{1}{n-1}$ größer als 1; folglich hat man in diesen Punkten

$$v(k)\geq k\cdot\sum_{l=k+1}^{n}\frac{v(l)}{l(l-1)}\geq k\cdot\sum_{l=k+1}^{n}\frac{f(l)}{l(l-1)}$$

$$=\frac{k}{n}\left(\frac{1}{k}+\frac{1}{k+1}+\cdots+\frac{1}{n-1}\right)>\frac{k}{n}=f(k).$$

Das bedeutet, daß die Stützmenge Γ von der Form $\{k_n,k_n+1,\ldots,n\}$ ist, worin k_n für die kleinste natürliche Zahl steht, welche die Ungleichung (15) erfüllt. Dieses Ergebnis ist uns schon bekannt.

Für $k\geq k_n$ ist der Wert des Spiels gleich $v(k)=f(k)=\frac{k}{n}$ und für $k<k_n$ berechnet er sich aus der Beziehung*

$$v(k)=k\cdot\sum_{k=l+1}^{n}\frac{v(l)}{l(l-1)}.$$

§ 7. Das optimale Stoppen des Wienerschen Prozesses

Das Problem des optimalen Stoppens kann man nicht nur für eine Markoffsche Kette, sondern auch für Prozesse mit überabzählbarem Zustandsraum und kontinuierlicher Zeit studieren. Wir werden einen der einfachsten derartiger Prozesse betrachten, nämlich den *Wienerschen Prozeß* $x(t)$ *auf dem Intervall* $[0,a]$ *mit Absorption in den Randpunkten.* Nach Definition führt dabei das Teilchen bei beliebiger Anfangslage x, $0\leq x\leq a$, die gleiche Bewegung wie beim üblichen Wienerschen Prozeß auf der gesamten Zahlengeraden aus, solange es nicht zum erstenmal in einen der Endpunkte des Intervalls gelangt; ist es in einen der Punkte 0 oder a gelangt, so bleibt es dort für immer**.

* Es ist nicht schwer zu zeigen, das $v(k)$ für $k<k_n$ in Wirklichkeit nicht von k abhängt und durch die Formel (2) gegeben wird.

** Wir betrachten nicht den Wienerschen Prozeß auf der gesamten Zahlengeraden, da das Teilchen in diesem Fall mit Wahrscheinlichkeit 1 zu einem beliebigen Punkt gelangt; das Problem des optimalen Stoppens hat in diesem Fall die gleiche triviale Lösung wie im Fall einer rekurrenten Markoffschen Kette.

Auf dem Intervall $[0,a]$ sei die Auszahlungsfunktion $f(x)$ gegeben. Es wird gefordert, den Wert

$$v(x)=\sup_{\tau} \mathbf{M}_x f(x(\tau)), \qquad 0 \le x \le a$$

des Spiels zu bestimmen (wobei τ alle Markoffschen Zeiten durchläuft) und eine Markoffsche Zeit τ_0 zu konstruieren, für welche

$$\mathbf{M}_x(f(x(\tau_0)))=v(x)$$

gilt (d.h. eine optimale Strategie zu finden).

Der uns interessierende Prozeß erscheint als stetiges Analogon zur symmetrischen Irrfahrt auf einem Intervall mit absorbierenden Endpunkten, welche in §§ 2 und 6 untersucht wurde. Wir werden sehen, daß die Lösung des Problems im stetigen Fall dieselbe bleibt; an Stelle der konvexen Funktionen mit ganzzahligem Argument hat man die auf dem gesamten Intervall $[0,a]$ definierten konvexen Funktionen zu nehmen.

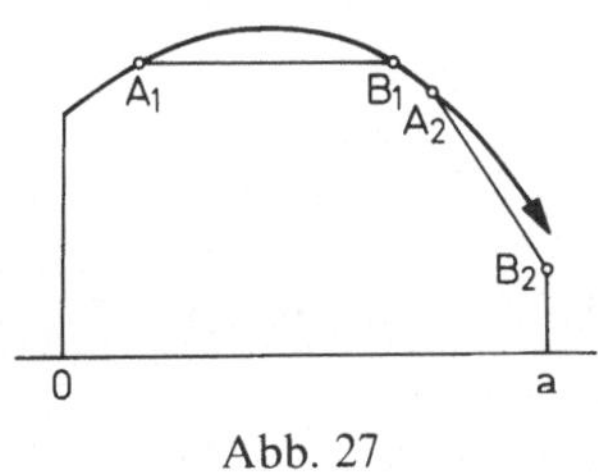

Abb. 27

Wir erinnern daran, daß eine auf dem Intervall $[0,a]$ definierte Funktion *konvex* genannt wird, falls eine beliebige Sehne, die zwei Punkte des Graphen der Funktion f verbindet, überall nicht oberhalb des Graphen der Funktion f liegt (Abb. 27). Wir bemerken, daß *eine Funktion, die auf einem Intervall konvex ist, stetig im Innern des Intervalls ist und in den Endpunkten endliche Grenzwerte besitzt*, die nicht kleiner sind als die Werte der Funktion in den Endpunkten (s. Anhang, § 2). In Abb. 27 ist z.B.

$$\lim_{x\to 0} f(x)=f(0), \qquad \lim_{x\to a} f(x)>f(a).$$

Die besondere Rolle, welche die konvexen Funktionen für unser Problem spielen, erklärt sich daraus, daß *die nichtnegativen konvexen Funktionen (und nur sie) der Ungleichung*

$$\mathbf{M}_x f(x(\tau)) \le f(x) \tag{16}$$

bei beliebiger Markoffscher Zeit τ genügen. Der Beweis dieser Tatsache ist vergleichsweise langwierig; er wird in einem besonderen Abschnitt (§ 8) geführt werden.

Nachdem die Klasse der Funktionen, die der Bedingung (16) genügen, beschrieben ist, werden der Wert des Spiels und die optimale Strategie beinahe ebenso bestimmt, wie dies in §§ 4 und 5 für eine beliebige Markoffsche Kette geschah.

Zuvor berechnen wir die Wahrscheinlichkeit $q(x)=q(x;x_1,x_2)$ dafür, ausgehend von x zum Punkt x_1 eher als zum Punkt x_2 zu gelangen, sowie die Wahrscheinlichkeit $p(x)=p(x;x_1,x_2)$ dafür, zum Punkt x_2 eher als zum Punkt x_1 zu gelangen, $0\leq x_1\leq x\leq x_2\leq a$. Aus den Ergebnissen von Kapitel II folgt, daß die Funktion $q(x)$ die Lösung des Dirichletschen Problems für das Intervall $[x_1,x_2]$, welche den Wert 1 im Punkt x_1 und den Wert 0 im Punkt x_2 annimmt, darstellt. Da die Laplacesche Differentialgleichung $\Delta q=0$ im eindimensionalen Fall übergeht in $q''=0$, sind ihre sämtlichen Lösungen linear, d.h., sie sind von der Form $q(x)=cx+d$. Berechnen wir die Werte der Konstanten c und d aus den Randbedingungen $q(x_1)=1, q(x_2)=0$, so erhalten wir

$$(17)\qquad \begin{aligned} q(x;x_1,x_2) &= \frac{x_2-x}{x_2-x_1},\\ p(x;x_1,x_2) &= 1-q(x;x_1,x_2) = \frac{x-x_1}{x_2-x_1}. \end{aligned}$$

Wir bestimmen jetzt den Wert $v(x)$ des Spiels, wobei wir vorerst die Funktion $f(x)$ lediglich als beschränkt und nicht unbedingt als stetig voraussetzen.* Wir bemerken, daß, falls $g(x)$ eine nichtnegative konvexe Funktion ist, die $f(x)$ majorisiert, für eine beliebige Markoffsche Zeit

$$\mathbf{M}_x f(x(\tau))\leq \mathbf{M}_x g(x(\tau))\leq g(x)$$

gilt; folglich majorisiert $g(x)$ den Wert $v(x)$.

Die Funktion $v(x)$ selbst ist nichtnegativ (da die Strategie $\tau\equiv\infty$ existiert, die zur Auszahlung 0 führt) und außerdem konvex. In der Tat, sei $[x_1,x_2]$ irgendein Intervall, welches in $[0,a]$ enthalten ist, und seien τ_1,τ_2 Strategien, die für die Anfangszustände x_1 bzw. x_2 zu einer mittleren Auszahlung führen, welche größer als $v(x_1)-\varepsilon$ bzw. $v(x_2)-\varepsilon$ ist (die Existenz derartiger Strategien

---

* Die Beschränktheit der Funktion f (zusammen mit ihrer Meßbarkeit, welche wir vereinbarungsgemäß jedesmal stillschweigend voraussetzten) sichert die Existenz der mathematischen Erwartung $\mathbf{M}_x f(x(\tau))$.

für beliebiges $\varepsilon > 0$ ergibt sich aus der Definition des Supremums). Wir betrachten die Strategie τ, die vorschreibt, zunächst bis zum Augenblick des ersten Eintreffens in einen der Punkte x_1, x_2 zu warten und anschließend die entsprechende Strategie τ_1 bzw. τ_2 zu benutzen. Vermöge der Beziehung (17) ergibt sich dann

$$\begin{aligned}\mathbf{M}_x f(x(\tau)) &= \frac{x_2 - x}{x_2 - x_1} \mathbf{M}_{x_1} f(x(\tau_1)) + \frac{x - x_1}{x_2 - x_1} \mathbf{M}_{x_2} f(x(\tau_2)) \\ &\geq \frac{x_2 - x}{x_2 - x_1} (v(x_1) - \varepsilon) + \frac{x - x_1}{x_2 - x_1} (v(x_2) - \varepsilon) \\ &= \frac{x_2 - x}{x_2 - x_1} v(x_1) + \frac{x - x_1}{x_2 - x_1} v(x_2) - \varepsilon;\end{aligned}$$

also ist

$$v(x) \geq \frac{(x_2 - x) v(x_1) + (x - x_1) v(x_2)}{x_2 - x_1} - \varepsilon, \qquad x_1 \leq x \leq x_2 .$$

Da ε eine beliebig kleine positive Zahl sein kann, ist die letzte Ungleichung auch für $\varepsilon = 0$ richtig. Weil die Funktion

$$\frac{(x_2 - x) v(x_1) + (x - x_1) v(x_2)}{x_2 - x_1}$$

auf $[x_1, x_2]$ linear ist und in den Punkten x_1 und x_2 mit v übereinstimmt, schließt man, daß der Graph von v auf dem Intervall $[x_1, x_2]$ nicht unterhalb der ihn abgrenzenden Sehne verläuft. Folglich ist die Funktion $v(x)$ konvex.

Demnach ist der Wert des Spiels die kleinste aller nichtnegativen konvexen Funktionen, welche größer oder gleich der Auszahlungsfunktion f sind, oder kürzer: *Der Wert v des Spiels ist die nichtnegative konvexe Majorante der Funktion f* (s. Abb. 28, in der eine unstetige Funktion f dargestellt ist).

Weiter werden wir zeigen: *Ist die Funktion f stetig, dann erhält man wie im diskreten Fall als eine optimale Strategie das Stoppen des Prozesses im Augenblick τ_0 des ersten Eintritts in die Stützmenge Γ,* auf der $f(x) = v(x)$ gilt. Es sei angemerkt, daß diese Aussage für eine unstetige Auszahlungsfunktion f nicht notwendig richtig ist. So besteht bei dem in Abb. 28 dargestellten Beispiel die Stützmenge Γ aus dem einzigen Punkt a. Warten wir also bis zum Eintritt in die Menge Γ, so erhalten wir niemals eine Auszahlung, die größer als $f(a)$ ist.

Zunächst überzeugen wir uns davon, daß sich aus der Stetigkeit der Auszahlungsfunktion f die Stetigkeit des Wertes v des Spiels ergibt. Da die Funktion v konvex ist, ist sie stetig in allen inneren

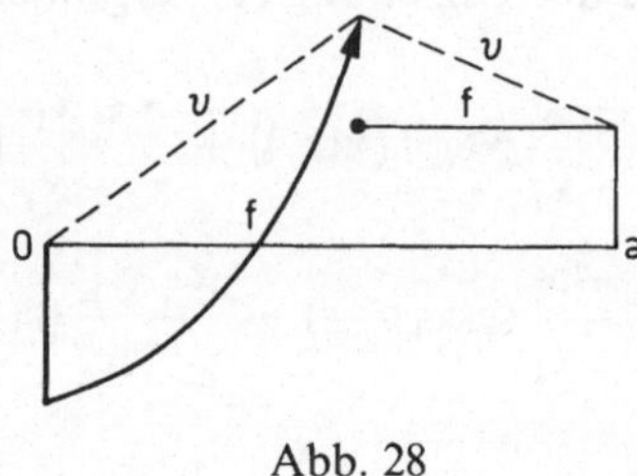

Abb. 28

Punkten des Intervalls $[0,a]$, und wir haben $\lim_{x \to 0} v(x) \geq v(0)$ und $\lim_{x \to a} v(x) \geq v(a)$. Wir betrachten speziell den Punkt 0 und zeigen, daß

$$\lim_{x \to 0} v(x) \leq v(0) \tag{18}$$

gilt. Es sei $c(u) = \max_{0 \leq x \leq u} f(x)$, $0 \leq u \leq a$, gesetzt. Es ist klar, daß die Funktion $c(u)$ zusammen mit $f(x)$ stetig ist. Im Fall $x(\tau) < u$ bzw. $x(\tau) \geq u$ kann die Auszahlung ersichtlich den Wert $c(u)$ bzw. $c(a)$ nicht überschreiten. Weiter kann die Ungleichung $x(\tau) \geq u$ für $x = x(0) < u$ nur dann bestehen, wenn das Teilchen vom Punkt x aus zum Punkt u früher als zum Punkt 0 gelangt. Die Wahrscheinlichkeit dieses Ereignisses ist nach Formel (17) gleich $\frac{x}{u}$. Demnach hat man für $0 < x < u$ und beliebiges τ

$$\mathbf{M}_x f(x(\tau)) \leq c(u) \mathbf{P}_x \{x(\tau) < u\} + c(a) \cdot \frac{x}{u}.$$

Gilt $c(u) \geq 0$, so ist hierbei der erste Summand höchstens gleich $c(u)$; ist hingegen $c(u) < 0$, so ist er nicht größer als 0; dies bedeutet, daß in jedem Fall

$$\mathbf{M}_x f(x(\tau)) \leq \max[c(u), 0] + c(a) \frac{x}{u}$$

und folglich

$$v(x) \leq \max[c(u), 0] + c(a) \frac{x}{u}$$

gilt. Läßt man x hierin gegen 0 streben, so erhält man

$$\lim_{x \to 0} v(x) \leq \max[c(u), 0], \qquad u > 0.$$

Läßt man anschließend u gegen 0 streben, so gelangt man zu

$$\lim_{x \to 0} v(x) \leq \max[c(0), 0] = \max[f(0), 0].$$

Da $0 \leq v(0)$ und $f(0) \leq v(0)$ gilt, ist die Ungleichung (18) bewiesen.

Da die Funktionen f und v beide stetig sind, ist die Stützmenge Γ, die aus denjenigen Punkten x besteht, für welche $f(x) = v(x)$ gilt, abgeschlossen (a priori könnte Γ vielleicht auch leer sein). Sei τ der Augenblick des ersten Eintritts in die Menge Γ und

$$h(x) = \mathbf{M}_x f(x(\tau))$$

die mittlere Auszahlung bei Anwendung der Strategie τ. Da auf Γ $f = v$ gilt, ergibt sich

$$h(x) = \mathbf{M}_x v(x(\tau)). \tag{19}$$

Wir bemerken jetzt, daß die in (19) definierte Funktion h ebenso wie v konvex, stetig und nichtnegativ ist. In der Tat, gilt $x = x(0) \in \Gamma$, so ist $\tau = 0$ und $h(x) = v(x)$. Die Punkte x, die nicht der abgeschlossenen Menge Γ angehören, bilden ein System von Intervallen, deren Endpunkte entweder zu Γ gehören oder mit einem

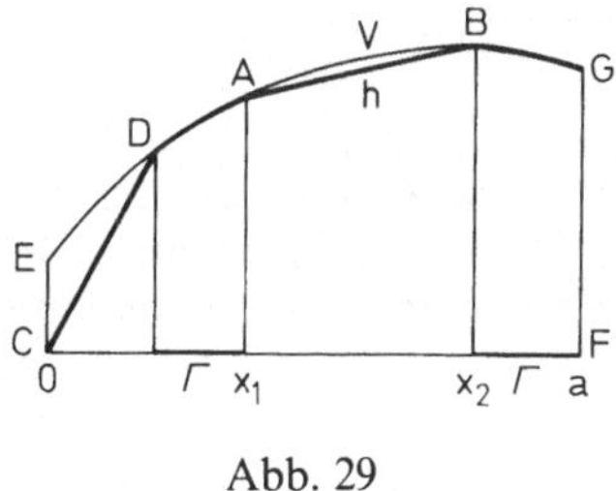

Abb. 29

der Punkte $0, a$ übereinstimmen (Abb. 29). Wenn die Endpunkte x_1 und x_2 eines derartigen Intervalls zu Γ gehören, so ist die Funktion h auf dem Intervall $[x_1, x_2]$ auf Grund der Beziehung (17) gleich

$$h(x) = \frac{x_2 - x}{x_2 - x_1} v(x_1) + \frac{x - x_1}{x_2 - x_1} v(x_2). \tag{20}$$

Aus dieser Beziehung erkennt man, daß auf dem Intervall $[x_1, x_2]$ als Graph der Funktion h die Sehne AB auftritt, welche die Punkte des Graphen der Funktion v abgrenzt. Falls jedoch irgendein Endpunkt des Intervalls (x_1, x_2) mit einem Endpunkt des Intervalls $[0, a]$ zusammenfällt und nicht zu Γ gehört, so wird in der Beziehung (20) der Wert von v im Punkt x_1 bzw. x_2 durch 0 ersetzt; als Graph der Funktion h erweist sich ein Stück einer Geraden wie etwa CD in Abb. 29. Dieses Stück kann man auch als eine zum Graphen der Funktion v gehörige Sehne ansehen, falls man zu diesem Graphen die vertikalen Strecken CE und FG hinzunimmt. Somit erhält man den Graphen von h aus dem Graphen von v durch „Abschneiden der Wölbungen" längs der Sehnen über einem gewissen System von Intervallen. Es ist geometrisch klar, daß man durch diese Operation wieder den Graphen einer stetigen, konvexen nichtnegativen Funktion erhält (s. Anhang).

Da die Funktion v minimal unter den nichtnegativen konvexen Funktionen ist, welche f majorisieren, genügt es zum Beweis der Ungleichung $h \geq v$ (und somit der Optimalität der Strategie τ) zu zeigen, daß $h \geq f$ gilt. Wir nehmen an, daß die Differenz $f - h$ irgendwo einen positiven Wert annimmt. Dann erreicht die stetige Funktion $f - h$ in irgendeinem Punkt x_0 ihr Supremum $c > 0$. Die nichtnegative konvexe Funktion $h(x) + c$ majorisiert f und somit auch v. Folglich hat man $h(x_0) + c \geq v(x_0)$, was zusammen mit der Gleichung $c = f(x_0) - h(x_0)$ zur Beziehung $f(x_0) \geq v(x_0)$ führt. Also gilt $x_0 \in \Gamma$, woraus sich $h(x_0) = v(x_0) = f(x_0)$ und $c = f(x_0) - h(x_0) = 0$ ergibt. Dies widerspricht der Annahme, daß $c > 0$ ist. Damit ist die Optimalität der Strategie τ bewiesen.

Zum Abschluß bemerken wir noch einiges zum mehrdimensionalen Fall. Wir betrachten das Problem des optimalen Stoppens des l-dimensionalen Wienerschen Prozesses in der abgeschlossenen Hülle eines Gebietes G mit Absorption auf dem Rand. Der Wert des Spiels ergibt sich ebenso wie im eindimensionalen Fall, nur hat man an Stelle der nichtnegativen konvexen Funktionen diejenigen nichtnegativen Funktionen f zu nehmen, welche den folgenden zwei Bedingungen genügen:

1. für eine beliebige, in G enthaltene l-dimensionale Kugel gilt, daß der Mittelwert der Funktion f auf deren Oberfläche S höchstens gleich $f(x)$ ist;

2. zu beliebigem $x \in G$ und beliebigem $\varepsilon > 0$ existiert ein $\delta > 0$ derart, daß

$$f(y) \geq f(x) - \varepsilon$$

gilt, falls nur

$$|y - x| < \delta, \qquad y \in G,$$

gilt.

(Wir bemerken, daß die Bedingung 1. einen Spezialfall der Ungleichung $\mathbf{M}_x f(x(\tau)) \leq f(x)$ darstellt, falls man für τ den Augenblick des ersten Austritts aus S nimmt). Die Bedingungen 1. und 2. stellen zusammen die Definition einer *im Gebiet G superharmonischen Funktion* dar, welche in der modernen Potentialtheorie auftritt.* Folglich kann man sagen, daß der Wert des Spiels die nichtnegative superharmonische Majorante der Auszahlungsfunktion ist. Eine optimale Strategie existiert keineswegs immer. Im allgemeinen Fall jedoch gelingt es, ε-optimale Strategien mit Hilfe von ε-Stützmengen zu konstruieren, wie dies für Markoffsche Ketten mit abzählbarem Zustandsraum am Ende von § 5 geschah.

Wir bemerken noch, daß im Fall $l \geq 3$ das Problem des optimalen Stoppens des Wienerschen Prozesses auch im Spezialfall, daß G mit dem ganzen Raum zusammenfällt (vgl. die Fußnote auf Seite 106) von Interesse ist, da das Teilchen im Fall $l \geq 3$ nicht mit Wahrscheinlichkeit 1 in ein beliebiges Gebiet gelangt.

§ 8. Beweis einer fundamentalen Eigenschaft konvexer Funktionen

Wir haben noch zu zeigen, daß im Fall des Wienerschen Prozesses auf dem Intervall $[0, a]$ mit Absorption in den Randpunkten die Klasse der Funktionen $f(x)$, $x \in [0, a]$, welche der Bedingung

$$f(x) \geq \mathbf{M}_x f(x(\tau)) \tag{21}$$

bei beliebiger Markoffscher Zeit τ genügen, identisch ist mit der Klasse aller nichtnegativen konvexen Funktionen.

Der Beweis gestaltet sich in der einen Richtung sehr einfach. Setzt man in (21) $\tau \equiv \infty$, so findet man, daß $f \geq 0$ ist. Sei weiter das Intervall $[x_1, x_2]$ im Intervall $[0, a]$ enthalten und bezeichne τ den Augenblick des ersten Austritts der Trajektorie $x(t)$ aus $[x_1, x_2]$. Auf Grund der Beziehung (17) gilt für dieses τ

$$\mathbf{M}_x f(x(\tau)) = f(x_1) \frac{x_2 - x}{x_2 - x_1} + f(x_2) \frac{x - x_1}{x_2 - x_1}, \qquad x_1 \leq x \leq x_2 .$$

Für $x \in [x_1, x_2]$ stimmt deshalb der Graph der Funktion $\mathbf{M}_x f(x(\tau))$ überein mit der Strecke, welche die Punkte des Graphen der Funk-

---

* Falls die Funktion f stetig ist und stetige partielle Ableitungen zweiter Ordnung besitzt, so ist die Bedingung 2. automatisch erfüllt; 1. führt zur Ungleichung $\Delta f \leq 0$, worin Δ den Laplaceschen Operator bezeichne (vgl. die Herleitung der Differentialgleichung $\Delta f = 0$ in Kap. II).

tion $f(x)$ mit den Abszissen x_1 bzw. x_2 verbindet. Aus der Ungleichung (21) ergibt sich demnach, daß eine beliebige Sehne des Graphen der Funktion f nirgends oberhalb desselben verläuft; die Funktion f ist somit konvex.

Bedeutend komplizierter zu beweisen ist, daß jede nichtnegative konvexe Funktion der Ungleichung (21) genügt, wenn auch die Überlegung im wesentlichen dieselbe bleibt wie bei der Herleitung der Bedingung (21) für exzessive Funktionen im diskreten Fall. Wir zerlegen den Beweis in sechs Schritte.

1. Wir definieren den Operator P_t, $t>0$, auf den beschränkten Funktionen $f(x)$, $0 \leq x \leq a$, vermöge

$$P_t f(x) = \mathbf{M}_x f(x(t)) = \int_0^a f(y)\,\mu_t(dy), \tag{22}$$

mit $\mu_t(\Gamma) = \mathbf{P}_x\{x(t) \in \Gamma\}$ und setzen

$$P_\infty f(x) = \lim_{t\to\infty} P_t f(x).$$

Auf Grund der Markoffschen Eigenschaft stellt der Prozeß $y(s) \equiv x(s+t)$ für beliebiges festes $t>0$ einen Wienerschen Prozeß mit Absorption in den Randpunkten und mit der Anfangsverteilung $\mu_t(\Gamma)$ dar. Durch zweimalige Anwendung der Formel (22) erhalten wir deshalb

$$\mathbf{M}_x f(y(s)) = \int_0^a \mathbf{M}_y f(x(s))\,\mu_t(dy) = \int_0^a P_s f(y)\,\mu_t(dy) = P_t P_s f(x).$$

Andererseits ist

$$\mathbf{M}_x f(y(s)) = \mathbf{M}_x f(x(t+s)) = P_{t+s} f(s).$$

Folglich *multiplizieren sich die Operatoren* P_t *gemäß*

$$P_t P_s = P_{t+s}. \tag{23}$$

Zum Vergleich erinnern wir daran, daß im Fall einer diskreten Markoffschen Kette

$$M_x f(x(n)) = P^n f(x)$$

gilt, wobei P den Übergangsoperator bzgl. eines Schritts darstellt. Somit führt die Beziehung (23) im Fall diskreter Zeit auf die übliche Regel für die Multiplikation von Potenzen. Wir bemerken, daß eine Familie von Operatoren P_t, $t>0$, die sich gemäß (23) multiplizieren, als *einparametrige Semigruppe* bezeichnet wird.

Auf Grund der Definition des Operators P_t ist unmittelbar klar, daß aus $f \geq 0$ $P_t f \geq 0$ folgt (der Operator P_t ist *positiv*). Wendet man diese Eigenschaft auf die Differenz von Funktionen f und g an, so erhält man, daß sich aus $f \geq g$ $P_t f \geq P_t g$ ergibt (der Operator P_t läßt zwischen Funktionen bestehende Ungleichungen ungeändert).

Weiter berechnen wir $P_\infty f(x)$. Wir wissen, daß das Teilchen mit Wahrscheinlichkeit 1 von einem beliebigen Punkt des Intervalls früher oder später an das Ende des Intervalls gelangt und für immer dort verbleibt. Folglich strebt das μ_t-Maß des Intervalls $(0, a)$ für $t \to \infty$ gegen 0, während das μ_t-Maß der Punkte 0 und a entsprechend gegen $\mathbf{P}_x\{x(\tau)=0\}$ bzw. $\mathbf{P}_x\{x(\tau)=a\}$ konvergiert, worin τ den Augenblick des ersten Austritts der Trajektorie aus dem Intervall $(0, a)$ bezeichnet. Somit ist

$$P_\infty f(x) = f(0) \cdot \mathbf{P}_x\{x(\tau)=0\} + f(a) \cdot \mathbf{P}_x\{x(\tau)=a\},$$

oder, auf Grund der Beziehung (17),

$$P_\infty f(x) = f(0) \frac{a-x}{a} + f(a) \frac{x}{a}.$$

Man erkennt aus dem gewonnenen Ausdruck, daß $P_\infty f$ eine *lineare Funktion ist, deren Werte in den Punkten* 0 *und a mit den Werten von f übereinstimmen* (Abb. 30).

2. *Für lineare Funktionen f gilt*

$$P_t f = f. \tag{24}$$

Nach Abschnitt 1 folgt $f = P_\infty f$, falls f linear ist. Gehen wir in der Beziehung $P_t(P_s f) = P_{t+s} f$* zur Grenze $s \to \infty$ über, so erhalten wir (24). Es ist leicht zu zeigen, daß auch die Umkehrung gilt (der Beweis sei dem Leser überlassen).

3. *Ist die Funktion f konvex, so gilt*

$$P_t f \leq f.$$

Für $x=0$ und $x=a$ ist mit Wahrscheinlichkeit 1 $x(t)=x(0)$, also $P_t f(x) = \mathbf{M}_x f(x(t)) = \mathbf{M}_x f(x(0)) = f(x)$. Sei x ein innerer Punkt des Intervalls $[0, a]$. Da die Funktion f konvex ist, läßt sich eine lineare Funktion $\bar{f}$ derart konstruieren, daß im gegebenen Punkt x $\bar{f}(x) = f(x)$ und in den übrigen Punkten $f \geq \bar{f}$ gilt (Abb. 31) (der Beweis dieser Eigenschaft konvexer Funktionen wird in § 2 des Anhangs gebracht). Nach Abschnitt 2 ist

$$P_t \bar{f} = \bar{f}.$$

---

* s. die Fußnote S. 98.

Da $\bar{f} \geq f$ auf dem gesamten Intervall ist und die Werte von $\bar{f}$ und f im Punkt x gleich sind, hat man

$$P_t f(x) \leq P_t \bar{f}(x) = \bar{f}(x) = f(x).$$

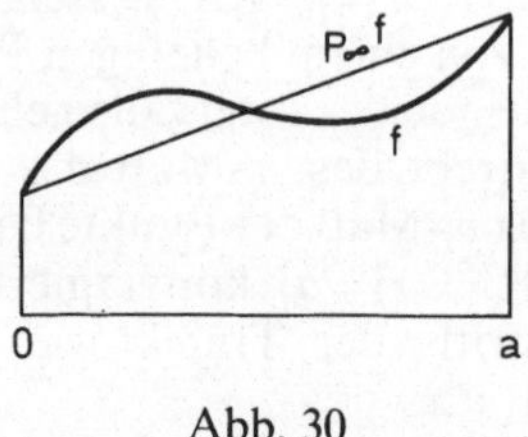

Abb. 30

4. Sei α irgendeine Zahl aus dem Intervall $(0,1)$. Funktionen h, welche sich in der Form

$$h(x) = \int_0^\infty \alpha^t P_t g(x) dt = \mathbf{M}_x \int_0^\infty \alpha^t g(x(t)) dt$$

mit $g \geq 0$ darstellen lassen, werden wir als α-*Potentiale* bezeichnen (die α-Potentiale spielen im kontinuierlichen Fall die gleiche Rolle wie Reihen der Gestalt (8) im diskreten Fall).

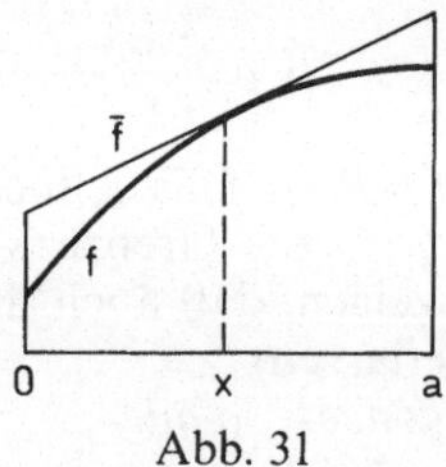

Abb. 31

Wir zeigen: *Gilt $f \geq 0$, $P_t f \leq f$ für alle t und ist die Funktion f stetig in den inneren Punkten des Intervalls $[0,a]$, so läßt sich für beliebiges α, $0 < \alpha < 1$, die Funktion f als Grenzwert einer nicht abnehmenden Folge von α-Potentialen darstellen.*

Benutzen wir die Beziehung $P_t P_s = P_{t+s}$, so erhalten wir

$$\int_0^s \alpha^t P_t f dt = \int_0^\infty \alpha^t P_t f dt - \int_s^\infty \alpha^t P_t f dt = \int_0^\infty \alpha^t P_t f dt - \int_0^\infty \alpha^{s+t} P_{s+t} f dt$$

$$= \int_0^\infty \alpha^t P_t (f - \alpha^s P_s f) dt$$

oder

$$(25)\qquad \frac{1}{s}\int_0^s \alpha^t P_t f\,dt = \int_0^\infty \alpha^t P_t g\,dt,$$

wobei

$$(26)\qquad g = \frac{f-\alpha^s P_s f}{s}$$

gesetzt wurde; die obigen Integrale sind konvergent, da $|\alpha|<1$ ist und $|P_t f(x)| = |\mathbf{M}_x f(x(t))|$ durch die Zahl $\sup_x f(x)$ abgeschätzt wird. Da $0 \le P_t f \le f$ und $0<\alpha<1$ gilt, folgt aus (26), daß $g \ge 0$ ist. Somit steht auf der rechten Seite der Beziehung (25) ein α-Potential. Es ist klar, daß wir bewiesen haben, daß dieses α-Potential monoton nicht abnehmend gegen f für $s \to 0$ konvergiert, falls wir gezeigt haben, daß

$$(27)\qquad \lim_{t\to 0} P_t f = f$$

gilt und $\alpha^t P_t f$ eine nicht zunehmende Funktion des Argumentes t darstellt. Die von uns benötigte Monotonie von $\alpha^t P_t f$ ergibt sich aus der Ungleichungskette

$$\alpha^{t+u} P_{t+u} f \le \alpha^t P_{t+u} f = \alpha^t P_t(P_u f) \le \alpha^t P_t f, \qquad u>0.$$

Um (27) zu beweisen, erinnern wir uns daran, daß

$$P_t f(x) = \mathbf{M}_x f(x(t))$$

ist. Für $t \to 0$ gilt mit Wahrscheinlichkeit 1 $x(t) \to x$, da die Trajektorien des Prozesses $x(t)$ stetig sind. Das bedeutet, daß mit Wahrscheinlichkeit 1 auch $f(x(t)) \to f(x)$ für alle Punkte x gilt, in denen f stetig ist, d.h. in sämtlichen Punkten aus $(0,a)$. Falls aber die zufällige Variable $f(x(t))$ mit Wahrscheinlichkeit 1 gegen die Konstante $f(x)$ konvergiert, so konvergiert ihre mathematische Erwartung gegen die mathematische Erwartung der Konstanten $f(x)$, d.h. gegen die Zahl $f(x)$ selbst (der Grenzübergang unter dem Integralzeichen ist zulässig, da für beliebiges t die zufällige Variable $f(x(t))$ durch ein und dieselbe Zahl $k = \sup_x |f(x)|$ beschränkt wird). Somit ist

$$\lim_{t\to 0} \alpha^t P_t f(x) = \lim_{t\to 0} \alpha^t \cdot \lim_{t\to 0} \mathbf{M}_x f(x(t)) = f(x), \qquad 0<x<a.$$

Die Funktion f kann in den Punkten $x=0$ und $x=a$ unstetig sein; in ihnen gilt jedoch $P_t f(x) = f(x)$ für alle t, woraus sofort (27) folgt.

5. *Wenn $h(x)$ ein α-Potential ist und τ für eine beliebige Markoffsche Zeit steht, so gilt*

$$\mathbf{M}_x \alpha^\tau h(x(\tau)) \leq h(x).$$

Nach Voraussetzung ist $h(x)$ darstellbar in der Form

$$h(x) = \mathbf{M}_x \int_0^\infty \alpha^t g(x(t))\,dt$$

mit $g \geq 0$. Deshalb ist

$$(28) \qquad h(x) \geq \mathbf{M}_x \int_\tau^\infty \alpha^t g(x(t))\,dt = \mathbf{M}_x \alpha^\tau \int_0^\infty \alpha^s g(x(\tau+s))\,ds$$

$$= \mathbf{M}_x \alpha^\tau \int_0^\infty \alpha^s g(y(s))\,ds$$

mit $y(s) \equiv x(\tau+s)$. Auf Grund der starken Markoffschen Eigenschaft stimmt der Prozeß $y(s)$ unter der Bedingung $\tau = t$, $x(\tau) = y$ überein mit dem Prozeß $x(s)$, welcher im Punkt y startet*. Folglich gilt

$$\mathbf{M}_x\left(\alpha^\tau \int_0^\infty \alpha^s g(y(s))\,ds \,\Big|\, \tau = t, x(\tau) = y\right) = \alpha^t \mathbf{M}_y \int_0^\infty \alpha^s g(x(s))\,ds = \alpha^t h(y).$$

Bezeichnen wir mit $F(t,y)$ die gemeinsame Verteilung der zufälligen Variablen τ und $x(\tau)$, so gelangen wir demnach zu

$$\mathbf{M}_x \alpha^\tau \int_0^\infty \alpha^s g(y(s))\,ds = \int_0^\infty \int_0^a \alpha^t h(y)\,dF(t,y) = \mathbf{M}_x \alpha^\tau h(x(\tau)).$$

Setzen wir dies in die Beziehung (28) ein, so erhalten wir das gesuchte Resultat.

6. Jetzt können wir endlich beweisen, daß eine nichtnegative konvexe Funktion f der Beziehung (21) genügt. Aus der Stetigkeit einer konvexen Funktion im Innern des Intervalls $[0,a]$ und den Abschnitten 3 und 4 folgt, daß f für beliebiges $\alpha \in (0,1)$ Grenzwert einer nicht abnehmenden Folge von α-Potentialen $h_1, h_2, \ldots, h_n, \ldots$ ist. Nach Abschnitt 5 gilt für eine beliebige Markoffsche Zeit τ

$$\mathbf{M}_x \alpha^\tau h_n(x(\tau)) \leq h_n(x) \leq f(x).$$

---

* Den hier angegebenen, intuitiv gerechtfertigten, aber ein wenig willkürlichen Überlegungen im Fall, daß etwas unter der Bedingung $\tau = t$, $x(\tau) = y$ geschieht, welche die Wahrscheinlichkeit 0 hat, kann man eine völlig korrekte Form geben.

Da h_n monoton gegen f konvergiert, kann man unter dem Zeichen $\mathbf{M}_x$ zur Grenze $n \to \infty$ übergehen. Somit erhält man für beliebiges positives $\alpha < 1$

$$\mathbf{M}_x \alpha^\tau f(x(\tau)) \leq f(x).$$

Läßt man hierin α gegen 1 konvergieren, so gelangt man zu $\mathbf{M}_x f(x(\tau)) \leq f(x)$.

Es erhebt sich die Frage, inwieweit sich der angegebene Beweis auf den mehrdimensionalen Wienerschen Prozeß übertragen läßt. Wie schon am Ende von § 7 erwähnt wurde, spielen im allgemeinen Fall die superharmonischen Funktionen die Rolle der konvexen Funktionen. Wir definieren wie früher den Operator P_t durch

$$P_t f(x) = \mathbf{M}_x f(x(t)),$$

und nennen nichtnegative Funktionen f, die den Bedingungen

$$P_t f \leq f, \quad \lim_{t \to 0} P_t f = f \tag{29}$$

genügen, *exzessiv* (vgl. die Definition der exzessiven Funktionen für Markoffsche Ketten in § 3). Im wesentlichen wurde in diesem Abschnitt zunächst gezeigt, daß nichtnegative konvexe Funktionen exzessiv sind; später wurde bewiesen, daß exzessive Funktionen der Ungleichung

$$\mathbf{M}_x f(x(\tau)) \leq f(x)$$

bei beliebiger Markoffscher Zeit τ genügen. Der Leser prüft leicht nach, daß die zweite Hälfte des Beweises von ganz allgemeiner Natur ist und sich auf den mehrdimensionalen Fall anwenden läßt. Umgekehrt ist der Beweis der Exzessivität der superharmonischen nichtnegativen Funktionen im mehrdimensionalen Fall komplizierter als im eindimensionalen Fall (wir haben nicht einmal von speziellen Eigenschaften konvexer Funktionen, z.B. deren Stetigkeit im Innern eines Intervalls, Gebrauch gemacht). Außerdem blieb uns durch die Betrachtung des Problems für den eindimensionalen Fall in § 7 das Eingehen auf Meßbarkeitsfragen erspart.

Aufgaben

Die Wahl eines unter den zwei besten Objekten

Es sei gefordert, eines unter den zwei besten (gleichgültig, welches) von n Objekten auszuwählen. Dieses Problem führt ebenso wie der in § 1 untersuchte Fall auf das optimale Stoppen einer gewissen Markoffschen Kette $x(0), x(1), x(2), \ldots$. In § 1 stellten die Glieder dieser Kette die geordneten Indizes der maximalen Objekte (Punkte) dar, die besser sind als alle vorher aufgedeckten. Es ist klar, daß man in dem vorliegenden Fall die Optimalität in dem schwächeren Sinne zu verstehen hat, daß man das Objekt a_k als „maximal" ansieht, wenn es unter den schon aufgedeckten Objekten $a_1, a_2, \ldots, a_k$ das beste oder zweitbeste ist. Das genügt aber nicht. Die Werte $x(i)$ haben nicht nur den laufenden Index des zugehörigen „maximalen" Objektes anzuzeigen, sondern sie müssen auch erkennen lassen, ob dieses Objekt das beste (d.h. maximal im früheren Sinne) oder zweitbeste ist. Es erweist sich daher als zweckmäßig, den Zustandsraum der Kette $x(i)$ durch zwei parallele, je aus n Punkten bestehende Zeilen darzustellen, wobei die obere bzw. untere Zeile denjenigen Objekten entspricht, welche besser als alle vorherigen Objekte bzw. schlechter als genau eines ihrer Vorgänger sind (Abb. 32).

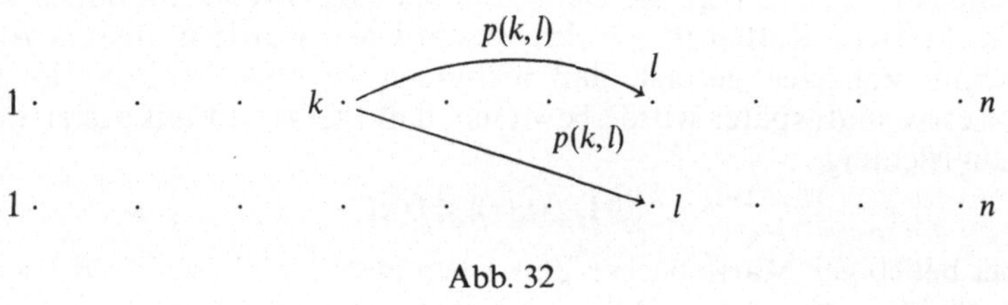

Abb. 32

1. Man bestimme die Übergangswahrscheinlichkeiten der Kette $x(i)$.

Lösung. Unabhängig davon, ob sich die Punkte k und l in der oberen bzw. unteren Zeile befinden, gilt

$$p(k, l) = \frac{k(k-1)}{l(l-1)(l-2)}, \qquad l > k$$

(für $l=2$; $k=1$ ist der Bruch gleich $\dfrac{k}{l(l-1)}$ zu setzen).

2. Man bestimme die Erfolgswahrscheinlichkeit (Auszahlungsfunktion) f für das Stoppen der Kette in einem gegebenen Punkt.

Lösung. Versehen wir mit dem Index 1 eine Größe, die sich auf Punkte der oberen und mit dem Index 2 eine solche, die sich auf

Punkte der unteren Zeile bezieht, so gelangen wir zu

$$f_1(k) = \frac{k(2n-k-1)}{n(n-1)},$$

$$f_2(k) = \frac{k(k-1)}{n(n-1)}.$$

Die gleichen Überlegungen, die wir in § 6 benutzten, zeigen, daß sich der Wert v des Spiels sukzessive gemäß der Formel

$$(30) \qquad v_j(k) = \max\left\{f_j(k),\ \sum_{l=k+1}^{n} p(k,l)(v_1(l)+v_2(l))\right\}$$

bestimmen läßt (v_1 entspricht den oberen und v_2 den unteren Punkten). Mit Γ_j bezeichnen wir die Menge der Punkte der j-ten Zeile, in welchen die Funktionen f und v übereinstimmen $j=1,2$).

3. Die Menge Γ_2 hat die Form $\{m_2, m_2+1, \ldots, n\}$, wobei m_2 die kleinste ganze Zahl ist, welche größer oder gleich $\frac{2n+1}{3}$ ist.

Die Menge Γ_1 enthält ebenfalls die Zahlen $m_2, m_2+1, \ldots, n$.

Hinweis. Man überzeuge sich davon, daß

$$\sum_{l=k+1}^{n} p(k,l)\,(f_1(l)+f_2(l)) = \frac{2k(n-k)}{n(n-1)}$$

gilt und benutze Formel (30).

Mit B_k bezeichnen wir die Menge, welche aus Γ_2 und den Punkten $k+1, k+2, \ldots, n$ der oberen Zeile besteht ($k<m_2$) und mit τ_k den Augenblick des ersten Eintritts in die Menge B_k.

4. Wenn $f_1(k) < \mathbf{M}_k f(x(\tau_k))$ ist, so gehört k nicht zu Γ_1. Gehören $k+1, k+2, \ldots, n$ zu Γ_1 und gilt $f_1(k) \geq \mathbf{M}_k f(x(\tau_k))$, so gehört k ebenfalls zu Γ_1.

Hinweis. Bei beliebigem Anfangszustand stellt das Stoppen im Augenblick des ersten Eintritts in die Menge $\Gamma_1 \cup \Gamma_2$ eine optimale Strategie dar (s. § 5).

5. Man bestimme die Verteilung von $x(\tau_k)$, wobei der Anfangszustand k ist.

Hinweis. Man beschreibe das Ereignis $x(\tau_k)=l$ mit Hilfe der Objekte $a_{k+1}, a_{k+2}, \ldots, a_l$. Für $k<l<m_2$ haben wir $\mathbf{P}_k\{x(\tau_k)=l\} = \frac{k}{l(l-1)}$ für Punkte l der oberen Zeile, und für $m_2 \leq l \leq n$ haben wir $\mathbf{P}_k\{x(\tau_k)=l\} = \frac{k}{m_2-1}\,p(m_2-1,l)$ für Punkte l beider Zeilen.

6. Die Menge Γ_1 hat die Form $\{m_1, m_1+1, \ldots, n\}$, wobei m_1 die kleinste positive ganze Zahl ist, für welche

$$\frac{1}{m_1}+\frac{1}{m_1+1}+\cdots+\frac{1}{m_2-2} \leq \frac{3m_2-2m_1-4}{2(n-1)}$$

gilt.

7. Wächst die Zahl n der Objekte unbegrenzt, so gilt

$$\lim \frac{m_1}{n}=\alpha, \quad \lim \frac{m_2}{n}=\frac{2}{3},$$

worin α diejenige Lösung der Gleichung $\alpha-\ln\alpha=1+\ln\frac{3}{2}$ bezeichnet, welche kleiner als 1 ist ($\alpha \approx 0{,}347$).

8. Bei Benutzung einer optimalen Strategie strebt die Erfolgswahrscheinlichkeit gegen $\alpha(2-\alpha) \approx 0{,}574$ für $n \to \infty$.

Hinweis. Die Verteilung im Augenblick des ersten Eintritts in die Menge $\Gamma_1 \cup \Gamma_2$ bei beliebigem Anfangszustand $s<m_1$ wird die gleiche sein wie diejenige von $x(\tau_k)$ mit $k=m_1-1$ in Aufgabe **5.**

Eine weitere Verallgemeinerung des Problems der Wahl

Es sei jetzt mit maximaler Wahrscheinlichkeit eines unter den s besten von n Objekten auszuwählen ($s<n$). Der Zustandsraum der Kette $x(i)$ besteht in diesem Fall aus s Zeilen mit je n Punkten; der Eintritt des Teilchens in den Punkt k der j-ten Zeile bedeutet, daß das Objekt a_k unter den Objekten $a_1, \ldots, a_k$ den j-ten Rang einnimmt. Mit $f_j(k)$ bezeichnen wir die Auszahlungsfunktion (Erfolgswahrscheinlichkeit) beim Stoppen der Kette im Punkt k der j-ten Zeile, mit $v_j(k)$ den Wert des Spiels in diesem Punkt und schließlich mit Γ_j den Teil der Stützmenge Γ, der in der j-ten Zeile liegt.

9. Die Übergangswahrscheinlichkeiten $p(k,l)$ der Kette $x(i)$ hängen nicht davon ab, in welchen Zeilen sich die Punkte mit den Indizes k und l befinden.

Man zeigt leicht, daß

$$(31) \qquad v_j(k)=\max\left\{f_j(k), \sum_{l=k+1}^{n} p(k,l) \sum_{i=1}^{s} v_i(l)\right\}$$

gilt (vgl. Formel (30)).

10. Die Funktion $f_j(k)$ ist monoton zunehmend bezüglich des Arguments k und monoton abnehmend bezüglich des Arguments j.

11. Die Doppelsumme in (31) fällt mit wachsendem k.

Hinweis. Diese Summe ist gleich der mittleren Auszahlung bei Benutzung einer optimalen Strategie, falls es verboten ist, bei den ersten k Objekten zu stoppen.

12. Die Menge Γ_j hat die Form $\{m_j, m_j+1, \ldots, n\}$ mit $1 \leq m_1 \leq m_2 \leq \cdots \leq m_s \leq n$.

13. Man berechne $\sum_{j=1}^{s} f_j(k)$.

Hinweis. Wir benutzen die Abkürzungen
$A = \{a_k$ ist eines von den s besten Objekten$\}$,
$B_j = \{a_k$ nimmt unter den Objekten $a_1, \ldots, a_k$ den j-ten Rang ein$\}$.
Dann ist

$$\sum_{j=1}^{s} f_j(k) = \sum_{j=1}^{s} \mathbf{P}\{A|B_j\} = k \sum_{j=1}^{s} \mathbf{P}\{A|B_i\} \cdot \mathbf{P}\{B_i\} = k \cdot \mathbf{P}(A) = \frac{k \cdot s}{n}.$$

14. Mit den Bezeichnungen von Aufgabe **12** gilt für $s \geq 2$

$$\lim_{n \to \infty} \frac{m_s}{n} = \sqrt[s-1]{\frac{s}{2s-1}}.$$

Hinweis. Nachdem man zu

$$f_s(k) = \frac{k(k-1)\ldots(k-s+1)}{n(n-1)\ldots(n-s+1)}$$

und

$$p(k,l) = \frac{k(k-1)\ldots(k-s+1)}{l(l-1)\ldots(l-s)}$$

gelangt ist, benutze man Formel (31) und Aufgabe **12** (vgl. die Fälle $s=1$ und $s=2$). Bei der Berechnung der Summe in Formel (31) wende man die Identität

$$\sum_{l=k+1}^{\infty} \frac{1}{(l-1)(l-2)\ldots(l-s)} = \frac{1}{s-1} \frac{1}{(k-1)(k-2)\ldots(k-s+1)}$$

an, welche für $s \geq 2$ gilt.

Eine Regel für das optimale Stoppen einer Folge von unabhängigen zufälligen Variablen

Seien $\xi_1, \xi_2, \ldots, \xi_n$ unabhängige zufällige Variable, die ihre Werte in einer gewissen Menge X von reellen Zahlen annehmen, und sei $f(k,x)$, $k=1,2,\ldots,n$, $x \in X$, eine nichtnegative Funktion. Wir lernen zunächst ξ_1, dann ξ_2, ξ_3 usw. kennen. Die Beobachtungen können zu einem beliebigen Zeitpunkt k beendet werden. Hierbei beträgt die Auszahlung $f(k, \xi_k)$. Es ist eine optimale Strategie zu finden, für welche die mittlere Auszahlung maximal ist.

Wie beim Problem der Wahl des besten Objekts kann man durch Induktion vom Ende bis hin zum Anfang den Wert $v(k,x)$ des Spiels konstruieren und sich davon überzeugen, daß das Stoppen zum Zeitpunkt des ersten Eintritts des Punktes (k, ξ_k) in die Stützmenge Γ, welche aus den Paaren (k,x) mit $f(k,x)=v(k,x)$ besteht, optimal ist.

Die Formulierung des Problems bleibt die gleiche, wenn man abhängige zufällige Variable betrachtet; die Lösung wird jedoch bedeutend komplizierter dadurch, daß eine Vorschrift für optimales Stoppen im allgemeinen die Berücksichtigung aller beobachteten Werte (also nicht nur diejenige des zuletzt beobachteten) erfordert. Es ist interessant, daß das Problem des optimalen Stoppens anscheinend zuerst gerade für den Fall der Abhängigkeit formuliert wurde. Im Jahre 1874 stellte nämlich A. CAYLEY das folgende Problem*.

„Eine Lotterie sei wie folgt eingerichtet: es gebe k Karten, deren Wert entsprechend $a, b, c, \ldots$ Pfund betragen möge. Jemand zieht eine Karte; er sieht sich diese Karte an und zieht, wenn es ihm günstig erscheint, eine weitere Karte (aus den restlichen $k-1$ Karten); er sieht sich seine Karte an und zieht, wenn es günstig erscheint, eine weitere Karte (aus den verbliebenen $k-2$ Karten) usw.; insgesamt zieht er nicht mehr als n mal. Schließlich erhält er den Wert der zuletzt gezogenen Karte. Welchen Gewinn hat diese Person zu erwarten, wenn sie so vorgeht, wie es entsprechend der Wahrscheinlichkeitstheorie für sie am günstigsten ist?"

CAYLEY stellte einen Algorithmus zur Lösung dieses Problems auf, wobei er eine Induktion vom Ende bis hin zum Anfang benutzte, und berechnete die Lösung für den Fall $k=4$, $a=1$, $b=2$, $c=3$, $d=4$ und $n=1,2,3,4$.

Die Wahl eines unter den s besten Objekten (s. Aufgabe **9**–**12**) führt auf folgende Weise zur Wahl aus einer Folge unabhängiger zufälliger Variabler**.

15. Fall das Objekt a_k in der Gruppe $a_1, a_2, \ldots, a_k$ den j-ten Rang einnimmt, so setzen wir

$$\xi_k = \begin{cases} j, & 1 \leq j \leq s, \\ s+1, & s+1 \leq j. \end{cases}$$

* The Educational Times **27,** 189 (1874), Problem Nr. 4528. Die Lösung ebd. **27,** 237 (1875).

** S. GUSEIN-ZADE, The problem of choice and the optimal stopping rule for a sequence of random trials, Teor. Weroj. i Prim., 11:3 (1966), 534—537 (Russisch). In dieser Arbeit werden auch Resultate erhalten, die auf andere Weise in den vorangehenden Aufgabenzyklen dargestellt sind.

Die zufälligen Variablen $\xi_1, \xi_2, \ldots, \xi_n$ sind unabhängig; die Wahrscheinlichkeit $f(k,j)$ eines Erfolgs bei der Auswahl des Objekts a_k unter der Bedingung $\xi_k = j$ ist gleich

$$f(k,j) = \begin{cases} f_j(k), & 1 \leq j \leq s, \\ 0, & s+1 \leq j, \end{cases}$$

wobei $f_j(k)$ die Funktion in Aufgabe **10** bezeichne.

16. Falls $f(k,x)$ bzgl. des Arguments k nichtabnehmend ist und $f \geq 0$ gilt, so existiert eine ganzwertige Funktion $m(x)$, $x \in X$, derart, daß die Menge Γ durch die Ungleichungen $m(x) \leq k \leq n$ gegeben wird. Ist außerdem $f(k,x)$ nichtzunehmend (nichtabnehmend) bzgl. x, so ist $m(x)$ nicht abnehmend (nichtzunehmend) bzgl. x.

17*. Die zufälligen Variablen ξ_k seien auf dem Intervall $[0,1]$ gleichverteilt, und es gelte $f(k,x) = x$.

Dann hat man

$$m(x) = n - k, \qquad x_k \leq x < x_{k+1},$$

wobei sich die Zahlen x_k aus den Beziehungen

$$x_{k+1} = \frac{1 + x_k^2}{2}, \qquad x_0 = 0,$$

berechnen lassen.

Hinweis. Durch Induktion nach k zeige man, daß

$$v(k,x) = \begin{cases} x_k, & 0 \leq x \leq x_k, \\ x, & x_k \leq x \leq 1 \end{cases}$$

gilt.

18. In der vorigen Aufgabe gilt für $k \to \infty$

$$1 - x_k \sim \frac{2}{k}.$$

Hinweis. Setzt man

$$x_k = 1 - \frac{2}{\alpha_k},$$

so erhält man

$$\alpha_{k+1} = \alpha_k + 1 + \frac{1}{\alpha_k - 1}, \qquad \alpha_0 = 2.$$

---

* s. Moser, L.: On a problem of Cayley. Scripta Math. **22,** 289—292 (1956).

Hieraus ergibt sich der Reihe nach

$$\alpha_k \to \infty, \qquad \alpha_{k+1} - \alpha_k \to 1, \qquad \frac{\alpha_k}{k} \to 1.$$

Die bessere Abschätzung

$$k + \left(1 + \frac{1}{2} + \cdots + \frac{1}{k}\right) + 1 < \alpha_k \leq k + \left(1 + \frac{1}{2} + \cdots + \frac{1}{k}\right) + 2$$

sowie weitere Einzelheiten finden sich in der zitierten Arbeit von MOSER.

Optimales Stoppen einer allgemeinen Markoffschen Kette

19. Wenn im Fall einer Kette mit abzählbarem Zustandsraum die Stützmenge Γ mit Wahrscheinlichkeit 1 von einem beliebigem Zustand x aus erreichbar ist, so liefert das Stoppen im Augenblick des ersten Eintritts in Γ eine optimale Strategie.

Hinweis. Man betrachte den Zeitpunkt τ_ε des ersten Eintritts in die ε-Stützmenge Γ_ε und lasse ε gegen 0 streben.

20. Ein Zustand a gehört genau dann zur Stützmenge Γ, falls eine exzessive Funktion h existiert, die überall größer oder gleich der Auszahlungsfunktion f ist und im Punkt a mit f übereinstimmt.

21. (Methode der sukzessiven Näherungen*).

Sei f^+ diejenige Funktion, welche gleich der Auszahlungsfunktion f in den Punkten mit $f \geq 0$ und welche gleich 0 dort ist, wo $f < 0$ gilt; der Operator Q sei gegeben durch

$$Q f(x) = \max\{f(x), \quad Pf(x)\}.$$

Dann konvergiert $Q^n f^+$ monoton gegen den Wert v des Spiels für $n \to \infty$.

Hinweis. Die Funktion $Q^\infty f = \lim\limits_{n \to \infty} Q^n f$ stellt eine exzessive Majorante von f dar.

Einzahlungen während des Spiels

Bei jedem Übergang von x nach y möge der Betrag $\Phi(x, y)$ einzuzahlen sein. Falls bei beliebigem Anfangszustand x der Erwartungswert

$$F(x) = \mathbf{M}_x \sum_{t=1}^{\zeta - 1} \Phi(x(t-1), x(t))$$

* Angegeben von A. D. WENTZEL.

der Einzahlung bis zum Augenblick ζ des Abbrechens der Kette endlich ist, so führt das Problem des optimalen Stoppens auf den Fall, daß während des Spiels nichts einzuzahlen ist.

22. Für eine beliebige Markoffsche Zeit τ gilt

$$F(x)=\mathbf{M}_x \sum_{t=1}^{\tau} \Phi(x(t-1), x(t))+\mathbf{M}_x F(x(\tau)).$$

Hinweis. Vgl. den Beweis der Beziehung (24) von § 5, Kap. I.

23. Der Ausdruck

$$\mathbf{M}_x\left[f(x(\tau))-\sum_{t=1}^{\tau} \Phi(x(t-1), x(t))\right]$$

nimmt seinen größten Wert für eine Markoffsche Zeit τ genau dann an, falls τ eine optimale Strategie für das Stoppen der Kette $x(t)$ mit der Auszahlungsfunktion $f(x)+F(x)$ ist.

Unbeschränkte Auszahlungsfunktionen

In Kap. III wurde vorausgesetzt, daß die Auszahlungsfunktion f beschränkt ist. Wir verzichten jetzt auf diese Voraussetzung und nehmen an, daß f nichtnegativ ist (in diesem Fall existiert die mathematische Erwartung $\mathbf{M}_x f(x(\tau))$ stets und ist endlich oder unendlich). Wir definieren den Wert des Spiels und die Klasse der exzessiven Funktionen wie in §§ 2 und 3, lassen aber für diese Funktionen den Wert $+\infty$ zu.

24. Eine beliebige exzessive Funktion f ist Grenzwert einer nichtabnehmenden Folge von beschränkten exzessiven Funktionen.
Hinweis. Man betrachte

$$f_n(x)=\min\{n, f(x)\}.$$

25. Man setze die Ungleichung $\mathbf{M}_x f(x(\tau))\leq f(x)$ (τ: eine beliebige Markoffsche Zeit) auf exzessive Funktionen fort, welche den Wert $+\infty$ annehmen.

26. Der Wert v des Spiels ist die exzessive Majorante der Auszahlungsfunktion f.
Hinweis. Die Funktion v ist Grenzwert der nichtabnehmenden Folge $\{v_n\}$, wobei v_n der Wert des Spiels ist, welcher der Auszahlungsfunktion f_n von Aufgabe **24** entspricht.

27. Der Wert v des Spiels kann unendlich sein bei endlicher Auszahlungsfunktion f.

28. Die mittlere Auszahlung für das Stoppen im Augenblick des ersten Eintritts in die ε-Stützmenge Γ_ε strebt nicht notwendig für $\varepsilon \downarrow 0$ gegen den Wert des Spiels, wenn letzterer endlich ist.

Hinweis. Man betrachte die Irrfahrt auf den ganzzahligen Punkten der Halbgerade $x \geq 0$ mit Absorption im Nullpunkt und nehme die Auszahlungsfunktion $f(0)=1$, $f(k)=k$, $k \geq 1$.

Martinscher Rand

Die Martinsche Methode (welche von DOOB* weiterentwickelt wurde) gestattet es, die Struktur der Menge aller exzessiven Funktionen, welche mit einer Markoffschen Kette mit abzählbarem Zustandsraum verknüpft sind, anzugeben.

Sei $x(t)$ eine Markoffsche Kette mit abzählbarem Zustandsraum E, für welche bei beliebigem Anfangszustand x die Wahrscheinlichkeit, nach x zurückzukehren, kleiner als 1 ist. Mit $g(x,y)$ bezeichnen wir den Erwartungswert der Zahl der Besuche im Punkt y beim Anfangszustand x (*Greensche Funktion;* vgl. § 5, Kap. I).

29. Man zeige, daß

$$g(x,y)=\pi_y(x)\,g(y,y)$$

gilt; $\pi_y(x)$ sei die Wahrscheinlichkeit dafür, ausgehend von x, irgendwann nach y zu gelangen. Aus den Aufgaben **29** und **2**, Kap. I, folgt, daß

$$g(x,y)<\infty$$

für beliebige x, y gilt.

Wir dehnen die Definitionen des Potentials und der harmonischen Funktion, welche in Kap. I für die symmetrische Irrfahrt gegeben wurden, auf den Fall, daß eine Markoffsche Kette $x(t)$ vorliegt, aus: Als Potential einer nichtnegativen Funktion φ bezeichnen wir die Funktion

$$G\varphi=\varphi+P\varphi+P^2\varphi+\cdots+P^n\varphi+\cdots;$$

eine Funktion h heiße harmonisch, falls $Ph=h$ gilt.

Wie in § 5, Kap. I, zeigt man, daß

$$G\varphi(x)=\sum_{y\in E} g(x,y)\,\varphi(y)$$

gilt, daß das Potential exzessiv ist und sich eine beliebige exzessive Funktion f in der Form $G\varphi+h$ schreiben läßt, wobei $\varphi=f-Pf$ gilt und $h=\lim_{n\to\infty} P^n f$ eine nichtnegative harmonische Funktion ist.

* DOOB, J. L.: Discrete Potential Theory and Boundaries. J. of Math. and Mech. **8,** 433—458 (1959).

30. Eine exzessive Funktion f ist genau dann ein Potential, wenn $P^n f \to 0$ für $n \to \infty$ gilt.

31. Das Minimum einer exzessiven Funktion und eines Potentials ist ein Potential.

32. Eine beliebige exzessive Funktion ist Grenzwert einer nicht abnehmenden Folge von Potentialen.

Hinweis. Wir numerieren die Punkte des Raumes E und bezeichnen mit B_n die Menge der ersten n Punkte. Dann bilden die Funktionen

$$f_n = \min\{n G \chi_{B_n}, f\}$$

die gesuchte Folge von Potentialen (χ_B bezeichne die charakteristische Funktion der Menge B).

Wir setzen zusätzlich voraus, daß für einen gewissen Zustand $0 \in E$ die Wahrscheinlichkeit $\pi_y(0)$ positiv für alle $y \in E$ ist*. Dann ist auch $g(0,y) > 0$. Gemäß Aufgabe **32** existiert zu einer exzessiven Funktion f eine Folge von Funktionen $\varphi_n \geq 0$ derart, daß

$$f(x) = \lim_{n \to \infty} \sum_{y \in E} g(x,y)\, \varphi_n(y) \tag{32}$$

gilt. Führen wir den *Martinschen Kern*

$$k(x,y) = \frac{g(x,y)}{g(0,y)} = \frac{\pi_y(x)}{\pi_y(0)}$$

ein (s. Aufgabe **29**), so können wir (32) umformen zu

$$f(x) = \lim_{n \to \infty} \sum_{y \in E} k(x,y)\, \mu_n(y), \tag{33}$$

wobei μ_n eine Folge von Maßen auf E ist, welche durch die Formel

$$\mu_n(y) = g(0,y)\, \varphi_n(y) \tag{34}$$

gegeben werden.

Soll betont werden, daß $k(x,y)$ als Funktion von $x \in E$ bei festem y betrachtet wird, so werden wir statt $k(x,y)$ $k_y(x)$ schreiben.

33. Verschiedenen Zuständen $y \in E$ entsprechen verschiedene Funktionen $k_y(x)$.

---

* Im allgemeinen Fall lassen sich die gleichen Konstruktionen auf die Markoffsche Kette anwenden, welche man erhält, wenn man sich auf die Menge S der vom Zustand 0 aus erreichbaren Zustände beschränkt; es ist klar, daß man von S aus unmöglich nach $E-S$ gelangen kann.

Hinweis. Die Funktion $k_y(x) - P k_y(x)$ nimmt lediglich im Punkt $x = y$ einen von Null verschiedenen Wert an.

34. Die Werte, welche alle Funktionen $k_y(x)$ in einem gegeben Punkt annehmen, werden durch die Zahl $\frac{1}{\pi_x(0)}$ beschränkt.

Hinweis. Man benutze Aufgabe **29** und die Ungleichung $\pi_y(0) \geq \pi_x(0)\, \pi_y(x)$.

Aufgabe **33** zeigt, daß die Funktionen $k_y(x)$, $y \in E$, eineindeutig den Punkten y des Raumes E entsprechen. Zu der Menge $\{k_y\}$ fügen wir alle möglichen Grenzwerte dieser Funktionen hinzu (mit anderen Worten, wir bilden den Abschluß der Menge aller Funktionen k_y bzgl. punktweiser Konvergenz). Auf Grund von Aufgabe **34** und Aufgabe **4**, Kap. I, ist die gewonnene Menge K von Funktionen kompakt. Identifizieren wir die Punkte $y \in E$ mit den zugehörigen Funktionen k_y, so können wir sagen, daß die Menge E in die kompakte Menge K eingebettet ist. Die Menge $B = K - E$ heißt *Martinscher Rand* für die Markoffsche Kette $x(t)$. Die Elemente der Menge B wie auch diejenigen der Menge E werden wir entweder mit den Buchstaben y oder mit dem Symbol $k_y(x)$ bezeichnen, wenn wir betonen wollen, daß sie Funktionen auf E sind.

35. Die Funktion $k_y(x)$ ist für beliebiges $y \in E$ exzessiv.

Wenn die Funktion $p(x, y)$ für jedes x nur für endlich viele Werte von y ungleich 0 ist, so ist die Funktion $k_y(x)$ für $y \in B$ harmonisch.

Hinweis. Es sei der Fall $y \in B$ betrachtet. Gilt $y = \lim_{n\to\infty} y_n$, $y_n \in E$, so hat man entsprechend dem Hinweis zu Aufgabe **33** für beliebiges $x \in E$

$$k_y(x) = \lim_{n\to\infty} k_{y_n}(x) = \lim_{n\to\infty} P k_{y_n}(x) = \lim_{n\to\infty} \sum_{z\in E} p(x,z)\, k_{y_n}(z)$$

$$\geq \sum_{z\in E} \lim_{n\to\infty} p(x,z)\, k_{y_n}(z) = P k_y(x).$$

(Es ist leicht zu zeigen, daß $\lim_{n\to\infty} \sum_z u_n(z) \geq \sum_z u(z)$ ist, falls die Funktionen $u_n(z)$ nichtnegativ sind und $u_n(z) \to u(z)$ gilt.)

Wenn die Summen endlich sind, so gilt das Gleichheitszeichen.

36. Für die durch die Beziehung (34) gegebenen Maße μ_n ist die Folge $\mu_n(E)$ beschränkt.

Hinweis. Man setze in (33) $x = 0$.

Wir setzen die Maße μ_n auf das gesamte Kompaktum K fort, indem wir $\mu_n(B) = 0$ definieren. Dann läßt sich die Beziehung (33) in der Form

$$(35)\quad f(x)=\lim_{n\to\infty}\left[\sum_{y\in E} k(x,y)\mu_n(y)+\int_B k(x,y)\mu_n(dy)\right]=\lim_{n\to\infty}\int_K k(x,y)\mu_n(dy)$$

schreiben, worin $k(x,y)=k_y(x)$, $x\in E$, $y\in K$, gesetzt wurde.

Auf Grund der Konstruktion des Kompaktums K ist die Funktion $k(x,y)$ stetig bzgl. y bei beliebigem x. Nach dem Satz von HELLY* existieren zu jeder auf einem Kompaktum K definierten Folge von Maßen $\{\mu_n\}$ mit der Eigenschaft, daß die Werte $\mu_n(K)$ beschränkt sind, eine Teilfolge $\{\mu_{n_k}\}$ und ein Maß μ auf K derart, daß für eine beliebige stetige Funktion $F(y)$, $y\in K$

$$\lim_{k\to\infty}\int_K F(y)\mu_{n_k}(dy)=\int_K F(y)\mu(dy)$$

gilt. Wenden wir dies auf die Beziehung (35) an, so erhalten wir

$$(36)\qquad f(x)=\int_K k(x,y)\mu(dy),$$

wobei μ ein endliches Maß auf K ist, welches von der exzessiven Funktion f abhängt.

37. Jede Funktion f, welche eine Integraldarstellung gemäß (36) mit $\mu(K)<\infty$ besitzt, ist exzessiv.

Hinweis. Im Fall nichtnegativer Funktionen darf man Summation und Integration vertauschen.

Mit V bezeichnen wir die Menge aller exzessiven Funktionen, welche der Bedingung $f(0)=1$ genügen. Es ist leicht zu sehen, daß V konvex ist (s. die Aufgaben zu Kap. I).

38. Eine beliebige exzessive Funktion (mit Ausnahme der identisch verschwindenden) läßt sich in der Form $cf(x)$ schreiben mit $f\in V$ und $c>0$.

Hinweis. Zunächst hat man sich davon zu überzeugen, daß für eine exzessive Funktion f aus $f(0)=0$ $f\equiv 0$ folgt. Dies schließt man leicht daraus, daß alle Zustände von 0 aus erreichbar sind und

---

* HELLY bewies diesen Satz für den Fall, daß K ein Intervall ist. Diesen Beweis kann man in jedem Universitätslehrbuch über Wahrscheinlichkeitstheorie finden (s. z. B. [10], Kap. IV, § 11.2). Es ist leicht, einen allgemeinen Beweis zu erhalten, wenn man folgende zwei Tatsachen beachtet: 1. Jedes nichtnegative lineare Funktional l über dem Banachschen Raum C aller auf einem Kompaktum K stetigen Funktionen läßt sich als Integral bezüglich eines gewissen endlichen Maßes ν darstellen; hierbei ist $\|l\|=\nu(K)$ (s. z. B. P. R. HALMOS, Measure Theory, van Nostrand, New York, 1950, § 56); 2. Aus jeder Folge von linearen Funktionalen mit beschränkten Normen läßt sich eine schwach konvergente Teilfolge auswählen (s. z. B. L. A. LJUSTERNIK, W. I. SOBOLEW, Elemente der Funktionalanalysis, Akademie-Verlag, Berlin, 1955, Kap. III, § 24).

die Ungleichung $\mathbf{M}_x f(x(\tau)) \leq f(x)$ für eine beliebige Markoffsche Zeit τ gilt.

39. Die Extremalpunkte der Menge V sind in der Menge aller Funktionen $k_y(x)$, $y \in K$, enthalten.

Hinweis. Sei f ein Extremalpunkt der Menge V. Setzen wir in (36) $x=0$, so erhalten wir $\mu(K)=1$. Da die Menge K kompakt ist, existiert ein Punkt $z \in K$ derart, daß für jede Umgebung U des Punktes z $\mu(U)>0$ gilt. Falls $\mu(U)<1$ ist, so folgt aus der Darstellbarkeit von f in der Form

$$f(x) = \mu(U) \frac{\int_U k(x,y)\,\mu(dy)}{\mu(U)} + \mu(K-U) \frac{\int_{K-U} k(x,y)\,\mu(dy)}{\mu(K-U)},$$

daß

$$f(x) = \frac{1}{\mu(U)} \int_U k(x,y)\,\mu(dy)$$

gilt (s. Aufgabe **37**). Es ist klar, daß dies auch auf den Fall $\mu(U)=1$ zutrifft. Lassen wir U sich auf den Punkt z zusammenziehen, so gelangen wir zu $f(x)=k_z(x)$.

40. Für jedes $y \in E$ ist die Funktion $k_y(x)$ ein Extremalpunkt der Menge V.

Hinweis. Für $y \in E$ ist

$$k_y(x) = G\varphi(x),$$

wobei $\varphi(x)$ lediglich im Punkt y von 0 verschieden ist. Falls

$$k_y(x) = \alpha f_1(x) + \beta f_2(x)$$

ist mit $f_1, f_2 \in V$, $\alpha>0$, $\beta>0$, $\alpha+\beta=1$, dann sind auch die Funktionen f_1, f_2 Potentiale gewisser Funktionen $\varphi_1 \geq 0$ bzw. $\varphi_2 \geq 0$ (s. Aufgabe **31**). Man prüft leicht nach, daß $\alpha\varphi_1 + \beta\varphi_2 = \varphi$ gilt, woraus sich ergibt, daß φ_1 und φ_2 proportional zu φ sind; demnach ist $f_1 = f_2 = k_y$.

Man sieht leicht, daß die Teilmenge H aller Funktionen aus V, welche harmonisch sind, ebenfalls konvex ist.

41. Die Extremalpunkte der Menge H sind in der Menge aller Funktionen $k_y(x)$, $y \in B$, enthalten.

Hinweis. Aus der Darstellbarkeit einer exzessiven Funktion in der Form $G\varphi + h$ schließt man, daß ein Extremalpunkt der Menge H zugleich Extremalpunkt der Menge V ist.

Mit B_e bezeichnen wir die Menge aller Punkte des Randes B, welche extremalen Funktionen aus H entsprechen. Auf Grund des Satzes von CHOQUET* gilt: Ist H eine kompakte konvexe Menge in einem Folgenraum und B_e die Menge der Extremalpunkte von H, so läßt sich jedes Element $h \in H$ als Integral extremaler Funktionen bzgl. eines endlichen Maßes ν auf B_e darstellen.

Somit läßt sich eine beliebige harmonische positive Funktion h in der Form

$$h(x) = \int_{B_e} k(x,y)\,\nu(dy) \tag{37}$$

darstellen.

Schreibt man das Potential $G\varphi$, $\varphi \geq 0$, in der Form

$$G\varphi(x) = \sum_{y \in E} g(x,y)\,\varphi(y) = \sum_{y \in E} k(x,y)\,\nu(y),$$

wobei $\nu(y) = g(0,y)\,\varphi(y)$ gesetzt wurde, so erhalten wir für eine beliebige exzessive Funktion $f = G\varphi + h$ die Darstellung

$$f(x) = \sum_{y \in E} k(x,y)\,\nu(y) + \int_{B_e} k(x,y)\,\nu(dy) = \int_{E \cup B_e} k(x,y)\,\nu(dy).$$

Aus einem weiteren Satz von CHOQUET folgt, daß die für $f(x)$ gewonnene Darstellung eindeutig ist.

Im Grunde genommen hatten wir es mit dem Martinschen Rand schon in den Aufgaben zu Kap. I zu tun, worin die Menge B_e für die asymmetrische Irrfahrt in der Ebene bestimmt wurde (s. die Aufgaben **42**–**47**). Ein weiteres lehrreiches Beispiel für die Bestimmung des Martinschen Randes ist in dem folgenden Aufgabenzyklus enthalten.

Die Irrfahrt auf der freien Gruppe mit endlich vielen Erzeugenden**

Die freie Gruppe G mit den Erzeugenden $a_1, a_2, \ldots, a_m$ wird auf folgende Weise konstruiert. Man betrachtet Worte $a_{i_1} a_{i_2} \ldots a_{i_n}$ beliebiger Länge n, wobei die Indizes die Werte $\pm 1, \pm 2, \ldots, \pm m$ annehmen. Schreibt man ein Wort an ein anderes, so erhält man

---

* s. z. B. CHOQUET, G., et MEYER, P. A.: Existence et unicité des representations intégrales dans les convexes compacts quelconques. Ann. Inst. Fourier, Grenoble **13**, 139—154 (1963), wo dieser Satz für einen beliebigen lokalkonvexen, linearen topologischen Raum bewiesen wird.

** s. DYNKIN, E. B., and MALJUTOFF, M. B.: Random walks on groups with a finite number of generators. Transl. of Dokl. Acad. Sci. of USSR. **2**, 399—402 (1961), (Original **137**, 1042—1045).

das Produkt dieser Worte. Das inverse Element wird durch den Ausdruck $(a_{i_1} a_{i_2} \dots a_{i_n})^{-1} = a_{-i_n} \dots a_{-i_2} a_{-i_1}$ definiert. Als Einselement tritt das „Wort" e auf, welches keine Buchstaben enthält. Zwei Worte liefern das gleiche Gruppenelement genau dann, wenn man das eine aus dem anderen durch Einfügung oder Streichen einer beliebigen Zahl von Produkten der Form $a_j a_{-j}$ erhalten kann. Zu jedem Element existiert eine eindeutig bestimmte Darstellung minimaler Länge.

Seien $p_1, \dots, p_m, p_{-1}, \dots, p_{-m}$ positive Zahlen mit der Summe 1. Wir nehmen an, daß in der Zeit 1 das Wort g mit der Wahrscheinlichkeit p_i in das Wort $g a_i$ übergehe (falls $g = a_{i_1} \dots a_{i_n}$ ist, so werde $g a_i = a_{i_1} \dots a_{i_{n-1}}$ im Fall $i = -i_n$ gesetzt). Die auf diese Weise definierte Markoffsche Kette werden wir als Irrfahrt auf der Gruppe G bezeichnen.

42. Die Wahrscheinlichkeit $r(x)$ dafür, von x ausgehend irgendwann wieder in diesen Zustand zu gelangen, ist für alle $x \in G$ die gleiche.

43. Wenn für mindestens ein i $p_i \neq p_{-i}$ gilt, so folgt $r(x) < 1$.

Hinweis. Falls $p_i > p_{-i}$ gilt, so tritt von einem gewissen Zeitpunkt an der Buchstabe a_i mit Wahrscheinlichkeit 1 öfter auf als der Buchstabe a_{-i} (dies folgt daraus, daß die asymmetrische Irrfahrt auf der Geraden transient ist – s. Kap. IV, § 4).

44. Wenn alle p_i untereinander gleich sind und die Zahl m der Erzeugenden größer oder gleich 2 ist, so folgt $r(x) < 1$.

Hinweis. Die Darstellung minimaler Länge des Wortes $x \neq e$ wird mit der Wahrscheinlichkeit $\frac{2m-1}{2m}$ bzw. $\frac{1}{2m}$ um einen Buchstaben verlängert bzw. verkürzt; dieses Problem führt somit auf die asymmetrische Irrfahrt auf der Halbgeraden (s. Kap. IV, § 4).

Genauere Überlegungen zeigen, daß $r(x) = 1$ lediglich im Fall $m = 1$, $p_1 = p_{-1} = \frac{1}{2}$ gilt. Im folgenden setzen wir voraus, daß $r(x) < 1$ ist, und benutzen lediglich die minimale Darstellung der Gruppenelemente.

45. Man drücke den Martinschen Kern $k(x, y) = k_y(x)$ aus mit Hilfe der Wahrscheinlichkeiten u_i, von e aus irgendwann nach a_i zu gelangen, $i = \pm 1, \pm 2, \dots, \pm m$.

Lösung. Es sei $x = a_{i_1} \dots a_{i_n}$, $y = a_{j_1} \dots a_{j_s}$; stimmen in diesen beiden Worten die entsprechenden Buchstaben vom ersten bis zum

k-ten überein und gilt $i_{k+1} \pm j_{k+1}$, so hat man

$$k(x,y) = \frac{u_{-i_{k+1}} \dots u_{-i_n}}{u_{j_1} \dots u_{j_k}}. \tag{38}$$

46. Die Folge $k_{y_1}(x), k_{y_2}(x), \dots, k_{y_n}(x), \dots$ konvergiert für jedes $x \in G$ genau dann, wenn die Anzahl der Buchstaben, welche den Anfängen der Worte $y_n, y_{n+1}, \dots$ gemeinsam angehören, mit $n \to \infty$ gegen Unendlich strebt.

Hinweis. Man überzeuge sich zunächst davon, daß $u_i u_{-i} < 1$ für $i = 1, \dots, m$ gilt

Auf Grund von Aufgabe **46** kann man die Punkte des Martinschen Randes in natürlicher Weise identifizieren mit unendlichen Worten der Form $y = a_{i_1} a_{i_2} \dots a_{i_n} \dots, i_k + i_{k+1} \neq 0, k = 1, 2, \dots$. Der Martinsche Rand B besteht aus allen derartigen Worten. Nach Aufgabe **35** ist die Funktion $k_y(x)$ harmonisch für $y \in B$.

47. Die Funktionen $k_y(x)$ sind für $y \in B$ die Extremalpunkte der Menge H (s. Aufgabe **41**).

Hinweis. Sei $y = a_{j_1} a_{j_2} \dots a_{j_s} \dots$ und

$$k_y(x) = \alpha f_1(x) + \beta f_2(x), \qquad x \in G,$$

mit $f_1, f_2 \in H$, $\alpha > 0$, $\beta > 0$, $\alpha + \beta = 1$. Wir setzen $y_s = a_{j_1} a_{j_2} \dots a_{j_s}$, $s = 1, 2, \dots$. Aus den Ungleichungen $f_i(x) \geq \mathbf{M}_x f_i(x(\tau))$ (s. § 3) folgt, daß

$$f_i(x) \geq f_i(y_s) \pi_{y_s}(x), \qquad i = 1, 2, \tag{39}$$

gilt, worin $\pi_z(x)$ die Wahrscheinlichkeit dafür bezeichne, von x aus irgendwann nach z zu gelangen, $x, z \in G$. Falls das Wort x n Buchstaben enthält und $n \leq s$ ist, so hat man dank (38)

$$k_y(x) = \pi_{y_s}(x) k_y(y_s). \tag{40}$$

Deshalb gilt für $n \leq s$

$$\begin{aligned} k_y(x) = \alpha f_1(x) + \beta f_2(x) &\geq \pi_{y_s}(x) [\alpha f_1(y_s) + \beta f_2(y_s)] \\ &= \pi_{y_s}(x) k_y(y_s) = k_y(x). \end{aligned}$$

Das bedeutet, daß in (39) für $n \leq s$ in der Tat das Gleichheitszeichen auftritt. Zusammen mit (40) liefert dies die Proportion

$$\frac{f_i(x)}{k_y(x)} = \frac{f_i(y_s)}{k_y(y_s)}, \qquad n \leq s,$$

woraus man leicht folgert, daß $f_1(x) = f_2(x) = k_y(x)$ gilt. Somit hat man im betrachteten Fall $B_e = B$.

48. Man erhält alle positiven harmonischen Funktionen mit Hilfe der Formeln

$$f(e)=v,$$

$$f(a_{i_1}\dots a_{i_n})=\frac{v(i_1,\dots,i_n)}{u_{i_1}\dots u_{i_n}} + \sum_{k=0}^{n-1}\frac{u_{-i_{k+1}}\dots u_{-i_n}}{u_{i_1}\dots u_{i_k}}\left[v(i_1,\dots,i_k)-v(i_1,\dots,i_k,i_{k+1})\right],$$

worin v und $v(i_1,\dots,i_n)$ beliebige nichtnegative Zahlen bezeichnen, welche den Bedingungen

$$v(i_1,\dots,i_n)=\sum_{i_{n+1}=1}^{m} v(i_1,\dots,i_n,i_{n+1})+\sum_{i_{n+1}=-1}^{-m} v(i_1,\dots,i_n,i_{n+1}), \quad n=0,1,2,\dots,$$

genügen (im Fall $n=0$ stehe $v(i_1,\dots,i_n)$ für die Zahl v).

Hinweis. Man benutze die Beziehungen (37) und (38).

KAPITEL IV

Randbedingungen

§ 1. Einführung

Die wahrscheinlichkeitstheoretische Behandlung von Aufgaben der Analysis erwies sich als überaus fruchtbar beim Studium eines der zentralen Probleme in der Theorie der Differentialgleichungen, nämlich der Untersuchung von Randwertaufgaben für Differentialgleichungen. Vom wahrscheinlichkeitstheoretischen Standpunkt aus handelt es sich dabei um das Verhalten der Trajektorien von Diffusionsprozessen auf dem Rand eines Gebietes. Um dies näher zu erläutern, betrachten wir einen Wienerschen Prozeß in einem ebenen Gebiet G, welches von einer gewissen Kurve berandet werden möge (Abb. 33). Solange sich das Teilchen innerhalb des Gebietes G be-

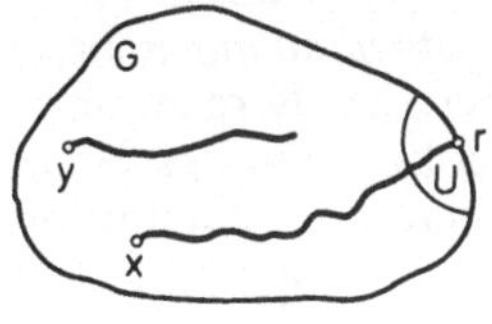

Abb. 33

findet, wird dessen Verhalten durch den charakteristischen Operator $\frac{1}{2}\Delta$ bestimmt, wobei Δ den Laplaceschen Operator bezeichnet (s. § 9, Kap. II). Es erhebt sich die Frage, was geschehen kann, wenn das Teilchen beim Austritt aus dem Gebiet auf dessen Rand gelangt.

Man kann sich vorstellen, daß das Teilchen nach Erreichen des Randes in einen festen, innerhalb des Gebietes liegenden Punkt y *zurückspringt*. Der weitere Ablauf des Prozesses ist vollkommen bestimmt, da dessen Bewegungsgesetz innerhalb von G bekannt ist. Eine naheliegende Verallgemeinerung dieses Falles stellt das Zurückspringen des Teilchens in das Gebiet G entsprechend einer gewissen Wahrscheinlichkeitsverteilung π dar (wobei π im allgemeinen vom Randpunkt r abhängt). Weitere Möglichkeiten, die uns von Kap. III her bekannt sind, liefern die *Absorption* (das Teilchen verbleibt für immer in jenem Randpunkt, in den es zuerst gelangte) sowie die *Extinktion* im Augenblick des erstmaligen Erreichens des Randes. Einen der grundlegenden Randeffekte stellt die *Reflexion* dar. Am einfachsten läßt sich diese für einen Prozeß definieren, der in einer Halbebene abläuft. Ist z. B. G die Halbebene $x_1 > 0$, so betrachte man zunächst die Trajektorie $x(t)$ in der gesamten Ebene und spiegele anschließend denjenigen Teil der Trajektorie, der in die linke Halbebene $x_1 < 0$ fällt, symmetrisch an der x_2-Achse (Abb. 34).

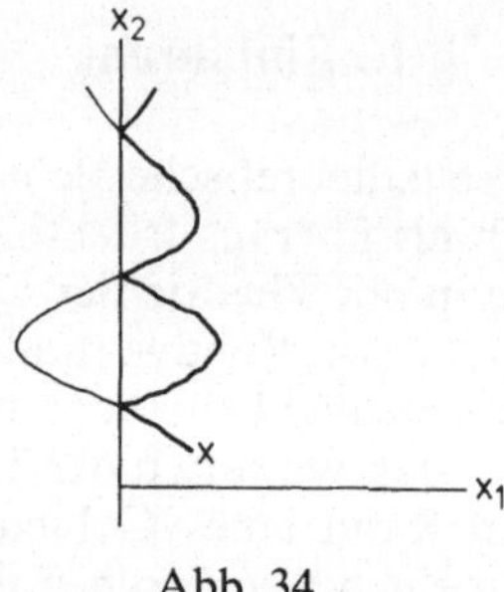

Abb. 34

Während der Prozeß, solange er sich innerhalb des Gebietes G befindet, durch den Operator $\frac{1}{2}\Delta$ bestimmt wird, werden die verschiedenen Fortsetzungen des Prozesses nach seinem Eintritt in den Rand mit Hilfe von *Randbedingungen* beschrieben. Derartige Bedingungen treten auf bei der Berechnung des charakteristischen Operators $\mathfrak{A}$ in den Randpunkten des Gebietes.

Wir erinnern daran, daß nach Definition

(1) $$\mathfrak{A} f(x) = \lim_{U \downarrow x} \frac{\mathbf{M}_x f(x(\tau)) - f(x)}{\mathbf{M}_x(\tau)}$$

gilt, worin τ den Augenblick des ersten Austritts aus der Umgebung U des Punktes x bezeichne.

Falls in einem Randpunkt r eine Absorption stattfindet, so nimmt der Nenner des rechten Ausdrucks in (1) für $x = r$ den Wert ∞ an, und wir erhalten als Randbedingung

(2) $$\mathfrak{A} f(r) = 0.$$

Um die Randbedingung für das Zurückspringen in den Punkt y zu erhalten, nehmen wir zunächst an, daß sich das Teilchen, ehe es in den Punkt y springt, während eines Zeitintervalls der zufälligen Länge ξ, die gemäß $\mathbf{P}_r\{\xi > t\} = e^{-at}$ verteilt sein möge*, im

* Der Prozeß kann nur für eine solche Verteilung die Markoffsche Eigenschaft besitzen, s. § 2 (Petit).

Randpunkt r aufhält. Dann stimmen für eine Umgebung U des Punktes r, welche den Punkt y nicht enthält, die Zeitpunkte τ und ξ überein, so daß

$$\mathbf{M}_r \tau = \mathbf{M}_r \xi = \frac{1}{a}$$

gilt. Hierbei ist $f(x(\tau)) = f(y)$, und es ergibt sich somit aus (1)

$$\frac{1}{a} \mathfrak{A} f(r) = f(y) - f(r).$$

Lassen wir a gegen Unendlich streben, so konvergiert ξ gegen 0, und wir erhalten den sofortigen Sprung des Teilchens von r nach y. Die vorige Beziehung geht somit über in die Randbedingung

$$f(r) - f(y) = 0.$$

Geschieht das Zurückspringen vom Punkt r aus in einen zufälligen Punkt y mit der Verteilung $\pi(\Gamma)$, so erhält man durch analoge Überlegungen die allgemeinere Randbedingung

(3) $$f(r) - \int_G f(y) \pi(dy) = 0,$$

oder, was dasselbe ist,

(4) $$\int_G [f(r) - f(y)] \pi(dy) = 0.$$

Den Prozeß mit Extinktion auf dem Rand kann man als Entartungsfall eines Prozesses mit Rücksprung ansehen, wobei das Maß π identisch 0 ist. Aus (3) erhalten wir in diesem Fall die Randbedingung

(5) $$f(r) = 0.$$

Schließlich entspricht der Reflexion am Rand $x_1 = 0$ des Gebietes G (Abb. 34) die Randbedingung

(6) $$\frac{\partial f}{\partial x_1}(r) = 0.$$

Zur Erklärung dieser Bedingung bemerken wir, daß man eine Reflexion aus einem Rücksprung durch Grenzübergang erhalten kann, indem man zunächst annimmt, daß das Teilchen vom Randpunkt r aus um das Stück h in Richtung der x_1-Achse springt; anschließend läßt man h gegen 0 streben. Für einen Sprung um das Stück h nach rechts nimmt die Randbedingung (3) die Form

$$f(h, x_2) - f(0, x_2) = 0$$

an, wobei x_2 die Ordinate des Randpunktes r sei. Dividiert man diese Gleichung durch h und läßt h gegen 0 gehen, so gelangt man zur Randbedingung (6).

Neben den erwähnten Randbedingungen, die von sehr einfacher Natur sind, lassen sich kompliziertere Bedingungen einführen. An dem Problem, die allgemeinsten Randbedingungen anzugeben, wird gegenwärtig sehr intensiv gearbeitet; es wurde jedoch bis jetzt lediglich im eindimensionalen Fall vollständig gelöst. Sei $x(t)$ ein Wienerscher Prozeß auf der Halbgeraden $(-\infty,0]$. Die allgemeinste Randbedingung für $x(t)$ im Punkt 0 hat die Gestalt

$$(7) \qquad \beta\mathfrak{A} f(0)+\alpha f'(0)+\gamma f(0)+\int_{-\infty}^{0}[f(0)-f(y)]\pi(dy)=0.$$

Hierin sind α, β, γ nichtnegative Konstanten; π bezeichne ein Maß auf der Halbgeraden $(-\infty,0)$, für welches

$$\pi((-\infty,-1))-\int_{-1}^{0} y\pi(dy)<\infty$$

gilt. Die Zahlen α,β,γ und $\delta=\pi((-\infty,0))$ dürfen dabei nicht gleichzeitig verschwinden. Im Fall $\alpha=\gamma=\delta=0$, $\beta\neq 0$ geht (7) in die Beziehung (2) über, und wir haben Absorption. Für $\alpha\neq 0, \beta=\gamma=\delta=0$, erhalten wir eine Bedingung, die analog zu (6) ist, d. h. Reflexion. Der Fall $\gamma\neq 0$, $\alpha=\beta=\delta=0$ führt zu einer Bedingung der Gestalt (5) und entspricht Extinktion. Gilt $\alpha=\beta=\gamma=0$ und $0<\delta<\infty$, so gelangen wir nach Division der Beziehung (7) durch δ zu einer Bedingung der Gestalt (4), d.h., wir erhalten den Fall des Rücksprungs mit der Verteilung $\frac{\pi}{\delta}$. Der allgemeine Fall besteht in einer Kombination aller dieser Effekte. (Die anschauliche Interpretation einer Randbedingung mit unendlichem Maß wird in § 8 gegeben.)

Der Übergang von einem Wienerschen Prozeß zu einem Diffusionsprozeß, der dem Differentialoperator

$$L=a(x)\frac{\partial^2}{\partial x^2}+b(x)\frac{\partial}{\partial x}$$

(vgl. § 9, Kap. II) entspricht, führt zu neuen interessanten Phänomenen: Je nach dem Verhalten der Koeffizienten $a(x)$ und $b(x)$ sind unter Umständen einige der Randbedingungen (7) unmöglich. Wahrscheinlichkeitstheoretisch gesehen hängt dies damit zusammen, daß sich der Punkt 0 für die Trajektorie als unerreichbar erweisen kann und der Prozeß dann durch den Operator $\mathfrak{A}$ eindeutig ohne irgendwelche Randbedingungen bestimmt wird. Aber auch im

Fall, daß der Rand erreichbar ist, braucht eine Reflexion nicht immer möglich zu sein.

In diesem Kapitel werden wir Randbedingungen nicht für Diffusionsprozesse, sondern für ihre diskreten Analoga, die Geburts- und Todesprozesse, studieren. Die Trajektorien der zuletzt genannten Prozesse, welche die grundlegenden bei Diffusionsprozessen auftretenden Phänomene richtig wiedergeben, lassen sich nämlich mit elementareren Hilfsmitteln untersuchen (an die Stelle von Differentialoperatoren treten Differenzenoperatoren*).

§ 2. Der Geburts- und Todesprozeß

Als diskretes Modell des Wienerschen Prozesses dient die symmetrische Irrfahrt auf dem ganzzahligen Gitter, welche uns vom ersten Kapitel her wohlbekannt ist. Um ein diskretes Analogon $x(t)$ zu einem beliebigen eindimensionalen Diffusionsprozeß zu erhalten, muß man auf die Symmetrie der Irrfahrt verzichten und statt dessen annehmen, daß die Wahrscheinlichkeiten für die Sprünge von einem Punkt n aus in die benachbarten Zustände $n-1$ und $n+1$ nicht jeweils gleich $\frac{1}{2}$, sondern gleich q_n bzw. p_n sind, wobei die Zahlen q_n und p_n den Bedingungen

$$p_n \geq 0, \quad q_n \geq 0, \quad p_n + q_n = 1 \tag{8}$$

genügen und sonst beliebig sind (Abb. 35). Jedoch ist auch dieses Modell, in welchem der zeitliche Abstand zwischen zwei aufein-

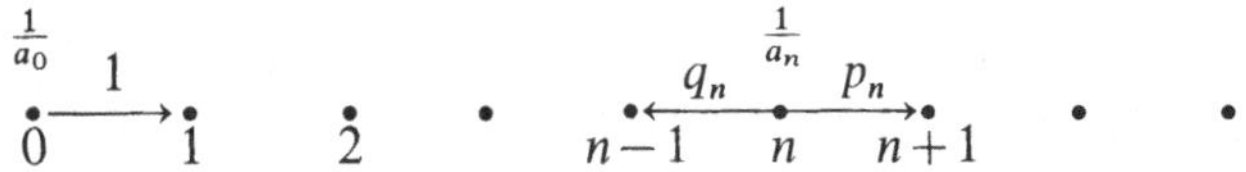

Abb. 35

anderfolgenden Sprüngen des Teilchens jeweils den festen Wert 1 hat, noch zu grob, um eine Reihe von wichtigen Phänomenen, die man in der Diffusionstheorie antrifft, wiederzugeben. Daher werden wir annehmen, daß sich der Zeitparameter t wie im Fall des Wiener-

* Diese Frage wurde von einem anderen Gesichtspunkt aus in der Arbeit von Wang Tzu-Kwen, Klassifikation aller Geburts- und Todesprozesse (Russisch), Naučnye doklady vysšeĭ školy, fis.-mat. nauki (1958), Nr. 4, 19—25 behandelt. In der nichtpublizierten Dissertation von Wang Tzu-Kwen (1958) wird die Konstruktion dieser Prozesse mit Hilfe eines Grenzübergangs aus dem Fall des Rücksprungs mit gegebener Verteilung entwickelt.

schen Prozesses kontinuierlich ändert und nicht lediglich ganzzahlige Werte annimmt.

Es läßt sich folgendes zeigen: *Ist die Zeit* ξ_n, *die vom Eintritt in den Zustand n bis zum Verlassen desselben vergeht, gemäß*

$$\mathbf{P}\{\xi_n \geq t\} = e^{-a_n t}, \qquad t \geq 0, \tag{9}$$

mit

$$0 < a_n < \infty \tag{10}$$

verteilt (unabhängig vom vorangegangenen Verhalten des Teilchens), *so besitzt die zufällige Trajektorie* $x(t)$ *die Markoffsche Eigenschaft*. Das bedeutet, daß unter der Bedingung $x(s)=n$ der Prozeß $y(t) \equiv x(s+t)$ nicht vom Verhalten des Prozesses $x(t)$ bis zum Zeitpunkt s abhängt und die gleiche Wahrscheinlichkeitsverteilung wie der Prozeß $x(t)$ besitzt, der zum Zeitpunkt 0 im Zustand n startet.

Der Leser wird sich fragen, ob es nicht möglich ist, eine andere Verteilung für die Zeit ξ_n anzunehmen, die bis zum Austritt aus dem Zustand n unter der Bedingung $x(0)=n$ vergeht. Wir zeigen, daß ξ_n notwendig eine Exponentialverteilung besitzt, falls der Prozeß $x(t)$ Markoffsch ist.

In der Tat, sei $p(t)$, $t>0$, die Wahrscheinlichkeit des Ereignisses $\{x(u) \equiv n,\ 0 \leq u \leq t\}$ unter der Bedingung $x(0)=n$. Für beliebige $s, t > 0$ ist das Ereignis $\{x(u) \equiv n,\ 0 \leq u \leq s+t\}$ gleich dem Durchschnitt der Ereignisse $\{x(u) \equiv n,\ 0 \leq u \leq s\}$ und $\{y(u) \equiv n,\ 0 \leq u \leq t\}$, wobei $y(u) = x(s+u)$ gesetzt wurde. Auf Grund der Markoffschen Eigenschaft ergibt sich somit

$$p(s+t) = p(s) \cdot p(t), \qquad s, t > 0. \tag{11}$$

Sämtliche Lösungen der Funktionalgleichung (11) haben die Gestalt

$$p(t) = e^{-a_n t},$$

worin a_n eine Konstante mit $0 \leq a_n \leq +\infty$ bezeichnet (s. Anhang § 3). Aus den Inklusionen

$$\{x(u) \equiv n,\ 0 \leq u \leq t\} \subset \{\xi_n \geq t\} \subset \{x(u) \equiv n,\ 0 \leq u \leq t-h\}, \qquad 0 < h < t,$$

folgt die Abschätzung

$$p(t) \leq \mathbf{P}_n\{\xi_n \geq t\} \leq p(t-h), \qquad 0 < h < t,$$

aus der man mit Hilfe des Grenzübergangs $h \downarrow 0$ $\mathbf{P}_n\{\xi_n \geq t\} = p(t)$ erhält. Somit besitzt ξ_n eine Exponentialverteilung (9) mit $0 \leq a_n \leq +\infty$.

Ist $a_n = +\infty$, so gilt mit Wahrscheinlichkeit 1 $\xi_n = 0$, und das Teilchen verläßt den Zustand n augenblicklich. Falls andererseits $a_n = 0$ ist, so ist $\xi_n = +\infty$ mit Wahrscheinlichkeit 1; das Teilchen wird dann den Zustand n niemals verlassen. Diese beiden Grenzfälle, die eintreten können, sind jedoch für uns uninteressant; wir werden sie deshalb aus unserer Betrachtung ausschließen.

Aus (9) ergibt sich, daß die mathematische Erwartung der Zeit ξ_n gleich $\dfrac{1}{a_n}$ ist.

Um es nicht mit den Kombinationen zweier Randbedingungen zu tun zu haben (in den Punkten $-\infty$ und $+\infty$), werden wir voraussetzen, daß die Irrfahrt lediglich auf den Zuständen $0, 1, 2, \ldots, n, \ldots$ abläuft derart, daß

$$q_0 = 0, \quad p_0 = 1 \tag{12}$$

gilt. Außerdem werden wir anstelle von (8) annehmen, daß

$$q_n > 0, \quad p_n > 0 \quad p_n + q_n = 1, \quad n > 0 \tag{13}$$

gilt, so daß man von einem beliebigen, von 0 verschiedenen Zustand aus sowohl nach links als auch nach rechts gelangen kann.

Endlich werden wir annehmen, daß sich das Teilchen im Augenblick des Sprungs von n nach $n \pm 1$ im Punkt $n \pm 1$ und nicht im Punkt n befindet. Das bedeutet, daß die Trajektorie $x(t)$ des Teilchens als rechtsseitig stetig bezüglich t vorausgesetzt wird. Es läßt sich beweisen, daß in einem solchen Fall unser Prozeß nicht nur die Markoffsche, sondern auch die starke Markoffsche Eigenschaft besitzt; letztere erhält man dadurch, daß man in der Definition der Markoffschen Eigenschaft den fixierten Augenblick s durch eine beliebige Markoffsche Zeit τ ersetzt (vgl. die entsprechenden Definitionen in § 3, Kap. II und in § 2, Kap. III).

Somit wird der uns interessierende Prozeß $x(t)$ durch eine Familie von Konstanten p_n, q_n und a_n, $n = 0, 1, 2, \ldots$ gegeben, die den Bedingungen (10), (12) und (13) genügen. Er sieht wie folgt aus. Zum Anfangszeitpunkt befindet sich das Teilchen in einem gewissen Zustand x_0. Zum Zeitpunkt τ_1, der eine Exponentialverteilung mit dem Parameter a_{x_0} besitzt, geht es in einen neuen Zustand x_1 über. Es gilt $x_1 = x_0 - 1$ mit Wahrscheinlichkeit q_{x_0} und $x_1 = x_0 + 1$ mit Wahrscheinlichkeit p_{x_0}. Das Teilchen verharrt im Zustand x_1 bis zum Zeitpunkt τ_2, zu dem es in den Zustand x_2 übergeht. Hierbei besitzt $\tau_2 - \tau_1$ eine Exponentialverteilung mit dem Parameter a_{x_1}, und es gilt $x_2 = x_1 - 1$ mit Wahrscheinlichkeit q_{x_1} und $x_2 = x_1 + 1$ mit Wahrscheinlichkeit p_{x_1}. Allgemein geht das Teilchen zum Zeitpunkt τ_n vom Zustand x_{n-1} in den Zustand x_n über. Dabei besitzt $\tau_n - \tau_{n-1}$ eine Exponentialverteilung mit dem Parameter $a_{x_{n-1}}$, und es gilt $x_n = x_{n-1} - 1$ mit Wahrscheinlichkeit $q_{x_{n-1}}$ und $x_n = x_{n-1} + 1$ mit Wahrscheinlichkeit $p_{x_{n-1}}$ usw. ad infinitum. Die auf diese Weise konstruierte Trajektorie $x(t)$ ist definiert auf dem zufälligen halboffenen Intervall $[0, T)$, wobei

$$T = \lim_{n \to \infty} \tau_n \tag{14}$$

der *Zeitpunkt der Häufung von Sprüngen* ist.

Der gerade beschriebene Prozeß $x(t)$ wird *Geburts- und Todesprozeß* genannt. Diese Bezeichnung hängt mit der Interpretation von $x(t)$ als Anzahl von Individuen zusammen. Der Sprung des Teilchens um 1 nach rechts entspricht der Geburt eines neuen Individuums, während der Sprung nach links um 1 besagt, daß eines der Individuen stirbt. Da vom Zustand n aus lediglich Sprünge in die benachbarten Zustände $n+1$ und $n-1$ möglich sind, ist in diesem Modell die Wahrscheinlichkeit dafür, daß gleichzeitig zwei oder mehr Individuen geboren werden (oder sterben), gleich 0. Hinsichtlich der Anwendungen auf die Biologie kann sich diese Einschränkung als unbequem erweisen, jedoch stellt gerade sie eine Analogie her zwischen dem Prozeß mit dem Zustandsraum $\{0,1,2,\ldots,n,\ldots\}$ und einem Diffusionsprozeß auf der Halbgeraden $[0,\infty)$ mit stetigen Trajektorien: Der Übergang von einem Punkt x in einen Punkt y ist nur so möglich, daß dabei auch alle zwischen x und y liegenden Zustände durchlaufen werden.

Indem wir von der biologischen Deutung des Geburts- und Todesprozesses absehen, können wir anstelle der ganzzahligen Punkte $0,1,2,\ldots,n,\ldots$ die Punkte einer beliebigen monotonen Folge $u_0 \leq u_1 \leq \cdots \leq u_n \leq \cdots$ nehmen. Der Geburts- und Todesprozeß stellt dann ein diskretes Analogon zu einem Diffusionsprozeß auf dem Intervall $[u_0, r)$ mit $r = \lim_{n\to\infty} u_n$ dar. Hierbei wird der Punkt r die Rolle des einzigen Randpunktes des Phasenraumes $\{u_0, u_1, \ldots, u_n, \ldots\}$ spielen.

Wir werden Fortsetzungen des Prozesses $x(t)$ nach dem Zeitpunkt T der Häufung von Sprüngen suchen (im Fall, daß $T<\infty$ ist). Es wird sich zeigen, daß dies zum Studium von Randbedingungen im Punkt r führt. Vorher ist zu klären, in welchen Fällen mit positiver Wahrscheinlichkeit $T<\infty$ gilt. In den ersten Abschnitten werden wir außerdem lernen, die Austrittswahrscheinlichkeit und die mittlere benötigte Zeit für den Austritt aus einem Intervall zu berechnen; dies wird sich auch als nützlich für die Untersuchung von Randbedingungen erweisen.

§ 3. Natürliche Skala und Austrittswahrscheinlichkeit

Auf Grund der Beschreibung des Geburts- und Todesprozesses in § 2 ist klar, daß die Folge der Zustände $x_0, x_1, \ldots, x_n, \ldots$, die nacheinander vom Teilchen besucht werden, eine Markoffsche Kette mit dem Zustandsraum $\{0,1,2,\ldots\}$ und den Übergangswahrscheinlichkeiten

$$\begin{aligned} p(n,n-1) &= q_n, \\ p(n,n+1) &= p_n, \\ p(n,m) &= 0, \qquad |m-n| \neq 1 \end{aligned}$$

bildet. Wenn wir die Struktur dieser Kette untersucht haben, werden wir eine ganze Reihe von Fragen beantworten können, die sich auf einen Geburts- und Todesprozeß $x(t)$ beziehen. So werden wir etwa die Wahrscheinlichkeit dafür bestimmen, in einen gewissen Zustand eher als in einen anderen zu gelangen, ferner die Wahrscheinlichkeit dafür, irgendwann in einen gegebenen Zustand zu gelangen, usw. Jedoch werden alle Fragen, die mit der Bewegungsgeschwindigkeit des Teilchens auf den Zuständen zusammenhängen, offen bleiben: Zu ihrer Beantwortung hat man auch die Werte der Konstanten a_n heranzuziehen.

Wir setzen voraus, daß $p_n = q_n = \frac{1}{2}$ für alle $n \geq 1$ gilt. Dann stellt die Kette x_n ein diskretes Analogon zum Wienerschen Prozeß auf der Halbgeraden $[0, \infty)$ mit Reflexion im Nullpunkt dar. (Um den Wienerschen Prozeß mit Reflexion im Nullpunkt zu erhalten, genügt es, den Prozeß $|x(t)|$ zu betrachten, wobei $x(t)$ den Wienerschen Prozeß auf der gesamten Geraden bezeichnet.) Überdies kann man die Kette x_n unmittelbar aus dem Wienerschen Prozeß mit Reflexion erhalten: Eine solche Kette bilden gerade die aufeinanderfolgenden, voneinander verschiedenen ganzzahligen Punkte, in welchen sich die Trajektorie des Wienerschen Prozesses befindet. In der Tat, die Trajektorie eines Wienerschen Prozesses gelangt von einem ganzzahligen Punkt $n \geq 1$ aus mit der Wahrscheinlichkeit $\frac{1}{2}$ in den ganzzahligen Punkt $n-1$ und mit der Wahrscheinlichkeit $\frac{1}{2}$ in den Punkt $n+1$ (vom Punkt 0 aus gelangt sie notwendig zum Punkt 1). Übrigens braucht man die Trajektorie eines Wienerschen Prozesses nicht unbedingt lediglich in den ganzzahligen Punkten zu verfolgen; man erhält eine Markoffsche Kette mit den gleichen Übergangswahrscheinlichkeiten, wenn man bei einem Wienerschen Prozeß den Eintritt des Teilchens in beliebige äquidistante Punkte $u_0 = 0 < u_1 < u_2 \cdots < u_n < \cdots$ beobachtet.

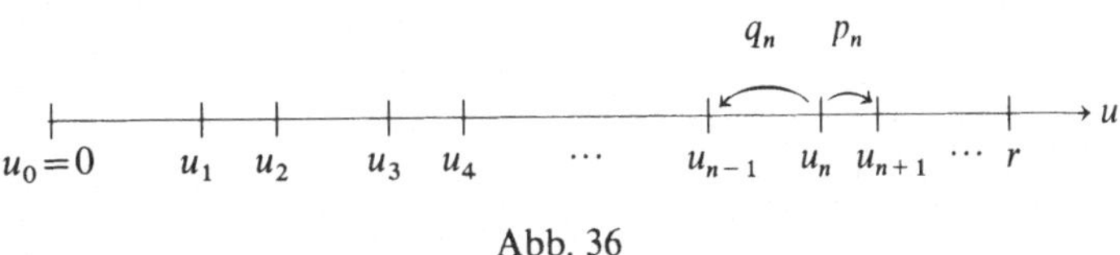

Abb. 36

Was wird geschehen, wenn die Abstände aufeinanderfolgender Punkte nicht notwendig untereinander gleich sind (Abb. 36)? Man erhält eine Markoffsche Kette mit dem aus den Punkten $u_0 = 0, u_1, \ldots, u_n, \ldots$ bestehenden Zustandsraum und den Wahrscheinlichkeiten q_n und p_n, von u_n aus in den linken bzw. rechten Nachbarpunkt zu gelangen, welche die Werte

$$q_n = \frac{u_{n+1} - u_n}{u_{n+1} - u_{n-1}},$$

(15)

$$p_n = \frac{u_n - u_{n-1}}{u_{n+1} - u_{n-1}}$$

haben (s. Formel (17) aus § 7, Kap. III). Falls man die Punkte u_n so wählt, daß die gemäß (15) berechneten Wahrscheinlichkeiten q_n und p_n mit den entsprechenden Wahrscheinlichkeiten q_n und p_n des gegebenen Geburts- und Todesprozesses übereinstimmen, so wird der Wienersche Prozeß mit Reflexion auf den Zuständen $\{u_0, u_1, \ldots, u_n, \ldots\}$ die gleiche Markoffsche Kette induzieren, die der Geburts- und Todesprozeß auf den Zuständen $\{0, 1, \ldots, n, \ldots\}$ erzeugt.

Setzt man der Eindeutigkeit wegen $u_1 = 1$, so lassen sich die u_n sukzessive mit Hilfe der Formel (15) bestimmen. Bezeichne

(16) $$\delta_n = u_{n+1} - u_n, \quad n \geq 0$$

den Abstand zwischen den zwei benachbarten Punkten u_n und u_{n+1}. Aus (15) folgt, daß

$$\delta_n = \frac{q_n}{p_n} \delta_{n-1}, \quad n \geq 1$$

gilt, woraus sich

(17) $$\delta_n = \frac{q_1 \cdots q_n}{p_1 \cdots p_n}, \quad n \geq 1$$

ergibt. Auf diese Weise erhält man

(18) $$u_0 = 0, u_1 = 1, \ldots, u_n = \delta_0 + \cdots + \delta_{n-1}$$
$$= 1 + \frac{q_1}{p_1} + \cdots + \frac{q_1 \cdots q_{n-1}}{p_1 \cdots p_{n-1}}, \quad n \geq 1.$$

Wir werden die Zahl u_n als *natürliche Koordinate* des Zustands n bezeichnen; entsprechend nennen wir die u-Achse mit den auf ihr markierten Punkten $u_0, u_1, \ldots, u_n, \ldots$ *natürliche Skala* des gegebenen Geburts- und Todesprozesses. Von nun an werden wir diesen Prozeß lediglich auf der natürlichen Skala betrachten und annehmen, daß das Teilchen $x(t)$ oder x_n sich nicht auf den ganzzahligen Punkten, sondern auf den Punkten u_n bewegt. Wir wollen den

Raum $\{u_0, u_1, \dots, u_n, \dots\}$ mit E bezeichnen. Es sei bemerkt, daß die Angabe der natürlichen Skala gleichwertig mit der Angabe der Konstanten q_n und p_n ist.

In der früheren ganzzahligen Zustandsskala hatten wir den Häufungspunkt $+\infty$. In der natürlichen Skala entspricht diesem Häufungspunkt die Zahl

$$r = \lim_{n \to \infty} u_n = 1 + \sum_{n=1}^{\infty} \frac{q_1 \cdots q_n}{p_1 \cdots p_n}, \tag{19}$$

welche wir als *Rand* des Zustandsraumes E bezeichnen werden. Der Rand r kann unendlich oder endlich sein.

Ist z.B. $p_n = p$, $q_n = q$ für alle $n \geq 1$, so stellt die Reihe in (19) eine geometrische Reihe dar; somit hat man $r = \dfrac{p}{p-q}$ für $p > q$ und $r = \infty$ für $p \leq q$. In der ursprünglichen Skala zeigte das Teilchen die Tendenz, sich im Fall $p < q$ nach links und im Fall $p > q$ nach rechts zu bewegen. In der natürlichen Skala schwankt das Teilchen in beiden Fällen im Mittel nach rechts und links gleich weit; dafür liegen im Fall $p > q$ $(p < q)$ die Zustände nach rechts (links) hin dichter zusammen.

Wir gehen jetzt über zur Bestimmung von Austrittswahrscheinlichkeiten für die Markoffsche Kette $x_0, x_1, \dots, x_n, \dots$. Natürlich kann man diese leicht erhalten, wenn man die Austrittswahrscheinlichkeiten bzgl. eines Intervalls für den Wienerschen Prozeß kennt. Wir werden jedoch die besagten Wahrscheinlichkeiten ohne Benutzung des Wienerschen Prozesses berechnen, da wir die hierbei gewonnene allgemeine Lösung der Differenzengleichung (20) im folgenden sowieso benötigen werden.

Unter einem Intervall I im Zustandsraum E wollen wir eine beliebige Menge von Zuständen verstehen, welche einer Ungleichung der Form $\alpha < u_k < \beta$ genügen, wobei α und β gegebene Zahlen sind. Unter dem erweiterten Intervall $\bar{I}$ wollen wir jenes Intervall verstehen, welches man dadurch erhält, daß man zu I jeweils die links und rechts am nächsten an I liegenden Zustände (sofern sie existieren) hinzunimmt. Ist z.B. $I = \{u_3, u_4\}$, so sei $\bar{I} = \{u_2, u_3, u_4, u_5\}$; ist $I = \{u_0, u_1\}$, so sei $\bar{I} = \{u_0, u_1, u_2\}$; fällt I mit dem gesamten Zustandsraum E zusammen, so gelte $\bar{I} = I$.

Sei $p(u)$ $(u \in \bar{I})$ die Wahrscheinlichkeit dafür, daß sich das im Zustand u startende Teilchen im Augenblick des ersten Austritts aus dem Intervall I in einem gewissen fixierten Zustand befindet. Auf Grund des Satzes von der vollständigen Wahrscheinlichkeit hat man

$$p(u_n) = q_n p(u_{n-1}) + p_n p(u_{n+1}), \qquad u_n \in I. \tag{20}$$

Wir untersuchen die Lösungen der Differenzengleichung (20). Ist $n \neq 0$, so hat man vermöge (15) und (16)

$$q_n = \frac{\delta_n}{\delta_{n-1}+\delta_n}, \quad p_n = \frac{\delta_{n-1}}{\delta_{n-1}+\delta_n}, \tag{21}$$

so daß die Differenzengleichung (20) die Gestalt

$$\frac{p(u_{n+1})-p(u_n)}{\delta_n} = \frac{p(u_n)-p(u_{n-1})}{\delta_{n-1}} \tag{22}$$

annimmt; für $n=0$ haben wir $q_n=0, p_n=1$ und folglich $p(u_1)=p(u_0)$ oder

$$\frac{p(u_1)-p(u_0)}{\delta_0} = 0. \tag{23}$$

Die Funktion $p(u)$ ist nur auf der diskreten Punktfolge $u_n \in \bar{I}$ definiert. Wir setzen diese Funktion auf jedes der Intervalle (u_n, u_{n+1}) mit $u_n, u_{n+1} \in \bar{I}$ linear fort (Abb. 37). Der Bruch $\dfrac{p(u_{n+1})-p(u_n)}{\delta_n}$ läßt sich dann leicht geometrisch deuten: Er ist gleich der Steigung des Graphen der Funktion $p(u)$ auf dem Intervall (u_n, u_{n+1}), d.h. gleich $p'(u)$ für $u \in (u_n, u_{n+1})$. Wir wollen die Abhängigkeit dieser

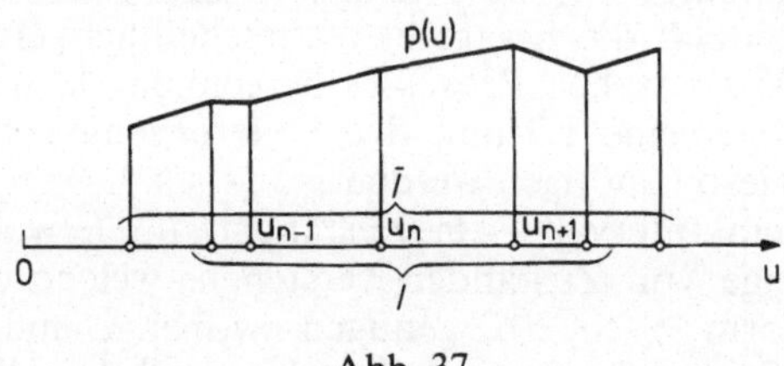

Abb. 37

Ableitung von der natürlichen u-Skala dadurch hervorheben, daß wir sie mit $D_u p$ bezeichnen. In den Punkten $u=u_n$ ist die Ableitung $D_u p$ nicht definiert.

Die Beziehung (22) besagt, daß benachbarte Strecken des vom Graphen der Funktion $p(u)$ gebildeten Polygons, die im Punkt u_n aneinandergrenzen, die gleiche Steigung besitzen. Aus der Beziehung (23) erkennt man, daß die erste Strecke dieses Polygons horizontal verläuft. Folglich gilt: *Ist* $u_0=0 \notin I$, *dann treten als Lösungen der Gleichung* (20) *alle Funktionen auf, welche linear auf* $\bar{I}$ *sind; ist jedoch* $0 \in I$, *so sind sämtliche Lösungen auf* $\bar{I}$ *konstant.*

Das Intervall I enthalte nicht den Nullpunkt und bestehe aus endlich vielen Zuständen. Dann muß sich das Teilchen im Augenblick τ des Austritts aus I in einem der beiden Zustände $a<b$ befinden, die unmittelbar an I grenzen und zusammen mit I das erweiterte Intervall $\bar{I}$ bilden (wir setzen voraus, daß der Anfangszustand u zu $\bar{I}$ gehört). Die Wahrscheinlichkeiten der Ereignisse $x(\tau)=a$ und $x(\tau)=b$ seien mit $q(u;a,b)$ bzw. $p(u;a,b)$ bezeichnet. Dem Bewiesenen zufolge sind diese beiden Funktionen auf dem Intervall $a \leq u \leq b$ linear. Außerdem sind ihre Werte in den Endpunkten des Intervalls bekannt: $q(a;a,b)=p(b;a,b)=1$, $q(b;a,b)=p(a;a,b)=0$. Somit ergibt sich

$$(24) \qquad q(u;a,b)=\frac{b-u}{b-a}, \quad p(u;a,b)=\frac{u-a}{b-a}, \quad a \leq u \leq b$$

(Abb. 38). Wir erhielten, wie zu erwarten war, die gleichen Formeln wie für den Wienerschen Prozeß auf der Geraden.

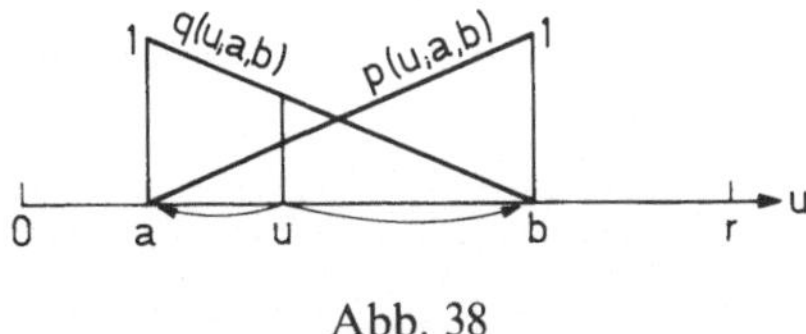

Abb. 38

Wenn das Intervall I den Zustand 0 enthält und von rechts durch den Zustand b begrenzt wird, so ist die Wahrscheinlichkeit $p(u;b)$ für den Austritt in den Punkt b auf dem Intervall $0 \leq u \leq b$ konstant. Da sie für $u=b$ den Wert 1 annimmt, haben wir

$$(25) \qquad p(u;b)=1$$

(Abb. 39). *Folglich gelangt das Teilchen mit Wahrscheinlichkeit* 1 *in beliebig weit entfernt liegende Zustände b.*

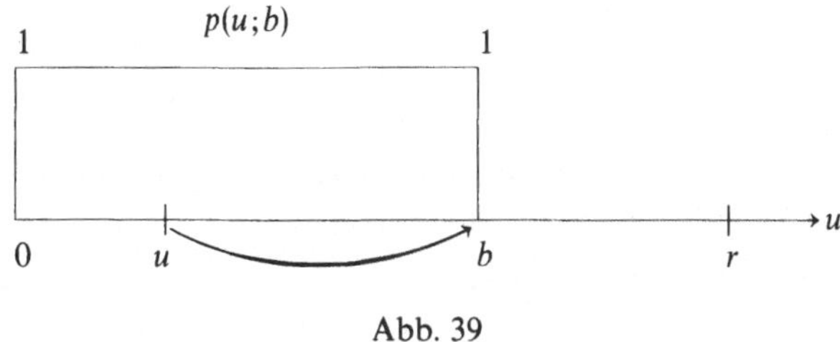

Abb. 39

Zum Schluß betrachten wir das Intervall I, welches aus allen rechts von einem gegebenen Zustand a liegenden Zuständen besteht, d.h. jenes Intervall, welches vom Zustand a und dem Randpunkt r des Zustandsraumes begrenzt wird. Für die Wahrscheinlichkeit $q(u;a,r)$ des Austritts aus dem Intervall I in den Zustand a haben wir in diesem Fall lediglich eine Randbedingung im Punkt a*. Daher werden wir $q(u;a,r)$ durch einen Grenzübergang bestimmen. Wir bemerken, daß die Ereignisse $A_b=\{$In der Folge $x_0=u, x_1, x_2, \ldots, x_n, \ldots$ tritt der Zustand a eher als b auf$\}$ mit wachsen-

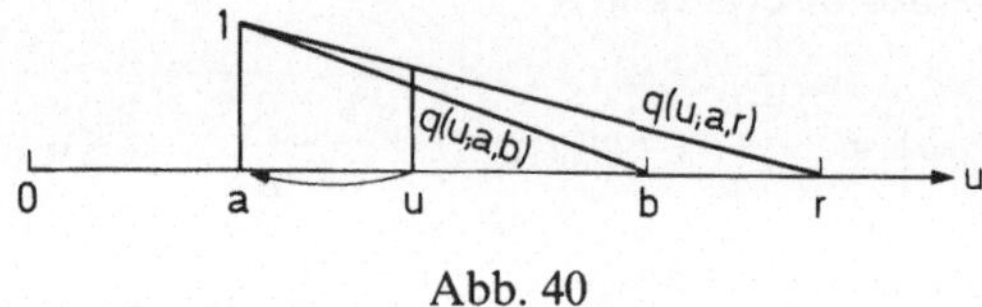

Abb. 40

dem b zunehmen und ihre Vereinigung das Ereignis $A=\{$In der Folge $x_0=u, x_1, x_2, \ldots, x_n, \ldots$ tritt der Zustand a auf$\}$ liefert. Folglich ist $q(u;a,r)=\mathbf{P}_u\{A\}=\lim\limits_{b\uparrow r}\mathbf{P}_u\{A_b\}=\lim\limits_{b\uparrow r}q(u;a,b)$, und wir erhalten mit Hilfe von (24)**

$$(26) \qquad q(u;a,r)=\begin{cases}\dfrac{r-u}{r-a}, & r<\infty,\\ 1, & r=\infty\end{cases}$$

(Abb. 40). Versteht man unter $p(u;a,r)$ die Wahrscheinlichkeit dafür, ausgehend von u in beliebig weit entfernt liegende Zustände

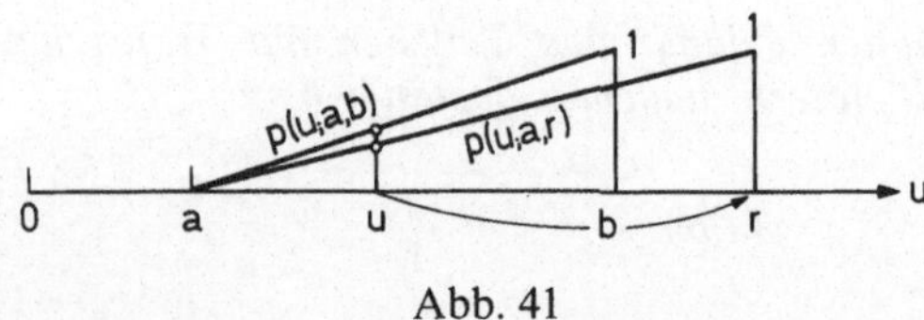

Abb. 41

* Ist $r=\infty$, so spielt die Forderung der Beschränktheit der Funktion q die Rolle der Randbedingung im Punkt r; im Fall $r<\infty$ reicht die Forderung der Beschränktheit nicht aus, um q eindeutig festzulegen.

** Wie früher bezeichnen $\mathbf{P}_u$ und $\mathbf{M}_u$ die Wahrscheinlichkeit bzw. die mathematische Erwartung im Fall, daß der Anfangszustand u ist.

unter Vermeidung des Zustandes a zu gelangen, so ergibt sich ganz analog $p(u;a,r)=\lim_{b\uparrow r} p(u;a,b)$ und folglich

$$p(u;a,r)=\begin{cases}\dfrac{u-a}{r-a}, & r<\infty,\\ 0, & r=\infty\end{cases} \tag{27}$$

(Abb. 41).

§ 4. Abstoßende und anziehende Ränder

Das Verhalten einer Markoffschen Kette

$$x_0, x_1, x_2, \ldots, x_n, \ldots \tag{28}$$

für $n\to\infty$ (und folglich das Verhalten der Trajektorien eines Geburts- und Todesprozesses) hängt wesentlich davon ab, ob die Zahl r endlich oder unendlich ist.

Sei zunächst $r=\infty$. Aus den Beziehungen (25) und (26) ergibt sich dann, daß das Teilchen mit Wahrscheinlichkeit 1 von einem beliebigen Zustand u aus irgendwann zu einem beliebigen anderen Zustand gelangt. Ist das Teilchen von u nach v gelangt, so gelangt es später mit Wahrscheinlichkeit 1 von v nach u. Folglich ist die Wahrscheinlichkeit, von u nach u zu gelangen, gleich 1 (man sagt, die Kette sei *rekurrent*). Es ist klar, daß ein beliebiger fixierter Zustand, z.B. $u_0=0$, im Fall, daß die Kette rekurrent ist, in der Folge (28) mit Wahrscheinlichkeit 1 unendlich oft auftritt (auf jeden Austritt aus 0 folgt eine Rückkehr nach 0). Da das Teilchen unendlich oft nach 0 zurückkehrt, kann die Folge (28) nicht gegen den Randpunkt r konvergieren; somit ist die Wahrscheinlichkeit dafür, daß x_n gegen r konvergiert, gleich 0. Wir wollen sagen, daß in diesem Fall der Rand r das Teilchen *abstoße*.

Im Fall $r<\infty$ folgt aus der Beziehung (26), daß die Wahrscheinlichkeit dafür, in einen gegebenen Zustand a von einem beliebigen, rechts von a liegenden Zustand aus zu gelangen, kleiner als 1 ist. Da man von a aus mit positiver Wahrscheinlichkeit nach rechts gelangen kann, bedeutet dies, daß die Wahrscheinlichkeit β für eine Rückkehr nach a von a aus kleiner als 1 ist (die Kette $\{x_n\}$ ist *transient*). Die Wahrscheinlichkeit dafür, von a aus m-mal nach a zurückzukehren, ist gleich β^m (die Wahrscheinlichkeiten multiplizieren sich, da die entsprechenden Ereignisse unabhängig sind). Folglich ist die Wahrscheinlichkeit dafür, unendlich oft nach a zurückzukehren, gleich $\lim_{m\to\infty}\beta^m=0$. Somit tritt der Zustand a in der

Folge (28) mit Wahrscheinlichkeit 1 endlich oft auf. Da die Menge der Zustände abzählbar ist, gilt dies mit Wahrscheinlichkeit 1 zugleich für alle Zustände a. Falls aber jeder Zustand in der Folge (28) endlich oft auftritt, so strebt diese Folge notwendig gegen den Grenzwert r. Folglich gilt

$$\mathbf{P}\left\{\lim_{n\to\infty} x_n = r\right\} = 1. \tag{29}$$

In diesem Fall werden wir sagen, daß der Rand das Teilchen *anziehe*.

Also gilt: *Im Fall* $r=\infty$ *ist der Prozeß rekurrent und besitzt einen abstoßenden Rand; im Fall* $r<\infty$ *hingegen ist der Prozeß transient und besitzt einen anziehenden Rand.*

Die weitere Klassifikation der Ränder hängt enger mit der Bewegungsgeschwindigkeit des Teilchens auf den Zuständen zusammen. Daher haben wir statt der Kette $x_n, n=0,1,2,\ldots,$ wieder den ursprünglichen Geburts- und Todesprozeß $x(t)$, $0\le t<T$, zu betrachten.

§ 5. Die Charakteristik, die mittlere Austrittszeit und das Geschwindigkeitsmaß

Wir erinnern daran, wie man die mittlere Zeit bis zum Austritt aus einem Intervall im Fall des Wienerschen Prozesses auf der Geraden findet. Den Ergebnissen in § 8, Kap. II, zufolge erhält man die mittlere Zahl $m(x;a,b)$, die vom Austritt aus x bis zum Eintritt in einen der Punkte a oder b vergeht ($a\le x\le b$), dadurch, daß man zu der stets festgehaltenen Funktion $-x^2$ eine solche lineare Funktion addiert, daß $m(x;a,b)$ in den Punkten $x=a$ und $x=b$ den Wert 0 annimmt. Geometrisch wird die genannte Zeit dargestellt durch das vertikale Segment maximaler Länge zwischen der Parabel $y=-x^2$ und der Sehne, welche die Parabelpunkte mit den Abszissen $x=a$ bzw. $x=b$ miteinander verbindet (Abb. 42). Man kann auch sagen, daß $m(x;a,b)$ diejenige Lösung der Poissonschen Differentialgleichung

$$\frac{d^2}{dx^2} m = -2$$

ist, welche in den Punkten a und b den Wert 0 annimmt (im eindimensionalen Fall ist $\Delta = \frac{d^2}{dx^2}$). Wir werden sehen, daß Entsprechendes für den Geburts- und Todesprozeß gilt; nur treten hier an die Stelle der Parabel $y=-x^2$ gewisse Funktionen, deren

Graphen Polygone sind, welche von den entsprechenden Prozessen eineindeutig abhängen.

Sei I irgendein Intervall von Zuständen eines Geburts- und Todesprozesses $x(t)$, und sei $m(u)$ die mathematische Erwartung der Zeit τ bis zum Austritt aus I unter der Bedingung, daß das Teil-

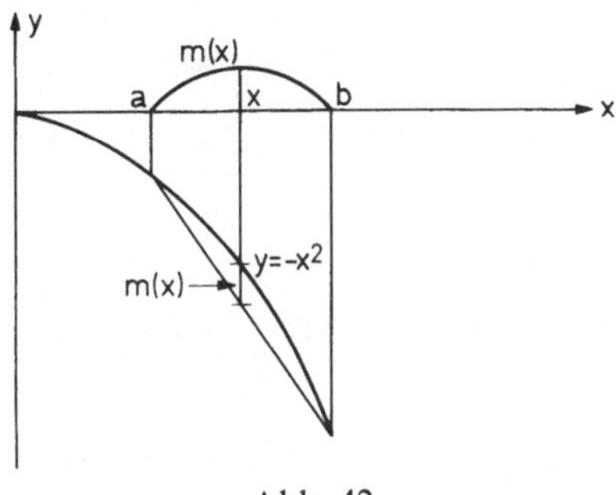

Abb. 42

chen im Zustand u startet. Hierbei setzen wir $\tau=0$ für $x(0)\notin I$ und $\tau=T$, falls $x(t)\in I$ für alle Zeiten $t<T$ gilt. Insbesondere stellt T den Zeitpunkt des ersten Austritts aus dem Zustandsraum $E=\{u_0,u_1,\ldots,u_n,\ldots\}$ dar.

Zunächst zeigen wir, daß *für ein Intervall I, welches nur endlich viele Zustände enthält, die mittlere Zeit $m(u)$ endlich ist*. In der Tat, man kann während der beliebigen festen Zeit $t>0$ mit positiver Wahrscheinlichkeit von einem beliebig vorgegebenen Zustand u aus zu einem beliebigen anderen Zustand a gelangen (das folgt aus der in § 2 gegebenen Definition des Geburts- und Todesprozesses). Wählen wir den Zustand a außerhalb von I, so erhalten wir, daß für ein beliebiges $u\in I$

$$\mathbf{P}_u\{\tau<t\}>0$$

gilt. Da die Anzahl der Zustände im Intervall I endlich ist, haben wir

$$\alpha=\min_{u\in I}\mathbf{P}_u\{\tau<t\}>0.$$

Die Ungleichung $m(u)<\infty$ ergibt sich jetzt aus dem folgenden allgemeinen Resultat.

Seien I eine beliebige Menge von Zuständen und τ der Augenblick des ersten Austritts aus I. Falls für irgendein $t<\infty$

$$\mathbf{P}_u\{\tau<t\}\geq\alpha>0$$

für alle Zustände $u\in I$ gilt, so ist $\mathbf{P}_u\{\tau<\infty\}=1$ und $\mathbf{M}_u\tau<\infty$ für $u\in I$.

Um dies zu beweisen, bezeichnen wir mit $p(u,v)$, $u,v\in I$, die Wahrscheinlichkeit dafür, daß während der Zeit t ein Übergang von u nach v derart erfolgt, daß das Teilchen während dieser Zeit in der Menge I verbleibt. Nach Definition ist

$$\sum_{v\in I} p(u,v) = \mathbf{P}_u\{\tau > t\} \leq 1-\alpha, \qquad u\in I.$$

Vermöge dieser Abschätzung erhalten wir

$$\mathbf{P}_u\{\tau > 2t\} = \sum_{v\in I} p(u,v)\mathbf{P}_v\{\tau > t\} \leq (1-\alpha)\sum_{v\in I} p(u,v) \leq (1-\alpha)^2,$$

woraus sich mit vollständiger Induktion allgemein

$$\mathbf{P}_u\{\tau > nt\} \leq (1-\alpha)^n, \qquad u\in I, \qquad n\geq 1 \tag{30}$$

ergibt.

Da $\alpha > 0$ ist, folgt aus (30) für $n\to\infty$, daß $\mathbf{P}_u\{\tau=\infty\}=0$ ist. Weiter gilt

$$\begin{aligned}\mathbf{M}_u\tau &\leq \sum_{n=0}^{\infty}(n+1)t\,\mathbf{P}_u\{nt<\tau\leq(n+1)t\} \leq t\sum_{n=0}^{\infty}(n+1)\mathbf{P}_u\{nt<\tau\}\\ &\leq t\sum_{n=0}^{\infty}(n+1)(1-\alpha)^n < \infty, \qquad u\in I.\end{aligned}$$

Wir leiten jetzt eine Differenzengleichung für die Funktion $m(u)$ her, wobei wir $m(u)<\infty$ voraussetzen. Die mittlere Dauer des Aufenthalts in u_n ist gleich $\frac{1}{a_n}$; da das Teilchen anschließend mit den Wahrscheinlichkeiten q_n bzw. p_n in die Zustände u_{n-1} bzw. u_{n+1} übergeht und der Prozeß von da an ebenso verläuft wie wenn er in diesen Zuständen begonnen hätte, so gilt

$$m(u_n) = \frac{1}{a_n} + q_n m(u_{n-1}) + p_n m(u_{n+1}) \tag{31}$$

für beliebiges $u_n\in I$.

Offenbar erfüllt die Differenz zweier Lösungen der Differenzengleichung (31) auf dem Intervall I die zugehörige homogene Gleichung auf dem Intervall I und somit die in § 3 untersuchte Differenzengleichung (20). Wir erinnern daran, daß als Lösung der zuletzt genannten Differenzengleichung Funktionen auftreten, die linear auf dem erweiterten Intervall sind, und daß sämtliche Lösungen auf dem erweiterten Intervall $\bar{I}$ konstant sind, falls das Intervall I den Punkt 0 enthält. Somit genügt es, irgendeine Lösung der Differenzengleichung (31) auf dem gesamten Zustandsraum E zu finden, um die Gesamtheit ihrer Lösungen auf einem beliebigen Intervall zu kennen.

Wir betrachten eine spezielle Lösung $S_n = S(u_n)$ der Differenzengleichung (31), welche der Anfangsbedingung

$$S_0 = 0 \tag{32}$$

genügt. Wir schreiben die Gleichung (31) für S_n in der Form

$$(S_{n+1} - S_n) p_n = (S_n - S_{n-1}) q_n - \frac{1}{a_n}. \tag{33}$$

Für $n \neq 0$ lassen sich die Wahrscheinlichkeiten q_n und p_n durch die Abstände $\delta_n = u_{n+1} - u_n$ vermöge

$$p_n = \frac{\delta_{n-1}}{\delta_{n-1} + \delta_n}, \qquad q_n = \frac{\delta_n}{\delta_{n-1} + \delta_n} \tag{34}$$

ausdrücken (s. die Formeln in (21) von § 3). Setzen wir diese Ausdrücke in (33) ein, so erhalten wir

$$\frac{S_{n+1} - S_n}{\delta_n} = \frac{S_n - S_{n-1}}{\delta_{n-1}} - \frac{1}{a_n} \frac{\delta_{n-1} + \delta_n}{\delta_{n-1} \delta_n}. \tag{35}$$

Die ersten beiden Quotienten, die in die Gleichung (35) eingehen, stellen die Werte der Ableitung $D_u S$ auf den benachbarten Intervallen (u_n, u_{n+1}) bzw. (u_{n-1}, u_n) dar (wie in § 3 setzen wir voraus,

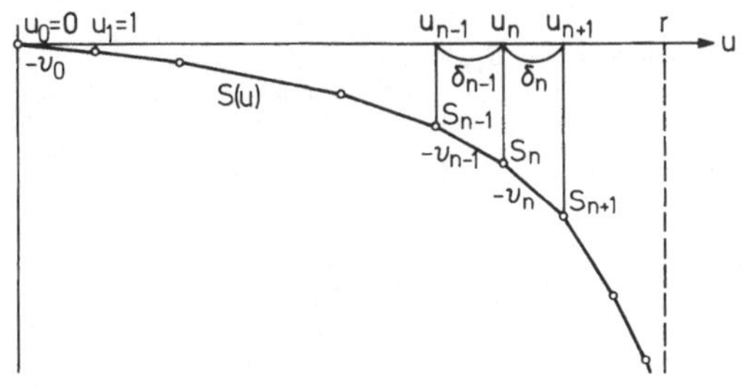

Abb. 43

daß die Funktionen $m(u)$ sowie $S(u)$ linear auf die zwischen den Zuständen liegenden Intervalle fortgesetzt wurden) (Abb. 43). Zur Abkürzung schreiben wir

$$D_u S(u) = -v(u) \tag{36}$$

und bezeichnen den Wert $v(u)$ auf dem Intervall (u_n, u_{n+1}) mit v_n. Die Gleichung (35) besagt, daß

$$v_n = v_{n-1} + 2\mu_n, \quad n \geq 1 \tag{37}$$

gilt, worin

$$2\mu_n = \frac{1}{a_n} \frac{\delta_{n-1} + \delta_n}{\delta_{n-1}\delta_n} \tag{38}$$

eine bekannte Größe darstellt (der Koeffizient 2 wurde eingeführt, damit μ_n im folgenden eine einfachere anschauliche Deutung zuläßt). Ebenso erhalten wir aus (33) im Fall $n=0$

$$v_0 = 2\mu_0 \tag{39}$$

mit

$$2\mu_0 = \frac{1}{a_0}. \tag{40}$$

Aus den Gleichungen (37) und (36) und den Anfangsbedingungen (39) und (32) folgt, daß

$$v_n = 2\sum_{k=0}^{n} \mu_k, \qquad n \geq 0,$$

$$S_n = -\sum_{m=0}^{n-1} v_m \delta_m = -2 \sum_{0 \leq k \leq m \leq n-1} \mu_k \delta_m, \quad n \geq 1$$

gilt. Da

$$\delta_0 = 1, \quad \delta_m = \frac{q_1 \cdots q_m}{p_1 \cdots p_m}, \quad m \geq 1$$

ist (s. Formel (17) aus § 3), so erhalten wir vermöge (38)

$$2\mu_k = \frac{1}{a_k} \frac{p_1 \cdots p_{k-1}}{q_1 \cdots q_k}, \quad k \geq 1$$

und schließlich

$$v_n = \frac{1}{a_0} + \sum_{k=1}^{n} \frac{1}{a_k} \frac{p_1 \cdots p_{k-1}}{q_1 \cdots q_k}, \quad n \geq 0, \tag{41}$$

sowie

$$S_n = -\sum_{0 \leq k \leq m \leq n-1} \frac{1}{a_k} \frac{q_{k+1} \cdots q_m}{p_k \cdots p_m}, \quad n \geq 1. \tag{42}$$

Die Funktion $S(u)$ werden wir als *Charakteristik* des Geburts- und Todesprozesses $x(t)$ bezeichnen. Aus der Beziehung (42) ist zu ersehen, daß die Charakteristik $S(u)$ monoton fällt und für $u>0$ negativ ist. Die Beziehung (37) zeigt, daß deren Ableitung $-v(u)$ beim Durchgang durch jeden Zustand u_n ebenfalls abnimmt: Somit ist $S(u)$ konvex von oben.

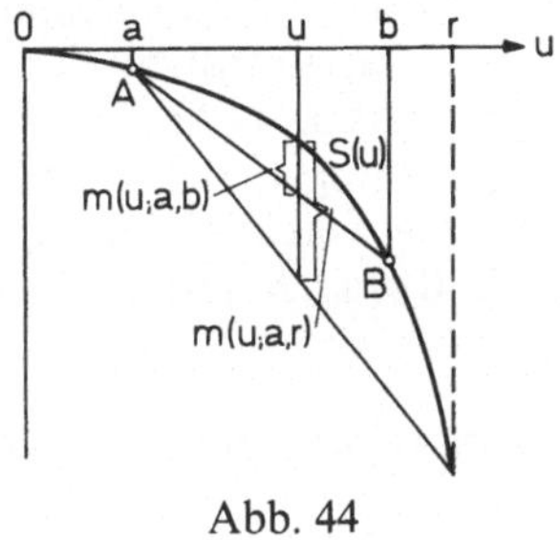

Abb. 44

Da die Funktionen $S(u)$ und $v(u)$ monoton sind, besitzen sie endliche oder unendliche Grenzwerte für $u \uparrow r$. Diese Grenzwerte werden wir mit $S(r)$ bzw. $v(r)$ bezeichnen. Geometrisch ist klar, daß $S(r) = -\infty$ *gilt, falls* $r = \infty$ *ist* (man erkennt dies leicht aus den Beziehungen (41) und (42)).

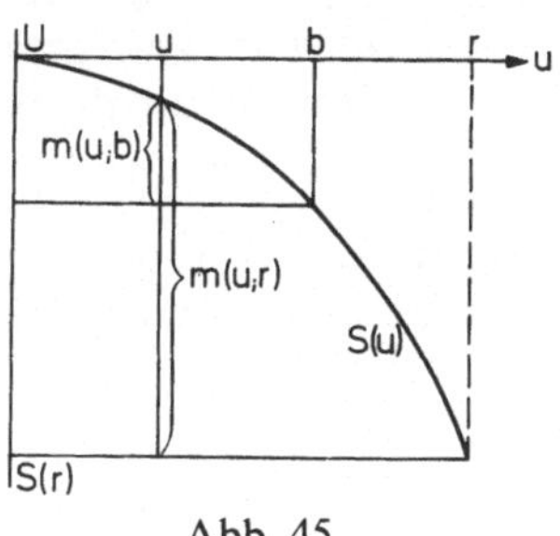

Abb. 45

Mit $m(u;a,b)$ bezeichnen wir die mittlere Zeit, die vom Verlassen des Zustandes u bis zum Eintritt in einen der Zustände a, b $(a \leq u \leq b)$ vergeht, und mit $m(u;b)$ die mittlere Zeit, die bis zum Eintritt in den Zustand b vom Zustand u aus benötigt wird $(u \leq b)$. Die Funktion $m(u;a,b)$ genügt der Differenzengleichung (31) für $a < u = u_n < b$ und nimmt in den Punkten a und b den Wert 0 an. Dank den Eigenschaften dieser Differenzengleichung ist die Differenz $m(u;a,b) - S(u)$ linear auf dem erweiterten Intervall $a \leq u \leq b$.

In den Punkten a und b nimmt diese Differenz die Werte $-S(a)$ bzw. $-S(b)$ an. Konstruiert man die zugehörige lineare Funktion, so gelangt man zu

$$(43) \qquad m(u;a,b) = S(u) - \frac{(b-u)\,S(a) + (u-a)\,S(b)}{b-a}, \qquad a \le u \le b.$$

Geometrisch stellt $m(u;a,b)$ den vertikal gemessenen maximalen Abstand zwischen dem Graphen der Charakteristik $S(u)$ und dessen Sehne AB dar (Abb. 44)*). Die Funktion $m(u;b)$ genügt der Differenzengleichung (31) für alle $u<b$ einschließlich des Punktes $u=0$ und unterscheidet sich demnach von $S(u)$ auf dem erweiterten Intervall $0 \le u \le b$ um eine Konstante. Da $m(b;b) = 0$ ist, haben wir

$$(44) \qquad m(u;b) = S(u) - S(b), \qquad u \le b$$

(Abb. 45).

Falls das Intervall I unendlich viele Zustände enthält (d.h., falls dessen rechter Endpunkt der Randpunkt r ist), so sind die unmittelbar vorangehenden Überlegungen nicht anwendbar, da es unbekannt ist, ob die mittlere Austrittszeit $m(u)$ endlich ist. In diesem Fall hat man in den Beziehungen (43) und (44) den Grenzübergang $b \uparrow r$ auszuführen. Wir zeigen, daß man durch diesen Grenzübergang aus der Beziehung (44) in der Tat die mittlere Zeit $m(u;r) = \mathbf{M}_u T$, die bis zum Austritt aus dem gesamten Zustandsraum benötigt wird, erhält (der Grenzübergang in der Beziehung (43) wird ganz analog motiviert). Bezeichne τ_b den Augenblick des ersten Eintritts des Teilchens in den Punkt b. Dann ist $m(u;b) = \mathbf{M}_u \tau_b$ für $u \le b$. Die Größe τ_b wächst monoton mit zunehmendem b. Daher ist der Grenzübergang unter dem Zeichen der mathematischen Erwartung zulässig**, und wir erhalten

$$\lim_{b \uparrow r} \mathbf{M}_u \tau_b = \mathbf{M}_u \Big\{ \lim_{b \uparrow r} \tau_b \Big\}.$$

Auf Grund der Beziehung (25) gilt für alle $b > u$ mit Wahrscheinlichkeit 1 $\tau_b < T$. Gleichzeitig ist $\lim_{b \uparrow r} \tau_b \ge T$, da das Teilchen bis zum Zeitpunkt $\lim_{b \uparrow r} \tau_b$ unendlich viele Sprünge ausführen muß.

---

* In den Abb. 44 und 45 ist die Charakteristik nicht als Polygon, sondern als stetig gekrümmte Kurve dargestellt, da für uns lediglich das allgemeine Bild und nicht Einzelheiten der Krümmung wichtig sind.

** s. Fußnote auf S. 98.

Folglich gilt $\lim_{b \uparrow r} \tau_b = T$ mit Wahrscheinlichkeit 1. Daher ist

$$\lim_{b \uparrow r} m(u;b) = m(u;r)$$

und wir erhalten

$$m(u;r) = S(u) - S(r). \tag{45}$$

Geht man in der Beziehung (43) zur Grenze über, so findet man, daß im Fall $r < \infty$, in welchem der Punkt r das Teilchen anzieht, die mittlere Zeit bis zum Eintritt in den Punkt a von u aus oder bis zum Zeitpunkt T der Häufung von Sprüngen gleich

$$m(u;a,r) = S(u) - \frac{(r-u)S(a) + (u-a)S(r)}{r-a} \tag{46}$$

ist. Gilt $r = \infty$ (der Rand stößt das Teilchen ab), so hat man zur Berechnung von $m(u;a,r)$ die l'Hospitalsche Regel anzuwenden.

Die Größe μ_n, die wir bei der Bildung der Charakteristik S betrachteten, sieht man zweckmäßig als Maß (oder als Masse) an, welches (welche) im Punkt u_n konzentriert ist. Dieses Maß charakterisiert die Bewegungsgeschwindigkeit des Teilchens und wird deshalb als *Geschwindigkeitsmaß* bezeichnet. In der Tat verbleibt das Teilchen durchschnittlich während der Zeit $\frac{1}{a_n}$ im Zustand u_n; anschließend befindet es sich mit der Wahrscheinlichkeit q_n im Abstand δ_{n-1} und mit der Wahrscheinlichkeit p_n im Abstand δ_n vom Punkt u_n. Das bedeutet, daß das Teilchen im Mittel während der Zeit $\frac{1}{a_n}$ einen Weg der Länge $q_n\delta_{n-1} + p_n\delta_n$ zurücklegt. Dividieren wir den mittleren Weg durch die mittlere Zeit, so erhalten wir unter Berücksichtigung der Formeln (34)

$$a_n(q_n\delta_{n-1} + p_n\delta_n) = \frac{2a_n\delta_{n-1}\delta_n}{\delta_{n-1} + \delta_n} = \frac{1}{\mu_n}.$$

Das bedeutet, daß sich das Teilchen auf der natürlichen Skala um so langsamer bewegt, je größer die Komponenten des Maßes $\boldsymbol{\mu} = \{\mu_0, \mu_1, \ldots, \mu_n, \ldots\}$ sind.

Die Beziehung (35) läßt sich einfacher schreiben, wenn man den Begriff der *Ableitung* D_μ *bzgl. des Maßes* μ einführt. Sei $v(u)$ eine Funktion, die auf jedem der Intervalle (u_n, u_{n+1}) konstant und in den Punkten u_n nicht definiert ist. Unter der Ableitung dieser Funktion bzgl. des Maßes $\boldsymbol{\mu}$ im Punkt u_n verstehen wir die Zahl

$$D_\mu v(u_n) = \frac{v(u'') - v(u')}{\mu_n}$$

mit

$$u' \in (u_{n-1}, u_n), \qquad u'' \in (u_n, u_{n+1}).$$

In den neuen Bezeichnungen nimmt die Beziehung (37) die Form $D_\mu v = 2$ an; da $v = -D_u S$ gilt, erhalten wir für S die Gleichung

$$D_\mu D_u S(u_n) = -2.$$

Der Leser verifiziert leicht, daß diese Gleichung nicht nur für $n \geq 1$, sondern auch für $n = 0$ richtig bleibt, falls man $D_u S(u) = 0$ für $u < 0$ setzt (d. h. falls man annimmt, daß der Graph von $S(u)$ links vom Nullpunkt horizontal verläuft).

Ebenso zeigt man, daß sich die Beziehung (31) für $m(u)$ auf die Form

$$D_\mu D_u m(u_n) = -2, \qquad u_n \in I$$

bringen läßt.

Wenn wir diese Gleichung mit der Poissonschen Differentialgleichung $\Delta m = -2$ für die mittlere Zeit $m(x)$ im Fall des Wienerschen Prozesses vergleichen, so sehen wir, daß der Operator $D_\mu D_u$ als Analogon zum Laplaceschen Operator Δ erscheint.

Wie in § 3 bemerkt wurde, ist die Angabe der natürlichen Skala $\{u_0 = 0 < u_1 < u_2 < \cdots < u_n < \cdots\}$ mit der Angabe der Sprungwahrscheinlichkeiten q_n und p_n gleichwertig. Aus der Formel, welche μ_n definiert, ist zu ersehen, daß sich bei bekannten Zahlen q_k und p_k die Parameter a_n eineindeutig aus den Zahlen μ_n zurückgewinnen lassen. Daher kann man zur Festlegung eines Geburts- und Todesprozesses statt der Konstanten q_n, p_n und a_n die natürliche Skala und das Geschwindigkeitsmaß vorgeben. Als natürliche Skala kann man eine beliebige wachsende Folge $0 = u_0 < u_1 < \cdots < u_n < \cdots$ und als Geschwindigkeitsmaß eine beliebige Folge positiver Zahlen $\mu_0, \mu_1, \ldots, \mu_n, \ldots$ wählen.

Da die Zahlen der natürlichen Skala gerade die Ecken des Graphen der Funktion $S(u)$ sind, so lassen sich mit Hilfe der bekannten Charakteristik die natürliche Skala des Prozesses und anschließend die Konstanten a_n bestimmen. Folglich wird ein Geburts- und Todesprozeß auch völlig durch seine Charakteristik $S(u)$ bestimmt. Als Charakteristik kann eine beliebige, auf dem halboffenen Intervall $[0, r)$ definierte, abnehmende, konvexe, stückweise lineare, stetige, im Nullpunkt verschwindende Funktion dienen, deren Graph abzählbar viele Ecken aufweist, wobei die Abszissen dieser Ecken r als einzigen Häufungspunkt besitzen.

§ 6. Erreichbare und unerreichbare Ränder

Wir wollen sehen, in welcher Weise das Verhalten der Trajektorien eines Geburts- und Todesprozesses $x(t)$ davon abhängt, ob die Größe $S(r)$ endlich oder unendlich ist.

Ist $S(r) > -\infty$, so ist auf Grund der Beziehung (45) die Größe $\mathbf{M}_u T$ ebenfalls (bei beliebigem Anfangszustand u) endlich. Folglich haben wir

$$\mathbf{P}_u\{T < \infty\} = 1 \qquad \text{für alle } u.$$

Sei jetzt $S(r) = -\infty$. Wir zeigen, daß in diesem Fall

$$\mathbf{P}_u\{T = \infty\} = 1 \qquad \text{für alle } u \tag{47}$$

gilt. Gelte für ein gewisses u

$$\mathbf{P}_u\{T < \infty\} > 0. \tag{48}$$

Da man vom Zustand $u_0 = 0$ aus nach u in endlicher Zeit gelangen kann, ergibt sich

$$\mathbf{P}_0\{T < \infty\} > 0.$$

Folglich existiert ein $t < \infty$ derart, daß

$$\alpha = \mathbf{P}_0\{T < t\} > 0$$

ist. Da man mit Wahrscheinlichkeit 1 von 0 aus in einen beliebigen Zustand u gelangt, gilt mit $\mathbf{P}_0$-Wahrscheinlichkeit 1

$$T = \tau + T',$$

worin τ die bis zum Eintritt in u von 0 aus benötigte Zeit und T' die vom Augenblick des Eintritts in u an bis zum Augenblick der Häufung von Sprüngen gerechnete Zeit bezeichnen mögen. Auf Grund der starken Markoffschen Eigenschaft hängt T' nicht von τ ab und besitzt unter der Bedingung $x(0) = u$ die gleiche Verteilung wie die Zeit T. Bezeichnen wir mit $F(s)$ die Verteilungsfunktion der zufälligen Variablen τ, so können wir schreiben

$$\begin{aligned}\alpha = \mathbf{P}_0\{T < t\} &= \int_0^t \mathbf{P}_u\{T < t - s\}\, dF(s) \le \int_0^t \mathbf{P}_u\{T < t\}\, dF(s) \\ &\le \mathbf{P}_u\{T < t\}.\end{aligned} \tag{49}$$

Gemäß der Bemerkung zu Beginn von § 5 folgt aus (49), daß $\mathbf{M}_u T < \infty$ (für alle u) ist. Aus der Voraussetzung $S(r) = -\infty$ und der Beziehung (45) ergibt sich dagegen, daß $\mathbf{M}_u T = \infty$ ist. Folglich widerspricht die Annahme (48) der Bedingung $S(r) = -\infty$; die Beziehung (47) ist somit bewiesen.

Wie wir sahen, zerfallen die betrachteten Prozesse somit in zwei Klassen in Abhängigkeit davon, ob $S(r)$ endlich oder unendlich ist; dabei gilt für die Prozesse der einen Klasse, daß bei beliebigem Anfangszustand u der Zeitpunkt T der Häufung von Sprüngen mit Wahrscheinlichkeit 1 endlich ist, während für diejenigen der anderen Klasse der Zeitpunkt T bei beliebigem u mit Wahrscheinlichkeit 1 unendlich ist. Wir werden sagen, daß der Rand im ersten Fall *erreichbar* und im zweiten Fall *unerreichbar* sei.

Wir vergleichen diese Klassifikation mit der Einteilung der Ränder in anziehende und abstoßende (s. § 4). Da sich aus $r=\infty$ $S(r)=-\infty$ ergibt, *ist ein abstoßender Rand unerreichbar.* Somit haben wir in der Tat drei verschiedene Typen von Rändern, und zwar

I. erreichbare Ränder ($r<\infty$, $S(r)>-\infty$); der Zeitpunkt T ist endlich, und es gilt $\lim\limits_{t\uparrow T} x(t)=r$ jeweils mit Wahrscheinlichkeit 1;

II. anziehende unerreichbare Ränder ($r<\infty$, $S(r)=-\infty$); es gilt $T=\infty$ und $\lim\limits_{t\uparrow T} x(t)=r$ jeweils mit Wahrscheinlichkeit 1, sowie

III. abstoßende Ränder ($r=\infty$, $S(r)=-\infty$); mit Wahrscheinlichkeit 1 gilt jeweils, daß $T=\infty$ ist und daß das Teilchen für $t\uparrow T$ alle Zustände unendlich oft durchläuft.

Eine analytische Bedingung für die Erreichbarkeit des Randes stellt die Konvergenz der Doppelreihe

$$-S(r)=\sum_{0\leq k\leq m<\infty} \frac{1}{a_k}\,\frac{q_{k+1}\cdots q_m}{p_k\cdots p_m}$$

dar, welche man aus der Beziehung (42) für S_n dadurch gewinnt, daß man n gegen Unendlich streben läßt. Es gelte z. B. unabhängig von n ($n\geq 1$) $p_n=p$, $q_n=q$. Wie schon in § 3 bemerkt wurde, haben wir im Fall $p\leq\frac{1}{2}$ $r=\infty$ und im Fall $p>\frac{1}{2}$ $r=\dfrac{p}{p-q}$. Das bedeutet, daß im Fall $p\leq\frac{1}{2}$ ein abstoßender und im Fall $p>\frac{1}{2}$ ein anziehender Rand vorliegt. Sei $p>\frac{1}{2}$. Wir wollen diejenigen Folgen a_n bestimmen, für welche der Rand r erreichbar ist. Da in unserem Fall für festes k

$$\sum_{m=k}^{\infty}\frac{1}{a_k}\,\frac{q_{k+1}\cdots q_m}{p_k\cdots p_m}=\frac{1}{a_k\cdot p}\sum_{l=0}^{\infty}\left(\frac{q}{p}\right)^l=\frac{1}{a_k(p-q)}$$

ist, gelangen wir zu

$$S(r)=\frac{-1}{p-q}\sum_{k=0}^{\infty}\frac{1}{a_k}.$$

Somit ist für die Erreichbarkeit des Randes notwendig und hinreichend, daß die Reihe $\sum_{k=0}^{\infty} \frac{1}{a_k}$ konvergiert. Man überzeugt sich leicht davon, daß dies auch in dem entarteten Fall $q=0, p=1$ gilt*.

§ 7. Fortsetzungen des Geburts- und Todesprozesses Formulierung des Problems

Wir sind jetzt genügend vorbereitet, um Fortsetzungen eines Geburts- und Todesprozesses nach dem Zeitpunkt T der erstmaligen Häufung von Sprüngen zu studieren. Dieses Problem hat offenbar keinen Sinn, wenn der Rand r unerreichbar ist (in diesem Fall ist $T=\infty$ mit Wahrscheinlichkeit 1). Daher können wir annehmen, daß r und $S(r)$ endlich sind. Hierbei ist

$$\mathbf{P}_u\left\{T<\infty, \lim_{t\uparrow T} x(t)=r\right\}=1, \tag{50}$$

d.h., fast alle Trajektorien des Prozesses gelangen zur Zeit $T<\infty$ in den Punkt r. Man kann die äußerst selten eintretenden Ereignisse der Wahrscheinlichkeit 0 vernachlässigen und annehmen, daß alle Trajektorien des Prozesses die obige Eigenschaft besitzen.

Wir fügen den Punkt r zum Zustandsraum hinzu. Auf diese Weise besteht der Zustandsraum E bei uns aus einer Folge von isolierten Punkten $0=u_0<u_1<\cdots<u_n<\cdots$ und dem Punkt r, welcher Grenzwert dieser Folge ist. Eine Funktion $f(u)$, $u\in E$, ist genau dann stetig, falls $f(u_n)\to f(r)$ für $n\to\infty$ gilt.

Wir nehmen an, daß eine Fortsetzung des Geburts- und Todesprozesses existiert. Das bedeutet, daß folgendes gilt:

1. Die Trajektorie $x(t)$, die zunächst für $t\in[0,T)$ definiert ist, läßt sich auf ein gewisses Intervall $[0,\zeta)$, $T\leq\zeta\leq\infty$ fortsetzen**. Hierbei können als Werte von $x(t)$ sowohl die Punkte u_n als auch der Punkt r auftreten.

2. Die Wahrscheinlichkeitsverteilungen $\mathbf{P}_u$ lassen sich auf eine umfassendere Klasse von Ereignissen fortsetzen, welche durch den gesamten Verlauf des fortgesetzten Prozesses bestimmt werden. Hierbei bleiben sie ungeändert auf Ereignissen, welche durch den Verlauf der Trajektorie bis zum Zeitpunkt T bestimmt werden.

---

* Dieses Beispiel wird eingehend im Buch von W. FELLER [1] betrachtet.

** ζ ist der Augenblick, in dem die Trajektorie abbricht (das Teilchen, welches eine Irrfahrt vollführt, wird vernichtet). Wenn der Prozeß nicht abbricht, ist $\zeta=\infty$.

Außerdem wird eine zusätzliche Wahrscheinlichkeitsverteilung $\mathbf{P}_r$ eingeführt, die dem Startpunkt r entspricht.

3. Der fortgesetzte Prozeß ist stark Markoffsch, d.h., für eine beliebige Zeit $\tau<\zeta$ hängt der Prozeß $y(t)\equiv x(\tau+t)$ unter der Bedingung $x(\tau)=u$, $u\in E$, nicht ab vom Verhalten der Trajektorie $x(t)$ bis zum Zeitpunkt τ und besitzt die gleiche Verteilung wie der Prozeß $x(t)$, welcher zum Zeitpunkt 0 im Punkt u startet.

Wir engen das Problem dadurch etwas ein, daß wir zusätzlich folgendes voraussetzen:

4. Die Trajektorie des fortgesetzten Prozesses bleibt rechtsseitig stetig, d.h., es gilt $x(t+h)\to x(t)$ für $h\downarrow 0$. (Das bedeutet, daß sich das Teilchen, welches sich zum Zeitpunkt t in einem Zustand $u\neq r$ befindet, während einer gewissen (positiven) Zeit im Punkt u aufhält; das Teilchen, das sich im Punkt r befindet, kann sich in kurzer Zeit nicht weit von r entfernen).

5. Es ist $x(T)=r$. (Diese Annahme ist dank (50) ganz natürlich.)

Wir bemerken, daß auf Grund von Bedingung 5. und der Bedingung $T<\infty$ die am Ende von § 3 gefundenen Wahrscheinlichkeiten

$$(51)\qquad q(u;a,r)=\frac{r-u}{r-a},\qquad p(u;a,r)=\frac{u-a}{r-a}$$

übergehen in die Wahrscheinlichkeiten dafür, daß die im Punkt u startende Trajektorie zum Punkt a eher als zum Punkt r bzw. zum Punkt r eher als zum Punkt a gelangt.

Prozesse, die über den Zeitpunkt T hinaus derart fortgesetzt sind, daß die Bedingungen 1.–5. erfüllt sind, werden wir manchmal als Prozesse der Klasse A bezeichnen. Es zeigt sich, daß *ein Prozeß der Klasse A eindeutig durch seinen charakteristischen Operator $\mathfrak{A}$ bestimmt wird* (der Beweis dieser Tatsache, die zur allgemeinen Theorie der Markoffschen Prozesse gehört, wird in § 11 gebracht). Wir werden sehen, daß der Operator $\mathfrak{A}$ in allen Zuständen mit Ausnahme von r vollständig bestimmt wird durch den Ablauf des Prozesses bis zum Zeitpunkt T. Auf diese Weise werden die verschiedenen Fortsetzungen des Prozesses $x(t)$ eindeutig durch das Verhalten des charakteristischen Operators im Randpunkt (d.h. durch eine Randbedingung) bestimmt.

Wie schon erwähnt wurde, wird der charakteristische Operator $\mathfrak{A}$ vermöge

$$(52)\qquad \mathfrak{A}f(u)=\lim_{U\downarrow x}\frac{\mathbf{M}_u f(x(\tau))-f(u)}{\mathbf{M}_u\tau},\qquad u\in E$$

definiert, worin U eine sich auf den Punkt u zusammenziehende Umgebung von u darstellt und τ den Augenblick des ersten Austritts der Trajektorie aus U bezeichnet. Wenn $x(t)\in U$ für alle $t<\zeta$ gilt, so wird hierbei τ gleich ζ gesetzt; diese Festsetzung wird bei der Berechnung von $\mathbf{M}_u\tau$ berücksichtigt; umgekehrt werden jedoch bei der Berechnung von $\mathbf{M}_u f(x(\tau))$ solche Trajektorien, für welche $\tau=\zeta$ gilt, nicht berücksichtigt, da $x(\zeta)$ keinen Sinn hat. Im Fall, daß $\mathbf{M}_u\tau=\infty$ ist, wird der gesamte, in (52) auftretende Bruch gleich 0 gesetzt. Wir werden annehmen, daß der Operator $\mathfrak{A}$ für alle beschränkten Funktionen $f(u)$ auf E definiert ist, für welche bei beliebigem $u\in E$ der Grenzwert auf der rechten Seite in (52) existiert und endlich ist*.

Für beliebiges u_n kann man die Umgebung U so klein wählen, daß sie außer u_n keine anderen Zustände enthält. Hierbei wird τ gleich dem Augenblick des ersten Austritts aus u_n sein, dessen mathematische Erwartung den Wert $\frac{1}{a_n}$ hat. Der Quotient in (52) geht dann über in

$$\frac{q_n f(u_{n-1})+p_n f(u_{n+1})-f(u_n)}{\frac{1}{a_n}} \tag{53}$$

und ändert sich bei weiterer Verkleinerung der Umgebung U nicht. Folglich ist der Ausdruck (53) gleich $\mathfrak{A}f(u_n)$. Den Ausdruck für $\mathfrak{A}f(u_n)$ können wir eleganter schreiben, wenn wir von den Ableitungen D_u und D_μ, die in §§ 3 und 5 eingeführt wurden, Gebrauch machen. Da

$$q_n=\frac{\delta_n}{\delta_{n-1}+\delta_n},\qquad p_n=\frac{\delta_{n-1}}{\delta_{n-1}+\delta_n},\qquad n\geq 1$$

ist, erhalten wir aus (53) nach einigen Rechnungen

$$\mathfrak{A}f(u_n)=\frac{\dfrac{f(u_{n+1})-f(u_n)}{\delta_n}-\dfrac{f(u_n)-f(u_{n-1})}{\delta_{n-1}}}{\dfrac{1}{a_n}\,\dfrac{\delta_{n-1}+\delta_n}{\delta_{n-1}\delta_n}}=\frac{D_u f(u'')-D_u f(u')}{\dfrac{1}{a_n}\,\dfrac{\delta_{n-1}+\delta_n}{\delta_{n-1}\delta_n}},$$

wobei

$$u'\in(u_{n-1},u_n)\quad\text{und}\quad u''\in(u_n,u_{n+1})$$

gelte. Da wir für den Nenner zur Abkürzung $2\mu_n$ geschrieben haben (s. Formel (38)), ist endlich

$$\mathfrak{A}f(u_n)=\tfrac{1}{2}D_\mu D_u f(u_n). \tag{54}$$

---

* s. Fußnote auf S. 68.

Diese Beziehung ist auch für $n=0$ richtig, wenn wir $D_u f(u)=0$ für $u<0$ setzen, d.h., wenn wir die Funktion f links vom Nullpunkt als konstant voraussetzen.

Jetzt ist die Analogie zwischen dem Laplaceschen Operator Δ und dem Operator $D_\mu D_u$, die in § 5 bei der Bestimmung der mittleren Austrittszeit $m(u)$ erwähnt wurde, verständlich. In der Tat, die Gleichungen $\Delta m=-2$ und $D_\mu D_u m=-2$, welche wir im Fall des Wienerschen Prozesses bzw. im Fall des Geburts- und Todesprozesses hatten, lassen sich einheitlich in der Form

$$\mathfrak{A} m=-1 \tag{55}$$

schreiben.

Die Gleichung (55) ist unter sehr allgemeinen Voraussetzungen über den Prozeß $x(t)$ gültig. In der Tat, sei $m(x)=\mathbf{M}_x\tau$ gesetzt, worin τ den Augenblick des ersten Austritts der Trajektorie aus einer gewissen Menge I bezeichne. Wir nehmen an, daß $m(y)<\infty$ für alle y gelte. Sei x ein innerer Punkt der Menge I. Ist U eine Umgebung von x, welche in I enthalten ist, so können wir

$$\tau=\tau_U+\tau' \tag{56}$$

schreiben, worin τ_U der Augenblick des ersten Austritts aus U sei und τ' die Zeit, die vom ersten Austritt aus U bis zum ersten Austritt aus I vergeht. Wenn der Prozeß die starke Markoffsche Eigenschaft besitzt, so ist die bedingte mathematische Erwartung von τ' unter der Bedingung $x(\tau_U)=y$ gleich $m(y)=m(x(\tau_U))$*. Daher gilt $\mathbf{M}_x\tau'=\mathbf{M}_x m(x(\tau_U))$, und wir erhalten aus (56)

$$m(x)=\mathbf{M}_x\tau_U+\mathbf{M}_x m(x(\tau_U)).$$

Auf Grund der Definition des charakteristischen Operators ergibt sich hieraus

$$\mathfrak{A} m(x)=\lim_{U\downarrow x}\frac{\mathbf{M}_x m(x(\tau_U))-m(x)}{\mathbf{M}_x\tau_U}=\lim_{U\downarrow x}(-1)=-1.$$

Wir merken an, daß sich auch der Operator

$$L=a(x)\frac{\partial^2}{\partial x^2}+b(x)\frac{\partial}{\partial x}, \tag{57}$$

der einem beliebigen Diffusionsprozeß auf der Geraden entspricht, auf die Form $\frac{1}{2}D_\mu D_u$ bringen läßt (wir erinnern daran, daß der Geburts- und Todesprozeß von uns als diskretes Analogon zu einem Diffusionsprozeß eingeführt wurde). Mit $D_u f$ bezeichnen wir die Ableitung der Funktion $f(x)$ bezüglich der wachsenden Funktion $u(x)$:

$$D_u f(x)=\lim_{h\to 0}\frac{f(x+h)-f(x)}{u(x+h)-u(x)}.$$

Weiter stehe $D_\mu f$ für die Ableitung der Funktion $f(x)$ bezüglich der durch die Beziehung

$$v(x)=\int_0^x \mu(y)\,dy, \qquad \mu(y)>0$$

---

* s. Fußnote auf S. 118.

definierten Funktion v. Wir setzen voraus, daß die Funktionen u und f zweimal stetig differenzierbar sind und daß die Dichte μ stetig ist. Dann haben wir

$$D_u f(x) = \frac{f'(x)}{u'(x)}, \qquad D_\mu f(x) = \frac{f'(x)}{\mu(x)}.$$

Daher gilt

$$\frac{1}{2} D_\mu D_u f = \frac{u' f'' - u'' f'}{2\mu\mu'^2};$$

damit die Gleichung

$$a f'' + b f' = \tfrac{1}{2} D_\mu D_u f$$

zutrifft, genügt es,

$$u(x) = \int_0^x e^{-\int_0^y \frac{b(z)}{a(z)} dz} dy,$$

$$\mu(x) = \frac{1}{2a(x)} e^{\int_0^x \frac{b(y)}{a(y)} dy}$$

zu setzen.

Wenn die Funktionen $u(x)$ und $v(x)$ nicht differenzierbar sind, dann läßt sich der Operator $\frac{1}{2} D_\mu D_u$ nicht in der Form (57) schreiben. Jedoch entspricht auch in diesem Fall einem derartigen Operator ein Markoffscher Prozeß mit stetigen Trajektorien (es genügt zu verlangen, daß u und v streng monoton zunehmen und u stetig ist).

Die Wahrscheinlichkeiten des Austritts aus einem Intervall und die mittlere Austrittszeit lassen sich durch die Funktionen $u(x)$ sowie

$$S(x) = -\int_0^x v(y)\, du(y)$$

im stetigen Fall durch die gleichen Formeln wie im Fall eines Geburts- und Todesprozesses ausdrücken.

Wir gehen jetzt über zur Untersuchung des Verhaltens des charakteristischen Operators im Randpunkt r. Die vollständige Analyse aller Möglichkeiten wird in §§ 8 bis 10 durchgeführt. An dieser Stelle machen wir lediglich einige vorbereitende Bemerkungen.

Um eine Umgebung U des Punktes r bequem zu kennzeichnen, betrachten wir unter den Zuständen u_n den am weitesten rechts liegenden, der nicht in U liegt. Wir bezeichnen diesen Zustand mit y, die entsprechende Umgebung des Punktes r mit U_y und setzen

$$\pi_y(u) = \mathbf{P}_r\{x(\tau_y) = u\}, \qquad m(y) = \mathbf{M}_r \tau_y, \tag{58}$$

worin τ_y für den Augenblick des ersten Austritts aus U_y stehe. Dann nimmt die Formel für den charakteristischen Operator im Punkt r die Gestalt

$$\mathfrak{A} f(r) = \lim_{y \uparrow r} \frac{\sum\limits_{0 \le u \le y} f(u)\pi_y(u) - f(r)}{m(y)} \tag{59}$$

an. Somit wird das Problem, alle Möglichkeiten für das Verhalten des Operators $\mathfrak{A}$ im Punkt r und folglich alle uns interessierenden Prozesse aufzufinden, gelöst sein, wenn wir sämtliche Verteilungen

$$\boldsymbol{\pi}_y = \{\pi_y(u_0), \pi_y(u_1), \ldots, \pi_y(y)\}$$

und sämtliche mittleren Zeiten $m(y)$, welche mit den Forderungen 1. bis 5. verträglich sind, bestimmt haben.

Eine Ausnahmestellung nimmt der Fall ein, daß der Rand r *absorbierend* ist, d.h., daß das nach r gelangte Teilchen niemals r wieder verläßt. In diesem Fall ist $m(y) = +\infty$, $\pi_y(u) = 0$, und wir haben entsprechend der Beziehung (59)

$$\text{(60)} \qquad \mathfrak{A} f(r) = 0.$$

Wir zeigen nun: *Ist der Randpunkt r nicht absorbierend, so gilt für alle y*

$$\mathbf{P}_r\{\tau_y < \infty\} = 1$$

und

$$\mathbf{M}_r \tau_y < \infty.$$

Offenbar reicht es aus, den Zeitpunkt τ_0 zu betrachten, da für alle y $\tau_y \leq \tau_0$ gilt. Wir benutzen erneut die zu Beginn von § 5 gemachte Bemerkung. Entsprechend der Beziehung (45) ist die vom Austritt aus u bis zum Eintritt in r benötigte mittlere Zeit gleich

$$m(u; r) = S(u) - S(r) = |S(r)| - |S(u)| \leq |S(r)|$$

(wir erinnern daran, daß $S(u) \leq 0$ ist). Mit Hilfe der Tschebyscheffschen Ungleichung ergibt sich hieraus, daß

$$\mathbf{P}_u\{T > t\} \leq \frac{|S(r)|}{t}$$

ist und folglich für ein gewisses $t_0 < \infty$

$$\text{(61)} \qquad \mathbf{P}_u\{T < t_0\} > \tfrac{1}{2}$$

gleichzeitig für alle u gilt. Falls der Rand r nicht absorbierend ist, so verläßt das Teilchen r und damit eine gewisse Umgebung U_y von r mit positiver Wahrscheinlichkeit. Im Augenblick des Austritts aus U_y befindet sich das Teilchen entweder in einem der Zustände $u \leq y$ oder es wird vernichtet. Im ersten Fall kann das Teilchen von y aus mit positiver Wahrscheinlichkeit nach 0 gelangen und somit U_0 verlassen, wohingegen es im zweiten Fall sowohl U_y wie auch U_0 verläßt. Wenn also der Rand r das Teilchen nicht absorbiert, so ist die Wahrscheinlichkeit des Austritts aus U_0 positiv, und es gilt daher für ein gewisses $t_1 < \infty$

$$\text{(62)} \qquad \mathbf{P}_r\{\tau_0 < t_1\} = \alpha > 0.$$

Aus (61) und (62) ergibt sich, daß das Teilchen, wo immer es sich auch innerhalb von U_0 befindet, mit einer Wahrscheinlichkeit, die größer als $\frac{\alpha}{2}$ ist, während der Zeit t_0 nach r gelangt und nach seinem Eintritt in r während der Zeit t_1 U_0 verläßt. In einem solchen Fall verläßt das im Punkt u startende Teilchen während der Zeit t_0+t_1 die Umgebung U_0, und wir erhalten, daß für alle $u\in U_0$

$$\mathbf{P}_u\{\tau_0<t_0+t_1\}>\frac{\alpha}{2}>0$$

gilt, woraus unsere Behauptung folgt.

§ 8. Sprungmaß und Reflexionskoeffizient

Wir beschäftigen uns zunächst mit der Verteilung $\boldsymbol{\pi}_y$. Dies ist die Verteilung des Punktes $x(\tau_y)$, worin τ_y den Augenblick des ersten Austritts der Trajektorie aus U_y bezeichne.

Nach Definition befindet sich das Teilchen zum Zeitpunkt τ_y entweder in einem der Zustände $u_0=0, u_1, \ldots, y$, oder es verschwindet aus dem Zustandsraum E (der letzte Fall tritt ein, wenn sich das Teilchen vor dem Augenblick ζ des Abbrechens der Trajektorie stets rechts vom Punkt y befand). Um eine umständliche Sprechweise zu vermeiden, und um das Aufschreiben der Formeln zu vereinfachen, werden wir annehmen, daß im Augenblick ζ des Abbrechens der Trajektorie das Teilchen nicht verschwindet, sondern in den fiktiven Zustand -1 gelangt, welchen es anschließend nicht mehr verlassen kann. Wir setzen dementsprechend

$$\pi_y(-1)=\mathbf{P}_r\{\tau_y=\zeta\}$$

und fügen die Wahrscheinlichkeit $\pi_y(-1)$ der Familie der Wahrscheinlichkeiten $\boldsymbol{\pi}_y$ hinzu.

Wir nehmen an, daß das Teilchen, welches sich während einer gewissen Zeit* im Punkt r aufhält, im Augenblick ξ diesen Punkt durch einen Sprung mit der Verteilung

$$\boldsymbol{\pi}=\{\pi(-1), \pi(0), \ldots, \pi(u), \ldots\}$$

verläßt, wobei

$$\sum_u \pi(u)=1 \tag{63}$$

* Wie in § 2 (Petit) gezeigt wurde, kann diese Zeit nur eine Exponentialverteilung besitzen.

gelte. Wir zeigen, daß sich sämtliche Verteilungen π_y eindeutig durch π ausdrücken lassen.

Ist $x(\xi)=u\le y$, so folgt $\tau_y=\xi$ und $x(\tau_y)=u$ (Abb. 46). Falls jedoch $x(\xi)=z>y$ ist, so kann das Teilchen vom Punkt z aus entweder zuerst nach y oder zuerst nach r gelangen. Im ersten Fall gilt $x(\tau_y)=y$, während im zweiten Fall auf Grund der starken

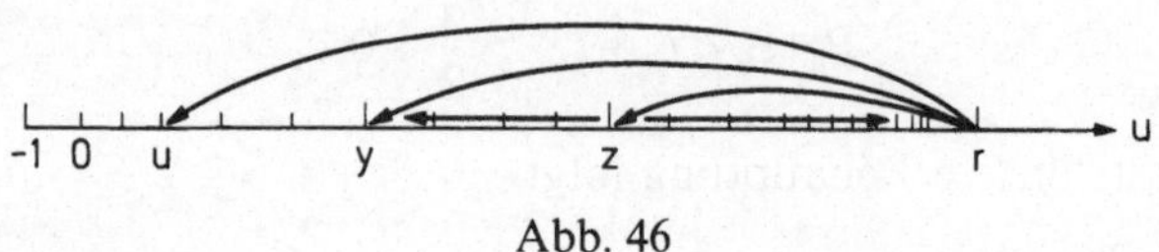

Abb. 46

Markoffschen Eigenschaft alles wieder von vorne beginnt. Die Wahrscheinlichkeiten dafür, von z aus nach y bzw. r zu gelangen, sind bekannt: Sie sind gleich $\frac{r-z}{r-y}$ bzw. $\frac{z-y}{r-y}$ (s. die Formeln (51)). Berücksichtigen wir dies alles, so gelangen wir zu

(64) $$\pi_y(u)=\pi(u)+\sum_{y<z<r}\pi(z)\frac{z-y}{r-y}\pi_y(u), \qquad u<y,$$

(65) $$\pi_y(y)=\pi(y)+\sum_{y<z<r}\pi(z)\left[\frac{z-y}{r-y}\pi_y(y)+\frac{r-z}{r-y}\right].$$

Aus (64) und (65) erhalten wir

(66) $$\pi_y(u)=\frac{\pi(u)}{1-\frac{1}{r-y}\sum\limits_{y<z<r}(z-y)\pi(z)}, \qquad u<y,$$

(67) $$\pi_y(y)=\frac{\pi(y)+\alpha(y)}{1-\frac{1}{r-y}\sum\limits_{y<z<r}(z-y)\pi(z)},$$

mit

(68) $$\alpha(y)=\frac{1}{r-y}\sum_{y<z<r}(r-z)\pi(z).$$

Subtrahieren wir von den Nennern der Ausdrücke in (66) und (67) $\alpha(y)$, so finden wir wegen (63)

$$1-\frac{1}{r-y}\sum_{y<z<r}(r-y)\pi(z)=1-\sum_{y<z<r}\pi(z)=\sum_{u\le y}\pi(u).$$

Daher kann man die Ausdrücke für $\boldsymbol{\pi}_y$ kürzer so schreiben:

$$(69) \qquad \pi_y(u) = \frac{\pi(u)}{\sum\limits_{u \le y} \pi(u) + \alpha(y)}, \qquad u < y,$$

$$(70) \qquad \pi_y(y) = \frac{\pi(y) + \alpha(y)}{\sum\limits_{u \le y} \pi(u) + \alpha(y)}.$$

Um uns die anschauliche Bedeutung der gewonnenen Ausdrücke klarzumachen, betrachten wir das Ereignis C: „Das Teilchen, welches den Punkt r verläßt, kehrt nicht zu ihm zurück, falls es sich nicht vorher außerhalb der Menge U_y befand." Im Nenner der Ausdrücke in (69) und (70) steht jeweils die Wahrscheinlichkeit $\mathbf{P}_r\{C\}$; diese Beziehungen besagen somit, daß die unbedingte Verteilung des Punktes $x(\tau_y)$ übereinstimmt mit seiner bedingten Verteilung unter der Bedingung C.

Wählen wir verschiedene Verteilungen $\boldsymbol{\pi}$, so werden wir verschiedene fortgesetzte Prozesse $x(t)$ erhalten. Jedoch sind damit nicht alle Möglichkeiten erschöpft. Das liegt daran, daß es keinen ersten Sprung, der das Teilchen vom Zustand r wegführt, zu geben braucht: Es kann der Fall eintreten, daß das Teilchen während einer beliebig kurzen Zeit t unendlich viele Sprünge ausführt, wobei es jedesmal zum Ausgangszustand zurückkehrt (es versteht sich, daß es zu jedem $\varepsilon > 0$ nur endlich viele Sprünge geben kann, deren Weiten größer als ε sind). Auf diesen Fall sind die obigen Überlegungen natürlich nicht anwendbar. Nichtsdestoweniger behalten die Beziehungen (69) und (70) auch im allgemeinen Fall ihre Gültigkeit; allerdings ist dann $\boldsymbol{\pi}$ kein Wahrscheinlichkeitsmaß mehr (die Reihe (63) divergiert), und die anschauliche Deutung von $\boldsymbol{\pi}$ wird etwas komplizierter. Außerdem tritt in der Beziehung (68) ein zusätzlicher Summand α auf, der die Reflexion charakterisiert.

Wir bemerken, daß die Formeln (68) bis (70) die früheren Werte für die Verteilungen $\boldsymbol{\pi}_y$ liefern, falls man alle Werte $\pi(u)$ mit der gleichen positiven Konstanten multipliziert. Daher kann man annehmen, daß $\boldsymbol{\pi}$ bis aus einen positiven Faktor bestimmt ist.

Wir formulieren jetzt einen Satz, der sich auf den im allgemeinen Fall vorliegenden Sachverhalt bezieht.

Zu einem beliebigen Prozeß der Klasse A existieren eine nichtnegative Konstante α *(Reflexionskoeffizient) und eine Folge* $\boldsymbol{\pi} = \{\pi(-1), \pi(0), \ldots, \pi(u), \ldots\}$ *(Sprungmaß), welche bis auf einen gemeinsamen positiven Faktor bestimmt sind, derart, daß folgende Bedingungen erfüllt sind:*

1. *Es gilt*

$$\sum_u (r-u)\pi(u) < \infty; \tag{71}$$

2. *wenn auch nur eine der Zahlen* α, $\pi(u)$ $(u=-1,0,u_1,\ldots)$ *von* 0 *verschieden ist, dann läßt sich* $\boldsymbol{\pi}_y$ *für jedes* $y \geq 0$ *durch* α *und* $\boldsymbol{\pi}$ *vermöge der Formeln* (69) *und* (70) *ausdrücken mit*

$$\alpha(y) = \frac{1}{r-y}\left[\alpha + \sum_{y<z<r} (r-z)\pi(z)\right]; \tag{72}$$

3. *wenn alle Zahlen* α, $\pi(u)$ *gleich* 0 *sind, dann sind auch alle Zahlen* $\pi_y(u)$, $u \leq y$, *gleich* 0.

Falls der Rand r absorbierend ist, genügt es, $\alpha=0$, $\boldsymbol{\pi}=0$ zu setzen. Hierbei ersieht man aus den Beziehungen (69), (70) sowie (72), daß keine andere Wahl der Zahlen α und $\boldsymbol{\pi}$ brauchbar ist. In den restlichen Fällen gilt, wie am Ende des vorangehenden Abschnitts gezeigt wurde,

$$\pi_y(-1) + \pi_y(0) + \cdots + \pi_y(y) = 1 \tag{73}$$

für einen beliebigen Zustand y aus dem Intervall $[0,r)$.

Wir setzen die Gültigkeit der Gleichung (73) voraus und betrachten zwei Umgebungen des Punktes r, etwa U_x und U_y mit $x>y$. Dann ist $\tau_y \geq \tau_x$, wobei sich im Fall $x(\tau_x) \leq y$ $x(\tau_y)=x(\tau_x)$ ergibt. Ist jedoch $x(\tau_x)=z>y$, so kann man von z entweder zuerst nach y (und dann tritt der Augenblick τ_y ein) oder zuerst nach r gelangen. Nach der Rückkehr des Teilchens zum Punkt r besitzt die zufällige Variable $x(\tau_y)$ wiederum die Verteilung $\boldsymbol{\pi}_y$. Deshalb erhalten wir für $\pi_y(u)$, $u \leq y$, Ausdrücke, die völlig analog zu denjenigen in (64) und (65) sind, nur treten hierin jetzt statt der Zahlen $\pi(u)$ und $\pi(z)$ die Zahlen $\pi_x(u)$ und $\pi_x(z)$ auf, wobei sich die Summation über alle Zustände z aus dem Intervall $y<z \leq x$ erstreckt. Indem wir die Berechnungen, welche von den Beziehungen (64) und (65) zu den Beziehungen (69) und (70) führten, wiederholen, erhalten wir

$$\pi_y(u) = \frac{\pi_x(u)}{\sum\limits_{u \leq y} \pi_x(u) + \alpha_x(y)}, \qquad u<y, \tag{74}$$

und

$$\pi_y(y) = \frac{\pi_x(y) + \alpha_x(y)}{\sum\limits_{u \leq y} \pi_x(u) + \alpha_x(y)}, \tag{75}$$

worin

$$\alpha_x(y) = \frac{1}{r-y} \sum_{y<z \leq x} (r-z)\pi_x(z) \tag{76}$$

gesetzt wurde (bei der Vereinfachung des Nenners wird anstelle von (63) die Formel (73) benutzt).

Aus (74) folgt, daß sich für zwei beliebige festgehaltene Zustände $y<x$ die beiden endlichen Zahlenfolgen

(77) $$\pi_y(u),\, u<y \quad \text{und} \quad \pi_x(u),\, u<y$$

nur um einen positiven Faktor unterscheiden. Somit existiert eine unendliche Folge

(78) $$\boldsymbol{\pi} = \{\pi(-1), \pi(0), \ldots, \pi(u), \ldots\}$$

von nichtnegativen Zahlen derart, daß man jede der beiden Folgen in (77) aus einem entsprechenden Abschnitt der Folge $\boldsymbol{\pi}$ durch Multiplikation mit einer positiven Konstanten erhält.

Wenn alle Folgen in (77) aus lauter Nullen bestehen, so hat man demnach $\boldsymbol{\pi}=0$ zu wählen. Falls jedoch $\pi_w(v)>0$ ist für irgendein Paar von Zuständen $v<w$, so genügt es, $\dfrac{\pi_x(u)}{\pi_x(v)}$ mit $x>u$, $x>v$ zu betrachten und zu bemerken, daß dieser Quotient nicht von x abhängt (da der Nenner π_x für $x=w$ nicht verschwindet, so ist er für beliebige $x>v$ positiv).

Ist speziell $\pi(u)=0$ für alle u, so haben wir $\pi_y(u)=0$ für beliebige $u<y$ und demnach $\pi_y(y)=1$ für alle $y\geq 0$. Daher sind die Beziehungen (69) bis (72) gültig, falls man $\alpha>0$ setzt.

Wir nehmen jetzt an, daß das Maß $\boldsymbol{\pi}$ von Null verschieden ist, und daß v der am weitesten links liegende Zustand ist, für den $\pi(v)>0$ gilt. Sei $x>y>v$. Multiplizieren wir Zähler und Nenner der Brüche in (74) und (75) mit dem gleichen Faktor $\lambda(x)$, um den sich die Folge $\pi_x(u)$ von dem entsprechenden Abschnitt der Folge (78) unterscheidet, so erhalten wir

(79) $$\pi_y(u) = \frac{\pi(u)}{\sum\limits_{u\leq y} \pi(u) + \alpha_x(y)\,\lambda(x)}, \qquad u<y,$$

und

(80) $$\pi_y(y) = \frac{\pi(y) + \alpha_x(y)\,\lambda(x)}{\sum\limits_{u\leq y} \pi(u) + \alpha_x(y)\,\lambda(x)}.$$

Da nach Definition $\pi(v)\neq 0$ ist, läßt sich aus Formel (79) für $u=v$ eindeutig der Wert des Produktes $\alpha_x(y)\lambda(x)$ bestimmen. Somit hängt $\alpha_x(y)\lambda(x)$ nicht von x ab, und wir dürfen

$$\alpha_x(y)\,\lambda(x) = \alpha(y), \qquad x>y$$

setzen. Dann nehmen die Beziehungen (79) und (80) die gewünschte Form (69) bzw. (70) an. Man erkennt aus diesen Beziehungen, daß sich die Folge $\pi(u)$, $u<y$, aus der Folge $\pi_y(u)$, $u<y$, durch Multiplikation mit $\sum_{u\leq y}\pi(u)+\alpha(y)$ gewinnen läßt. Also ergibt sich

$$\lambda(y)=\sum_{u\leq y}\pi(u)+\alpha(y), \tag{81}$$

und die Beziehungen (69) und (70) lassen sich umformen zu

$$\pi_y(u)=\frac{\pi(u)}{\lambda(y)}, \qquad u<y$$

bzw.

$$\pi_y(y)=\frac{\pi(y)+\alpha(y)}{\lambda(y)}.$$

Setzt man diese Ausdrücke für $y=x$ in die Beziehung (76) ein und multipliziert anschließend beide Seiten mit $\lambda(x)$, so gelangt man zur Gleichung

$$\alpha(y)=\frac{1}{r-y}\left[\alpha(x)(r-x)+\sum_{y<z\leq x}\pi(z)(r-z)\right]. \tag{82}$$

Vergrößert man x, so wird die Summe der Glieder nicht kleiner, da zu ihr weitere nichtnegative Summanden hinzukommen; andererseits ist sie nach oben durch die Zahl $\alpha(y)(r-y)$ beschränkt. Folglich konvergiert die Reihe

$$\sum_z\pi(z)(r-z),$$

welche gerade die Reihe (71) ist, und es ergibt sich aus (82), daß das Produkt $\alpha(x)(r-x)$ für $x\uparrow r$ einem endlichen Grenzwert α zustrebt.

Dieser (offenbar nichtnegative) Grenzwert ist gleich dem Reflexionskoeffizienten. Lassen wir in (82) x gegen r streben, so gelangen wir zur Beziehung (72).

Das bedeutet, daß sich die Verteilung $\boldsymbol{\pi}_y$ für $y>v$ (v ist der am weitesten links liegende Zustand, in welchem das Maß $\boldsymbol{\pi}$ positiv ist) durch die Parameter α und $\boldsymbol{\pi}$ in der von uns gewünschten Form ausdrücken läßt. Für Zustände y aus dem Intervall $0\leq y\leq v$ (falls solche Zustände existieren) sind die Formeln (69), (70) sowie (72) ebenfalls richtig. In der Tat, die Verteilung $\boldsymbol{\pi}_y$ ist für solche y auf den einzigen Punkt y konzentriert, und es ist leicht einzusehen, daß die Formeln (69), (70) und (72) zur gleichen Verteilung führen. (Der

Nenner der Ausdrücke in (69) und (70) enthält für $y \leq v$ den Summanden $\pi(v)$ mit positivem Koeffizienten und ist deshalb nicht gleich 0.) Somit ist die Darstellbarkeit der Verteilung $\boldsymbol{\pi}_y$ mit Hilfe von α und $\boldsymbol{\pi}$ gemäß (69) bis (72) in allen Fällen nachgewiesen.

Durch die Multiplikation von α und $\pi(u)$ mit einer gemeinsamen positiven Zahl wird der Zusammenhang dieser Charakteristiken mit den Verteilungen $\boldsymbol{\pi}_y$ nicht beeinflußt. Umgekehrt ergibt sich aus den Formeln (69), (70) und (72), daß Paare $\alpha^{(1)}, \boldsymbol{\pi}^{(1)}$ und $\alpha^{(2)}, \boldsymbol{\pi}^{(2)}$ proportional sind, falls sich die Verteilungen $\boldsymbol{\pi}_y$ sowohl aus $\alpha^{(1)}, \boldsymbol{\pi}^{(1)}$ als auch aus $\alpha^{(2)}, \boldsymbol{\pi}^{(2)}$ mit Hilfe der genannten Formeln darstellen lassen. Folglich sind das Sprungmaß $\boldsymbol{\pi}$ und der Reflexionskoeffizient α bis auf einen gemeinsamen positiven Faktor eindeutig bestimmt.

Zum Schluß untersuchen wir die Natur der Trajektorien $x(t)$ in verschiedenen Fällen. Ist $\alpha = 0$ und konvergiert die Reihe $\sum \pi(u)$, so können wir annehmen, daß $\pi(u) = 1$ gilt, da sich das Maß $\boldsymbol{\pi}$ normieren läßt. Dann liegt der zu Beginn dieses Abschnitts betrachtete Fall vor, daß $\boldsymbol{\pi}$ gerade die Verteilung des Teilchens im Augenblick seines ersten Sprungs von r aus ist.

Gilt $\alpha > 0$ und $\boldsymbol{\pi} = 0$, so sind Sprünge von r aus in andere Zustände unmöglich, aber das Teilchen verläßt r mit Wahrscheinlichkeit 1. In diesem Fall besitzt die Trajektorie des Teilchens bei dessen Austritt aus r keine Unstetigkeit. Für einen stetigen (z.B. den Wienerschen) Prozeß tritt bei der Reflexion ein analoger Effekt auf. Es ist somit auch in unserem diskreten Fall naheliegend zu sagen, daß eine Reflexion stattfindet. Das in der Nähe von r sich befindende Teilchen kehrt mit einer nahe bei 1 liegenden Wahrscheinlichkeit zunächst nach r zurück, bevor es sich von r um ein beträchtliches Stück entfernt. Es ist deshalb zu erwarten, daß sich das Teilchen bei der Reflexion nicht monoton vom Punkt r entfernt, sondern gegen den Rand r „trommelt", indem es unendlich oft nach r zurückkehrt, ehe es in einen fixierten Zustand $u < r$ gelangt. Dies geschieht auch tatsächlich.

Wenn die Reihe $\sum \pi(u)$ divergiert und $\alpha = 0$ ist, dann treten bis zum Sprung in einen fixierten Punkt u unendlich viele Sprünge in Zustände auf, welche zwischen u und r liegen. Dies hat teilweise Ähnlichkeit mit der Reflexion, nur gehen die Austritte aus r nicht stetig, sondern in Sprüngen vor sich. Die Reihe $\sum \pi(u)$ kann nicht allzu rasch divergieren. Andernfalls müßte das aus r austretende Teilchen bis zu seinem Eintritt in einen beliebigen fixierten Zustand $u < r$ Sprünge in näher an r gelegene Zustände ausführen, welche zusammen mit der Rückkehr nach r unendlich viel Zeit in Anspruch nehmen würden. Um diese Möglichkeit auszuschließen, ist die Bedingung (71) notwendig. Für gewisse Geburts- und Todesprozesse ist diese Bedingung auch hinreichend. Im allgemeinen Fall ist es zweckmäßig, sie durch eine stärkere Bedingung zu ersetzen; dies wird in § 9 näher ausgeführt werden.

Sind α und $\boldsymbol{\pi}$ beide verschieden von 0, so werden Sprünge von r aus mit Reflexionen kombiniert. Die relative Größe von α in bezug auf $\boldsymbol{\pi}$ charakterisiert das „spezifische Gewicht" der Reflexion in bezug auf die Sprünge. Es gilt nämlich, daß die Wahrscheinlichkeiten für einen Austritt aus U_y als Folge eines Sprungs in den Zustand u $(-1 \leq u \leq y)$ oder eines Sprungs in den Zustand z $(y<z<r)$ bzw. einer Reflexion entsprechend den Beziehungen (69), (70) sowie (72) proportional zu $\pi(u), \pi(z)\frac{r-z}{r-y}$ bzw. $\frac{\alpha}{r-y}$ sind (s. die Aufgaben).

§ 9. Der Absorptionskoeffizient. Nach innen passierbare Ränder

Anschaulich bestimmen das Sprungmaß $\boldsymbol{\pi}$ und der Reflexionskoeffizient α, wohin sich das Teilchen vom Punkt r aus bewegt. Für die Festlegung des fortgesetzten Prozesses $x(t)$ ist es noch notwendig, die Zeit zu charakterisieren, während der sich das Teilchen im Zustand r befindet. Ist z.B. $\alpha=0$ und $\boldsymbol{\pi}$ ein Wahrscheinlichkeitsmaß, so springt das Teilchen von r aus entsprechend der Verteilung $\boldsymbol{\pi}$. Die Zeit vom ersten Eintritt in r bis zum ersten Austritt aus r muß natürlich eine Exponentialverteilung besitzen, ebenso wie die Aufenthaltszeiten für die übrigen Zustände. Der Parameter dieser Exponentialverteilung ist beliebig wählbar und stellt einen weiteren Parameter des fortgesetzten Prozesses dar, den man den Größen α und $\boldsymbol{\pi}$ hinzuzufügen hat. Es ist schwer, sich im Fall $\alpha=0$ und $\sum \pi(u)<\infty$ irgendwelche anderen Möglichkeiten vorzustellen, und es gibt auch tatsächlich keine weiteren. Ungefähr ebenso verhält es sich im allgemeinen Fall für $\alpha \neq 0$ oder $\sum \pi(u)=\infty$. Ungeachtet dessen, daß das Teilchen jetzt in endlicher Zeit unendlich oft den Zustand r verläßt, wird die Zeit seines Aufenthalts in r wie oben durch eine einzige Konstante β beschrieben. Diese Konstante tritt bei der Untersuchung des Nenners $m(y)=\mathbf{M}_r \tau_y$ im Ausdruck (59) für den charakteristischen Operator $\mathfrak{A}$ auf. Außerdem wird bei der Berechnung von $m(y)$ dem Maß $\boldsymbol{\pi}$ eine weitere Beschränkung auferlegt; es zeigt sich, daß eine Reflexion nicht in bezug auf jeden Rand möglich ist.

Sei $x(t)$ ein Prozeß der Klasse A. Wir werden folgendes zeigen: *Für beliebiges $y \geq 0$ ist*

$$(83) \qquad m(y)=\frac{\beta+\alpha v(r)+\sum_{y<z<r} \pi(z)[S(z)-S(r)]-\alpha(y)[S(y)-S(r)]}{\lambda(y)},$$

worin β eine nichtnegative Konstante bezeichnet, die zusammen mit dem Sprungmaß $\boldsymbol{\pi}$ und dem Reflexionskoeffizienten α bis auf einen gemeinsamen positiven Faktor bestimmt und im Fall $\boldsymbol{\pi}=0$, $\alpha=0$ ungleich 0 ist; $S(u)$ und $v(u)$ stehen für die Charakteristik des Geburts- und Todesprozesses bzw. deren Ableitung bez. u, wobei wir $\alpha v(r)=0$ im Fall $\alpha=0$, $v(r)=\infty$ setzen; $\alpha(y)$ und $\lambda(y)$ sind die vermöge (72) *bzw.* (81) *definierten Größen. Es gilt*

$$\alpha v(r)<\infty \tag{84}$$

und

$$\sum_u \pi(u)[S(u)-S(r)]<\infty. \tag{85}$$

Die Konstante β werden wir als *Absorptionskoeffizient* bezeichnen.

Wenn r ein absorbierender Rand ist, so gilt $\alpha=0$, $\boldsymbol{\pi}=0$, und die Formel (83) liefert für $m(y)$ den richtigen Wert $+\infty$ bei beliebigem $\beta>0$.

In den übrigen Fällen ist $m(y)<\infty$, wie am Ende von § 7 gezeigt wurde. Wir setzen die zuletzt genannte Bedingung als erfüllt voraus und betrachten wieder zwei Umgebungen des Punktes r, etwa U_x und U_y, $x>y$. Im Augenblick τ_x des ersten Austritts aus U_x besitzt das Teilchen die Verteilung $\boldsymbol{\pi}_x$. Falls $x(\tau_x)\leq y$ ist, so folgt $\tau_y=\tau_x$. Gilt jedoch $x(\tau_x)=z>y$, so haben wir $\tau_y>\tau_x$, wobei

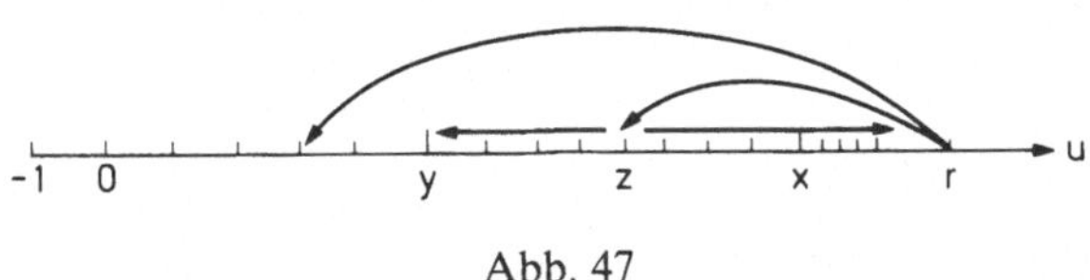

Abb. 47

das Teilchen vom Punkt z aus entweder zuerst nach y oder zuerst nach r gelangen kann (Abb. 47). Die mittlere Zeit, die hierzu erforderlich ist, kennen wir:

$$\begin{aligned} m(z;y,r) &= S(z)-\frac{(r-z)S(y)+(z-y)S(r)}{r-y} \\ &= [S(z)-S(r)]-\frac{r-z}{r-y}[S(y)-S(r)] \end{aligned} \tag{86}$$

(s. die Formel (46) aus § 5). Die Wahrscheinlichkeiten, nach y bzw. r zu gelangen, sind gleich $\frac{r-z}{r-y}$ bzw. $\frac{z-y}{r-y}$. Gelangt das Teilchen zum Punkt y, so tritt der Zeitpunkt τ_y auf, während es beim Eintritt in r für das Verlassen von U_y erneut die mittlere Zeit $m(y)$ benötigt. Somit haben wir für $m(y)$, die Gleichung

$$m(y) = m(x) + \sum_{y<z\leq x} \pi_x(z)\left[m(z;y,r) + \frac{z-y}{r-y} m(y)\right]. \tag{87}$$

Berechnen wir aus dieser Gleichung $m(y)$ und setzen wir für die Zahlen $\pi_x(z)$ deren Werte gemäß (69) bzw. (70) ein, so erhalten wir

$$m(y) = \frac{\lambda(x)m(x) + \sum\limits_{y<z\leq x} \pi(z)m(z;y,r) + \alpha(x)m(x;y,r)}{\lambda(x) - \frac{1}{r-y}\left[\sum\limits_{y<z\leq x} \pi(z)(z-y) + \alpha(x)(x-y)\right]} \tag{88}$$

worin

$$\lambda(x) = \sum_{u\leq x} \pi(u) + \alpha(x)$$

ist. Der Nenner des Ausdrucks in (88) ist gleich

$$\begin{aligned}
&\sum_{u\leq x} \pi(u) + \alpha(x) - \frac{1}{r-y}\left[\sum_{y<z\leq x} \pi(z)(z-y) + \alpha(x)(x-y)\right] \\
&\quad = \sum_{u\leq y} \pi(u) + \frac{1}{r-y}\left[\sum_{y<z\leq x} \pi(z)(r-z) + \alpha(x)(r-x)\right] \\
&\quad = \sum_{u\leq y} \pi(u) + \frac{1}{r-y}\left[\sum_{y<z\leq x} \pi(z)(r-z) + \alpha + \sum_{x<z<r} \pi(z)(r-z)\right] \\
&\quad = \sum_{u\leq y} \pi(u) + \alpha(y) = \lambda(y)
\end{aligned}$$

(wir benutzten zweimal die Beziehung (72), zunächst für den Zustand x und anschließend für den Zustand y). Setzen wir in den Zähler des Ausdrucks von (88) die Werte für $m(z;y,r)$ und $\alpha(x)$ entsprechend (86) bzw. (72) ein, so finden wir

$$\begin{aligned}
\lambda(y)m(y) = \lambda(x)m(x) &+ \sum_{y<z\leq x} \pi(z)[S(z) - S(r)] \\
&- \frac{S(y)-S(r)}{r-y} \sum_{y<z\leq x} \pi(z)(r-z) + \alpha(x)[S(x) - S(r)] \\
&- \frac{S(y)-S(r)}{r-y}\left[\alpha + \sum_{x<z<r} \pi(z)(r-z)\right].
\end{aligned}$$

Auf Grund der Beziehung (72) liefern hier die negativen Glieder den Beitrag $-\alpha(y)[S(y)-S(r)]$. Daher ergibt sich

$$(89) \qquad \lambda(y)m(y)+\alpha(y)[S(y)-S(r)] = \lambda(x)m(x)+\alpha(x)[S(x)-S(r)] + \sum_{y<z\leq x} \pi(z)[S(z)-S(r)].$$

Wir gehen in (89) zur Grenze für $x \uparrow r$ über. Die linke Seite dieser Beziehung hängt nicht von x ab; auf der rechten Seite haben alle Glieder gleiches Vorzeichen. Daher bleibt die Summe $\sum \pi(z)[S(z)-S(r)]$ für $x \uparrow r$ beschränkt, und die Reihe (85) konvergiert folglich.

Weiter betrachten wir den Summanden $\alpha(x)[S(x)-S(r)]$. Mit Hilfe von (72) haben wir

$$\alpha(x)[S(x)-S(r)] = \alpha\frac{S(x)-S(r)}{r-x} + \frac{S(x)-S(r)}{r-x}\sum_{x<z<r} \pi(z)(r-z).$$

Aus der Konvexität der Funktion S ergibt sich, daß der Absolutbetrag der Steigung der Sehne, welche die Punkte des Graphen

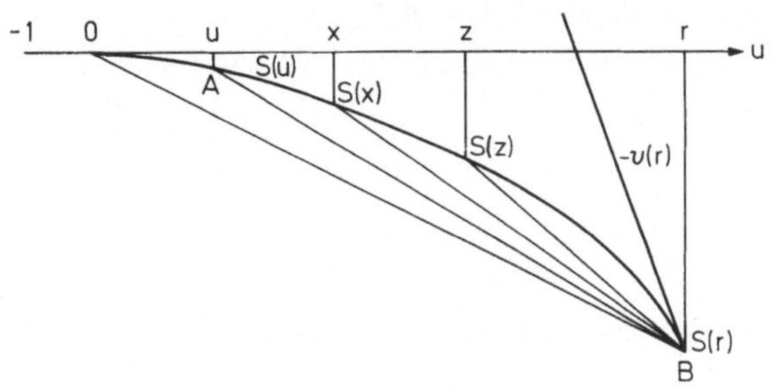

Abb. 48

von S mit den Abszissen z bzw. r verbindet, mit wachsendem z zunimmt (Abb. 48). Das bedeutet, daß für $x<z<r$

$$\frac{S(x)-S(r)}{r-x} < \frac{S(z)-S(r)}{r-z}$$

und folglich

$$0 \leq \frac{S(x)-S(r)}{r-x}\sum_{x<z<r} \pi(z)(r-z) \leq \sum_{x<z<r} \pi(z)[S(z)-S(r)]$$

gilt. Auf der rechten Seite erhielten wir den Rest der konvergenten Reihe (85); somit ergibt sich

$$\lim_{x\uparrow r} \frac{S(x)-S(r)}{r-x} \sum_{x<z<r} \pi(z)(r-z)=0.$$

Folglich haben wir

$$\lim_{x\uparrow r} \alpha(x)[S(x)-S(r)] = \alpha \lim_{x\uparrow r} \frac{S(x)-S(r)}{r-x} = \alpha v(r), \tag{90}$$

wobei im Fall $\alpha=0$ und $v(r)=\infty$ dieser Grenzwert gleich 0 ist.

Da $S(u)$ zwar stückweise linear, aber nicht differenzierbar ist, erfordert die Beziehung

$$\lim_{x\uparrow r} \frac{S(x)-S(r)}{r-x} = \lim_{n\to\infty} \frac{S_n-S_r}{r-u_n} = v(r) \tag{91}$$

im allgemeinen einen Beweis. Aus den Beziehungen von § 5 folgt, daß

$$S_n-S_m = \sum_{k=n}^{m-1} v_k \delta_k, \qquad m>n,$$

$$u_m-u_n = \sum_{k=n}^{m-1} \delta_k, \qquad m>n$$

gilt. Da v_k mit wachsendem k zunimmt, hat man

$$v_n(u_m-u_n) \le S_n-S_m \le v_{m-1}(u_m-u_n) \le v_{m-1}(r-u_n).$$

Für $m\to\infty$ ergibt sich hieraus

$$v_n(r-u_n) \le S_n - S(r) \le v(r)(r-u_n)$$

oder

$$v_n \le \frac{S_n-S(r)}{r-u_n} \le v(r).$$

Da $v(r)=\lim_{n\to\infty} v_n$ gilt, ist die Beziehung (91) bewiesen.

Schließlich existiert auch der Grenzwert

$$\beta = \lim_{x\uparrow r} \lambda(x) m(x) \tag{92}$$

und ist nichtnegativ und endlich, da die übrigen Glieder in der Beziehung (89) für $x\uparrow r$ endliche Grenzwerte besitzen.

Berücksichtigen wir (90) und (92), so erhalten wir aus (89) durch Grenzübergang die gewünschte Beziehung (83). Die Bedingung (84) ergibt sich aus (83) und der Endlichkeit von $m(y)$ für $\alpha>0$. Aus der Beziehung (83) erkennt man, daß der Koeffizient β bei gegebenen α und π, welche nicht gleichzeitig verschwinden, eindeutig bestimmt ist und bei Multiplikation von α und π mit einer positiven Zahl sich mit der gleichen Zahl multipliziert (oder weiterhin gleich 0 bleibt, falls er gleich 0 war). Ist $\alpha=0$ und $\pi=0$, so ist β, wie schon erwähnt wurde, eine beliebige positive Zahl. Somit sind im allgemeinen Fall die Koeffizienzen α, β und Maß π eindeutig bis auf einen gemeinsamen positiven Faktor bestimmt.

Es sei erläutert, wie der Absorptionskoeffizient β mit der Dauer des Aufenthalts des Teilchens im Randpunkt r zusammenhängt. Wir setzen voraus, daß der Rand r nichtabsorbierend ist. Wir bemerken, daß sich die Zeit τ_y bis zum Austritt aus U_y darstellt als Summe der im Punkt r verbrachten Zeit ξ_y und der Zeit σ_y, während der sich das Teilchen in Zuständen z des Intervalls $y<z<r$ befindet. Daher gilt

$$m(y)=\mathbf{M}_r\xi_y+\mathbf{M}_r\sigma_y. \tag{93}$$

Um $\mathbf{M}_r\sigma_y$ zu bestimmen, betrachten wir eine Umgebung U_x des Punktes r mit $y<x<r$. Bis zum Zeitpunkt τ_y kann das Teilchen mehrmals U_x verlassen. Jedesmal, wenn es sich außerhalb von U_x, aber innerhalb von U_y befindet, benötigt es eine gewisse Zeit, um nach r zurückzukehren oder in den Punkt y zu gelangen. Bezeichne η_y^x die Gesamtlänge all dieser Zeitintervalle. Offenbar ist $\sigma_y^x\le\eta_y^x\le\sigma_y$, wobei σ_y^x diejenige Zeit darstelle, welche das Teilchen bis zum Zeitpunkt τ_y in Zuständen z des Intervalls $y<z\le x$ verbringt. Da σ_y^x für $x\uparrow r$ monoton wachsend gegen σ_y konvergiert, folgt $\mathbf{M}_r\sigma_y^x\uparrow\mathbf{M}_r\sigma_y$, woraus sich

$$\mathbf{M}_r\sigma_y=\lim_{x\uparrow r}\mathbf{M}_r\eta_y^x \tag{94}$$

ergibt*. Die Größe $\mathbf{M}_r\eta_y^x$ ist leicht zu berechnen. In der Tat, schließen wir analog wie bei der Herleitung der Beziehung (87), so erhalten wir

$$\mathbf{M}_r\eta_y^x=\sum_{y<z\le x}\pi_x(z)\left[m(z;y,r)+\frac{z-y}{r-y}\mathbf{M}_r\eta_y^x\right]. \tag{95}$$

Die letzte Gleichung unterscheidet sich von der Gleichung (87) für $m(y)$ nur dadurch, daß anstelle des Gliedes $m(x)$ auf der rechten Seite die Zahl 0 steht. Formen wir die Gleichung (95) ebenso um wie die Gleichung (87), so gelangen wir daher für die Größe $\lim_{x\uparrow r}\mathbf{M}_r\eta_y^x=\mathbf{M}_r\sigma_y$ zu einem Ausdruck, der mit dem Ausdruck (83) für $m(y)$ übereinstimmt, jedoch das Glied β nicht enthält. Durch einen Vergleich von (83) und (93) finden wir

$$\mathbf{M}_r\xi_y=\frac{\beta}{\lambda(y)}. \tag{96}$$

---

* s. Fußnote S. 98.

Somit ist die mittlere Zeit, die das Teilchen im Punkt r bis zum Austritt aus einer gegebenen Umgebung verbringt, proportional zu β.

Für $y \uparrow r$ konvergieren die zufälligen Zeiten ξ_y monoton abnehmend gegen die Zeit ξ, die das Teilchen im Punkt r verbringt. Aus (72) und (81) erkennt man, daß

$$\lim_{y \uparrow r} \lambda(y) = \begin{cases} \sum_u \pi(u), & \alpha = 0, \\ \infty, & \alpha > 0 \end{cases} \tag{97}$$

gilt. Also haben wir

$$\mathbf{M}_r \xi = \frac{\beta}{\sum_u \pi(u)} > 0,$$

falls $\alpha = 0$ ist und die Reihe $\sum_u \pi(u)$ konvergiert. Der Zustand r hat hierbei Ähnlichkeit mit den übrigen Zuständen: Die Zeit, während der sich das Teilchen in ihm befindet, besitzt eine Exponentialverteilung mit dem Parameter

$$a_\infty = \frac{\sum_u \pi(u)}{\beta} < \infty.$$

Falls $\alpha > 0$ ist oder die Reihe $\sum \pi(u)$ divergiert, so folgt aus (97), daß $\mathbf{M}_r \xi = 0$ gilt. Die Menge R aller Zeiten t, für welche $x(t) = r$ gilt, enthält dann kein einziges Intervall positiver Länge. Dennoch ist für $\beta > 0$ die gesamte, vom Teilchen in r verbrachte Zeit positiv. Die Menge R besitzt in diesem Fall eine Struktur, welche Ähnlichkeit hat mit derjenigen der Cantorschen perfekten Menge von positivem Maß*.

Ist der Rand absorbierend, so gilt $\lambda(y) = 0$ für alle $y < r$; die Beziehung (96) bleibt also erfüllt.

Wir betrachten jetzt ausführlicher die Beziehungen (84) und (85). Aus (84) ergibt sich, daß der Reflexionskoeffizient α nur dann von 0 verschieden sein kann, wenn $v(r) < \infty$ ist. Anschaulich hängt im Fall eines anziehenden Randes $(r < \infty)$ die Möglichkeit, in endlicher Zeit von r aus in einen beliebigen anderen Zustand y zu gelangen, davon ab, ob die Größe $v(r)$ endlich oder unendlich ist (s. die Aufgaben). Wir werden sagen, daß im Fall $v(r) < \infty$ der anziehende Rand r *nach innen passierbar* und im Fall $v(r) = \infty$ *nach*

---

* s. z. B. P. R. HALMOS, Measure Theory, van Nostrand, New York, 1950, § 15.

innen unpassierbar sei. Somit ist *für eine Reflexion notwendig, daß der Rand nach innen passierbar ist.*

Ist der Rand nach innen passierbar, so besteht eine Abhängigkeit zwischen den dem Sprungmaß auferlegten Bedingungen

(98) $$\sum_u \pi(u)(r-u) < \infty$$

sowie

(99) $$\sum_u \pi(u)(S(u)-S(r)) < \infty,$$

zu denen wir in den beiden letzten Abschnitten gelangt waren. Aus der Konvexität der Funktion S folgt, daß für $u<r$

$$\frac{S(u)-S(r)}{r-u} \geq \frac{|S(r)|}{r}$$

gilt (s. Abb. 48, in der die Sehne AB steiler verläuft als die Sehne OB). Daher haben wir

$$r-u \leq \frac{r}{|S(r)|}(S(u)-S(r));$$

folglich ergibt sich die Konvergenz der Reihe (98) aus derjenigen der Reihe (99). Somit genügt es im allgemeinen Fall, *von den Bedingungen* (98) *und* (99) *lediglich die zweite beizubehalten.* Ist jedoch *der Rand r nach innen passierbar*, so ist umgekehrt (99) eine Folge

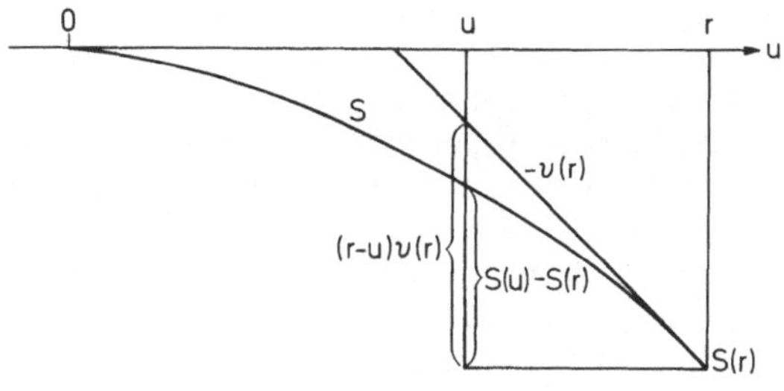

Abb. 49

von (98); *diese Bedingungen sind dann also äquivalent.* In der Tat, im Fall $v(r)<\infty$ kann man die geometrisch plausible Abschätzung $S(u)-S(r)\leq(r-u)v(r)$ benutzen (Abb. 49).

Ist der Rand, für welchen r und $S(r)$ endlich sind, erreichbar, so stellt die Passierbarkeit des Randes nach innen eine ziemlich starke zusätzliche Einschränkung dar. Gilt z.B. $p_n = p$, $q_n = q$ für alle $n \geq 1$ und ist $p > q$, so hat man gemäß Formel (41)

$$v(r) = \frac{1}{a_0} + p \sum_{n=1}^{\infty} \frac{1}{a_n} \left(\frac{p}{q}\right)^n. \tag{100}$$

Die Konvergenz dieser Reihe schränkt die Parameter a_n weit mehr ein als diejenige der Reihe

$$-S(r) = \frac{1}{p-q} \sum_{n=0}^{\infty} \frac{1}{a_n}$$

(s. § 6).

Es ist geometrisch klar (s. Abb. 49), daß sich aus den Bedingungen $r < \infty$ und $v(r) < \infty$ die Endlichkeit der Größe $S(r)$ ergibt. Andererseits ist die Bedingung $v(r) < \infty$ allein nicht hinreichend für die Erreichbarkeit des Randes: $v(r)$ kann endlich sein, während r und $S(r)$ beide unendlich sind (z.B. kann die Reihe (100) für $p < q$ glatt konvergieren). Somit wird ein erreichbarer, nach innen passierbarer Rand durch die beiden Bedingungen

$$r < \infty, \qquad v(r) < \infty$$

charakterisiert. (In den Aufgaben finden sich weitere Einzelheiten über Zusammenhänge zwischen verschiedenen Randtypen.)

§ 10. Randbedingungen

Wir werten jetzt einige Ergebnisse aus. In §§ 8 und 9 wurde gezeigt, daß zu jedem fortgesetzten, zur Klasse A gehörigen Geburts- und Todesprozeß ein Sprungmaß π, ein Reflexionskoeffizient α und ein Absorptionskoeffizient β gehören, wobei diese Größen bis auf einen gemeinsamen positiven Faktor eindeutig bestimmt sind. Kennt man α, β und π, so kann man aus den Beziehungen (69), (70), (72) und (83) die Verteilung π_y, die mittlere Zeit $m(y)$ (jeweils für beliebiges $y \geq 0$) und somit auch den charakteristischen Operator im Punkt r bestimmen, welcher durch

$$\mathfrak{A} f(r) = \lim_{y \uparrow r} \frac{\sum\limits_{0 \leq u \leq y} \pi_y(u) f(u) - f(r)}{m(y)} \tag{101}$$

gegeben wird (s. die Formel (59)). In den übrigen Punkten ist der Operator $\mathfrak{A}$ bekannt: Nach Formel (54) gilt

$$\mathfrak{A} f(u_n) = \tfrac{1}{2} D_\mu D_u f(u_n), \qquad n = 0, 1, 2, \ldots. \tag{102}$$

Da der charakteristische Operator einen Prozeß der Klasse A vollkommen bestimmt, bedeutet dies, daß sich die betrachteten Fortsetzungen eines Geburts- und Todesprozesses mit Hilfe des Sprungmaßes $\boldsymbol{\pi}$ und der Koeffizienten α und β eindeutig rekonstruieren lassen.

Vir erinnern daran, daß wir bei der Konstruktion des Sprungmaßes $\boldsymbol{\pi}$ die Vernichtung eines Teilchens durch den Sprung in den fiktiven Zustand -1 ersetzten. Wir kehren jetzt zur früheren Terminologie zurück und führen für die Zahl $\pi(-1)$ die spezielle Abkürzung

$$\pi(-1)=\gamma \tag{103}$$

ein; γ heiße *Extinktionskoeffizient.* Die Gesamtheit der restlichen Zahlen $\pi(u)$, $u=u_0, u_1, \ldots$, werden wir wie früher als Sprungmaß bezeichnen. Somit haben wir jetzt die drei Koeffizienten α, β und γ sowie das Sprungmaß $\boldsymbol{\pi}$.

Statt die Größen α, β, γ und $\boldsymbol{\pi}$ einzeln anzugeben, kann man eine Beziehung herleiten, in der sie alle enthalten sind. Diese Beziehung gewinnt man durch Grenzübergang aus der Beziehung (101).

Sei r ein nichtabsorbierender Rand. Setzen wir in (101) für die Zahlen $\pi_y(u)$ die entsprechenden Werte gemäß (69) und (70) ein und benutzen die Bezeichnung

$$\lambda(y)=\sum_{-1\leq u\leq y}\pi(u)+\alpha(y)=\gamma+\sum_{0\leq u\leq y}\pi(u)+\alpha(y)$$

(s. (81)), so gelangen wir zu

$$\begin{aligned}\mathfrak{A}f(r)&=\lim_{y\uparrow r}\frac{\sum\limits_{0\leq u\leq y}\pi(u)f(u)+\alpha(y)f(y)-\lambda(y)f(r)}{\lambda(y)m(y)}\\&=\lim_{y\uparrow r}\frac{\sum\limits_{0\leq u\leq y}\pi(u)(f(u)-f(r))+\alpha(y)(f(y)-f(r))-\gamma f(r)}{\lambda(y)m(y)}.\end{aligned} \tag{104}$$

Wegen (92) strebt der Nenner des letzten Ausdrucks für $y\uparrow r$ gegen den Koeffizienten β. Wenn die Funktion f im Punkt r eine Ableitung $f'(r)$ besitzt, so haben wir auf Grund von (72) und (71)

$$\lim_{y\uparrow r}\alpha(y)(f(y)-f(r))=\lim_{y\uparrow r}\alpha(y)(r-y)\frac{f(y)-f(r)}{r-y}=-\alpha f'(r).$$

Außerdem ergibt sich aus der Existenz von $f'(r)$, daß $f(u)-f(r)\sim -f'(r)(r-u)$ für $u\uparrow r$ gilt; daher ist die Konvergenz der Reihe $\sum\pi(u)(f(u)-f(r))$ eine Folge der Konvergenz der Reihe

$\sum \pi(u)(r-u)$. Demnach konvergiert der Nenner des letzten Ausdrucks in (104) gegen

$$\sum_u \pi(u)(f(u)-f(r))-\alpha f'(r)-\gamma f(r). \tag{105}$$

Somit erhalten wir im Fall $\beta>0$

$$\mathfrak{A} f(r)=\frac{1}{\beta}\left\{\sum_u \pi(u)(f(u)-f(r))-\alpha f'(r)-\gamma f(r)\right\}$$

oder

$$\beta \mathfrak{A} f(r)+\alpha f'(r)+\gamma f(r)+\sum_u \pi(u)(f(r)-f(u))=0. \tag{106}$$

Ist $\beta=0$, so folgt aus der Endlichkeit von $f'(r)$ noch nicht die Existenz des Grenzwertes in (104); jedoch ist für die Endlichkeit von $\mathfrak{A} f(r)$ in jedem Fall notwendig, daß der Grenzwert des Zählers gleich 0 ist. Setzen wir den Ausdruck (105) gleich 0, so gelangen wir wieder zur Gleichung (106) mit $\beta=0$. Schließlich trifft die Gleichung (106) auch im Fall eines absorbierenden Randes r zu, da dann

$$\alpha=\gamma=\pi(u)=\mathfrak{A} f(r)=0$$

gilt.

Somit stellt allgemein das Bestehen der Gleichung (106) eine notwendige Bedingung dafür dar, daß eine Funktion f, die im Punkt r eine endliche Ableitung besitzt, zum Definitionsbereich des charakteristischen Operators $\mathfrak{A}$ gehört. Diese Gleichung wird gewöhnlich als *Randbedingung* für den Prozeß $x(t)$ oder für den Operator $\mathfrak{A}$ bezeichnet. Offenbar ist die Vorgabe einer Gleichung der Form (106) gleichwertig mit der Vorgabe der vier nichtnegativen Zahlen α, β, γ und $\pi(u)$ (bis auf einen gemeinsamen positiven Faktor genau). Folglich gilt: *Jeder Fortsetzung eines gegebenen Geburts- und Todesprozesses der Klasse A entspricht eine bestimmte Randbedingung; der fortgesetzte Prozeß läßt sich aus dieser Randbedingung eindeutig rekonstruieren.*

Mit anderen Worten, ein Prozeß der Klasse A wird durch den Operator $\frac{1}{2}D_\mu D_u$ beschrieben, der das Verhalten des Prozesses in den inneren Punkten festlegt sowie durch eine Randbedingung der Form (106).

In §§ 8 und 9 wurde gezeigt, daß die Koeffizienten α, β, $\gamma=\pi(-1)$ sowie das Maß π den Bedingungen

$$\alpha\geq 0,\quad \beta\geq 0,\quad \gamma\geq 0,\quad \pi(u)\geq 0,\quad \alpha^2+\beta^2+\gamma^2+\sum_u \pi(u)^2>0, \tag{107}$$
$$\alpha v(r)<\infty,\quad \sum_u \pi(u)(S(u)-S(r))$$

genügen müssen. Wir wissen einstweilen noch nicht, *ob diese Bedingungen hinreichend sind* für die Existenz eines Prozesses $x(t)$ mit den zuvor gewählten Parametern α, β, γ und $\boldsymbol{\pi}$. Zur Beantwortung dieser Frage ist es zweckmäßig, andere mathematische Hilfsmittel zu benutzen; wir werden uns hier lediglich darauf beschränken, die Ergebnisse zu formulieren und anschaulich zu machen. Es zeigt sich, daß einer Randbedingung der Form (106) mit Koeffizienten, welche den Ungleichungen (107) genügen, stets ein Markoffscher Prozeß entspricht, der jedoch nicht notwendig der Klasse A anzugehören braucht. Das liegt daran, daß für gewisse Werte der Parameter α, β, γ und $\boldsymbol{\pi}$ das Teilchen, welches im Augenblick T in den Randpunkt r gelangt ist, letzteren augenblicklich durch einen weiten Sprung wieder verläßt. Infolgedessen ist die Bedingung

$$\lim_{h\downarrow 0} x(T+h) = r, \tag{108}$$

die sich aus den in § 7 bei der Definition der Klasse A gemachten Voraussetzungen 4 und 5 ergibt, verletzt. Im Fall $\beta>0$ ist die Zeit, während der das anfangs in r befindliche Teilchen bis zu seinem Austritt aus einer beliebigen Umgebung $U\ni r$ im Zustand r verharrt, (im Mittel) positiv. In Wirklichkeit kann man den Zusatz „im Mittel" ersetzen durch die Worte „mit Wahrscheinlichkeit 1"; daher ist die Bedingung (108) für $\beta>0$ erfüllt. Letzteres gilt auch dann, wenn die Reihe $\sum \pi(u)$ divergiert, da in diesem Fall dem ersten Sprung von r in das Äußere einer beliebigen fixierten Umgebung U von r unendlich viele Sprünge in näher an r liegende Punkte vorangehen. Ist $\beta=0$ und konvergiert die Reihe $\sum \pi(u)$, so ist für die Gültigkeit von (108) hinreichend, daß α positiv ist. In der Tat, aus der Beziehung (72) folgt, daß in diesem Fall $\alpha(y)\to\infty$ für $y\uparrow r$ gilt, wohingegen $\sum_{u\le y} \pi(u)$ beschränkt bleibt. Daher ergibt sich für einen nahe bei r liegenden Zustand y, daß ein direkter Sprung von r in die Zustände $-1, 0, u_1, \ldots, y$ viel weniger wahrscheinlich ist als ein Sprung von r nach y über den unmittelbar rechts von y liegenden Zustand. Im Grenzfall erhält man, daß dem ersten Sprung von r aus eine mehrfache Reflexion im Punkt r vorangeht und die Bedingung (108) erfüllt ist. Es bleibt der Fall

$$\alpha=\beta=0, \qquad \sum_u \pi(u) < \infty \tag{109}$$

übrig. Gilt (109), so führt das Teilchen zum Zeitpunkt T einen Sprung mit der Verteilung $\boldsymbol{\pi}$ aus; die Bedingung (108) ist verletzt. Einer Randbedingung mit solchen Parametern entspricht kein Prozeß der Klasse A. Im Fall (109) ist es ganz natürlich, den Punkt r nicht dem Zustandsraum hinzuzufügen.

§ 11. Der Eindeutigkeitssatz

Wir beweisen jetzt den in § 7 formulierten Satz über die Eindeutigkeit eines Prozesses der Klasse A mit gegebenem charakteristischen Operator.

Zunächst präzisieren wir die Formulierung des Problems. Wir betrachten die *Übergangsfunktion*

$$p(t,u,v) = \mathbf{P}_u\{x(t) = v\}, \qquad t \geq 0$$

des Prozesses $x(t)$, worin u und v beliebige Punkte des Zustandsraumes $E = \{u_0, u_1, \ldots, u_n, \ldots, r\}$ darstellen. Die Übergangsfunktion $p(t,u,v)$ spielt im Fall kontinuierlicher Zeit die gleiche Rolle wie die Übergangswahrscheinlichkeiten $p(x,y)$ für eine Markoffsche Kette mit diskreter Zeit. Auf Grund der Markoffschen Eigenschaft läßt sich die Wahrscheinlichkeit des Ereignisses

$$(110) \qquad A = \{x(t_1) = v_1, x(t_2) = v_2, \ldots, x(t_n) = v_n\}, \qquad 0 \leq t_1 < t_2 < \cdots < t_n$$

mit Hilfe von $p(t,u,v)$ entsprechend der Formel

$$\mathbf{P}_u\{A\} = p(t_1, u, v_1)\, p(t_2 - t_1, v_1, v_2) \ldots p(t_n - t_{n-1}, v_{n-1}, v_n)$$

ausdrücken. Das bedeutet, daß für zwei Prozesse die Wahrscheinlichkeiten sämtlicher Ereignisse der Form (110) übereinstimmen, falls für sie die Übergangsfunktionen identisch sind. Folglich stimmen auch die Wahrscheinlichkeiten aller Ereignisse überein, die darstellbar sind als abzählbare Vereinigungen, abzählbare Durchschnitte, Differenzen oder als Grenzwerte monotoner Folgen von Ereignissen der Form (110). Es läßt sich zeigen, daß man für Prozesse der Klasse A auf diese Weise alle Ereignisse (bis auf Ereignisse der Wahrscheinlichkeit 0 genau) erhält, die vom Verhalten der Trajektorien abhängen. Daher ist der Unterschied zwischen zwei Prozessen der Klasse A mit gleichen Übergangsfunktionen unwesentlich*. Auch wenn ein Prozeß der Klasse A als Familie von Wahrscheinlichkeitsmaßen $\mathbf{P}_u$ auf einer Menge von Trajektorien durch die Übergangsfunktion nicht eindeutig festgelegt wird, so sind somit Prozesse mit gleicher Übergangsfunktion praktisch doch nicht voneinander unterscheidbar. Wir werden zeigen, daß *sich die Übergangsfunktion eines Prozesses der Klasse A eindeutig aus dessen charakteristischem Operator $\mathfrak{A}$ rekonstruieren läßt.*

---

* Zwei derartige Prozesse kann man immer dadurch auseinander erhalten, daß man zu der Menge der Trajektorien eine gewisse Menge B hinzufügt und aus ihr eine gewisse Menge C entfernt derart, daß $\mathbf{P}_u\{B\} = \mathbf{P}_u\{C\} = 0$ für alle $u \in E$ gilt.

Wir betrachten auf den stetigen Funktionen $f(u), u\in E$, den durch

$$R_\lambda f(u)=\int_0^\infty e^{-\lambda t}\mathbf{M}_u f(x(t)\,dt, \qquad \lambda>0 \tag{111}$$

definierten Operator R_λ, der als *Resolvente des Prozesses* $x(t)$ bezeichnet wird. (Es sei angemerkt, daß im Fall $f\geq 0$ $R_\lambda f$ ein α-Potential der Funktion f mit $\alpha=e^{-\lambda}$ darstellt; s. § 8, Kap. III.)

Ist speziell $f(v)=1$ für einen Punkt $v\neq r$ und verschwindet f in den übrigen Punkten, so ist $\mathbf{M}_u f(x(t))=p(t,u,v)$, und wir haben

$$R_\lambda f(u)=\int_0^\infty e^{-\lambda t}p(t,u,v)\,dt.$$

Gilt $f=1$ auf dem gesamten Zustandsraum, so ist $\mathbf{M}_u f(x(t)) =\mathbf{P}_u\{\zeta>t\}$, und es ergibt sich

$$R_\lambda f(u)=\int_0^\infty e^{-\lambda t}\mathbf{P}_u\{\zeta>t\}\,dt.$$

Wir erhielten somit die Laplace-Transformierten der Funktionen $p(t,u,v)$ und $\mathbf{P}_u\{\zeta>t\}$. In der Analysis wird bewiesen, daß eine beschränkte, rechtsseitig stetige Funktion $\varphi(t), t\geq 0$, die für beliebiges $\lambda>0$ der Beziehung

$$\int_0^\infty e^{-\lambda t}\varphi(t)\,dt=0$$

genügt, identisch gleich 0 ist (s. z.B. [4], Vol. I, S. 26). Die Wahrscheinlichkeit $\mathbf{P}_u\{\zeta>t\}$ ist rechtsseitig stetig bez. t, da für $h\downarrow 0$ die Ereignisse $\{\zeta>t+h\}$ monoton gegen das Ereignis $\{\zeta>t\}$ konvergieren. Aus der rechtsseitigen Stetigkeit der Trajektorie des Prozesses folgt, daß die Funktionen $p(t,u,v)$ ebenfalls für $v\neq r$ rechtsseitig stetig bez. t sind*. Daher besitzen Prozesse der Klasse A

* In der Tat, für ein beliebiges Paar von Zuständen $x\neq v$ konvergiert die Menge A_h derjenigen in x beginnenden Trajektorien, die während der Zeit $h>0$ nach v gelangen, monoton gegen die leere Menge für $h\downarrow 0$. Da aus den Bedingungen $x(0)=x$, $x(h)=v$ das Ereignis A_h folgt, haben wir $p(h,x,v)\leq \mathbf{P}_x\{A_h\}$, und es ergibt sich aus der Konvergenz von $\mathbf{P}_x\{A_h\}$ gegen 0 $\lim\limits_{h\downarrow 0}p(h,x,v)=0$, $x\neq v$. Ist $v=u_n$, so gilt wegen (9) $p(h,v,v)\geq e^{-a_n h}$ und somit $\lim\limits_{h\downarrow 0}p(h,v,v)=1$, $v\neq r$. Beachten wir dies, so brauchen wir in der Beziehung

$$p(t+h,u,v) = \sum_{x\in E} p(t,u,x)p(h,x,v),$$

die sich unmittelbar aus der Markoffschen Eigenschaft ergibt, lediglich h gegen 0 streben zu lassen (der gliedweise Grenzübergang in der unendlichen Reihe ist erlaubt, da die zweiten Faktoren durch die Zahl 1 beschränkt werden und die aus den ersten Faktoren gebildete Reihe absolut konvergiert).

mit gleichen Resolventen gleiche Funktionen $p(t,u,v)$, $v \neq r$, sowie $\mathbf{P}_u\{\zeta > t\}$. Da

$$p(t,u,r) = \mathbf{P}_u\{\zeta > t\} - \sum_{v \neq r} p(t,u,v)$$

gilt, stimmen ebenfalls die Funktionen $p(t,u,r)$ überein, d.h. die Übergangsfunktionen sind identisch. Somit *genügt es zu zeigen, daß sich die Resolvente R_λ mit Hilfe des charakteristischen Operators $\mathfrak{A}$ eindeutig rekonstruieren läßt.*

Zuvor formen wir die Formel (111), durch die R_λ definiert wird, um. Die Funktion $f(x(t))$ ist lediglich für $t < \zeta$ definiert. Bezeichnen wir mit $\eta(t)$ diejenige Funktion, die gleich $f(x(t))$ für $t < \zeta$ ist und die für die übrigen t verschwindet, so haben wir

$$R_\lambda f(u) = \int_0^\infty e^{-\lambda t} \mathbf{M}_u f(x(t))\, dt = \int_0^\infty e^{-\lambda t} \mathbf{M}_u \eta(t)\, dt = \mathbf{M}_u \int_0^\infty e^{-\lambda t} \eta(t)\, dt^{*}.$$

Hieraus folgt

$$R_\lambda f(u) = \mathbf{M}_u \int_0^\zeta e^{-\lambda t} f(x(t))\, dt. \tag{112}$$

Wir zeigen jetzt, daß *der Operator R_λ stetige Funktionen in stetige Funktionen abbildet, d.h. daß*

$$\lim_{u \uparrow r} R_\lambda f(u) = R_\lambda f(r)$$

ist, falls f stetig ist. Da der Prozeß nicht vor dem Zeitpunkt T des Eintritts der Trajektorie in den Punkt r abbrechen kann, ergibt sich aus (112)

$$\begin{aligned} R_\lambda f(u) &= \mathbf{M}_u \int_0^T e^{-\lambda t} f(x(t))\, dt + \mathbf{M}_u \int_T^\zeta e^{-\lambda t} f(xt))\, dt \\ &= \mathbf{M}_u \int_0^T e^{-\lambda t} f(x(t))\, dt + \mathbf{M}_u e^{-\lambda T} \int_0^{\zeta - T} e^{-\lambda s} f(x(T+s))\, ds. \end{aligned} \tag{113}$$

Da T eine Markoffsche Zeit ist und $x(T) = r$ gilt, besitzt der Prozeß

$$y(s) \equiv x(T+s)$$

* Wir haben die Reihenfolge der Integration bezüglich t und derjenigen über die Menge aller Trajektorien vertauscht. Dies ist erlaubt, wenn die Integrale absolut konvergieren (Satz von Fubini). Die Größe $\eta(t)$ wurde eingeführt, um eine Funktion zu erhalten, die für alle t auf der gesamten Menge der Trajektorien definiert ist.

auf Grund der starken Markoffschen Eigenschaft die gleiche Wahrscheinlichkeitsverteilung wie der im Punkt r startende Prozeß $x(s)$. Hierbei hängt der Prozeß $y(s)$ nicht von der Zufallszeit T ab, und $\zeta - T$ stellt offenbar den Augenblick dar, in dem die Trajektorie $y(s)$ abbricht. Folglich ist der zweite Summand in (113) gleich

$$\mathbf{M}_u e^{-\lambda T} \mathbf{M}_r \int_0^{\zeta} e^{-\lambda s} f(x(s))\,ds = R_\lambda f(r) \cdot \mathbf{M}_u e^{-\lambda T},$$

so daß die Beziehung (113) die Form

$$R_\lambda f(u) = \mathbf{M}_u \int_0^T e^{-\lambda t} f(x(t))\,dt + R_\lambda f(r) \mathbf{M}_u e^{-\lambda T}$$

annimmt. Da die Funktion f stetig ist, wird $|f(u)|$ durch eine gewisse Konstante C beschränkt. Subtrahieren wir von den beiden Seiten der letzten Gleichung $R_\lambda f(r)$ und benutzen die Ungleichung $1 - e^{-x} \leq x$, $x \geq 0$, *so erhalten wir*

$$\begin{aligned} |R_\lambda f(u) - R_\lambda f(r)| &\leq \left| \mathbf{M}_u \int_0^T e^{-\lambda t} f(x(t))\,dt \right| + |R_\lambda f(r)| \mathbf{M}_u (1 - e^{-\lambda T}) \\ &\leq C \cdot \mathbf{M}_u T + |R_\lambda f(r)| \cdot \lambda \mathbf{M}_u T. \end{aligned}$$

Mit Hilfe von (45) ergibt sich $\mathbf{M}_u T = S(u) - S(r) \to 0$ für $u \uparrow r$. Damit ist unsere Behauptung bewiesen.

Der nächste Schritt besteht im Beweis der Beziehung

$$R_\lambda - R_\mu = (\mu - \lambda) R_\mu R_\lambda, \qquad \lambda, \mu > 0. \tag{114}$$

Wir bemerken, daß sich die Definition (111) für R_λ umschreiben läßt in der Form

$$R_\lambda = \int_0^\infty e^{-\lambda t} P_t\,dt,$$

wobei der Operator P_t definiert wird durch

$$P_t f(u) = \mathbf{M}_u f(x(t)), \qquad t \geq 0.$$

In § 8, Kap. III, wurde bewiesen, daß

$$P_s P_t = P_{s+t}, \qquad s, t \geq 0$$

gilt (der Leser überzeugt sich leicht davon, daß in diesem Beweis lediglich die Markoffsche Eigenschaft, nicht jedoch speziellere Eigenschaften eines Wienerschen Prozesses benutzt wurden). Daher haben wir*

* s. Fußnote auf S. 189.

$$R_\mu R_\lambda = \int_0^\infty e^{-\mu s} P_s R_\lambda ds = \int_0^\infty e^{-\mu s} P_s \int_0^\infty e^{-\lambda t} P_t dt\, ds = \int_0^\infty \int_0^\infty e^{-\mu s - \lambda t} P_{s+t} dt\, ds.$$

Gehen wir zu den neuen Integrationsvariablen s und $z=s+t$ über, so erhalten wir

$$R_\mu R_\lambda = \int_0^\infty e^{-\lambda z} \left(\int_0^z e^{(\lambda-\mu)s} ds \right) P_z dz = \frac{1}{\lambda-\mu} \int_0^\infty (e^{-\mu z} - e^{-\lambda z})\, P_z dz$$

$$= \frac{R_\mu - R_\lambda}{\lambda-\mu}.$$

Weiter zeigen wir: *Ist f stetig und wird $F=R_\lambda f$ gesetzt, so gilt*

$$f = \lambda F - \mathfrak{A} F. \tag{115}$$

Zunächst überzeugen wir uns davon, daß die Gleichung (115) im Punkt r gilt, falls dieser Punkt ein absorbierender Randpunkt ist. In der Tat, in diesem Fall ist $\mathfrak{A} f(r)=0$ und

$$F(r) = \int_0^\infty e^{-\lambda t} \mathbf{M}_r f(x(t)) dt = f(r) \int_0^\infty e^{-\lambda t} dt = \frac{1}{\lambda} f(r).$$

In allen übrigen Fällen gilt für eine hinreichend kleine Umgebung U des Punktes u $\mathbf{M}_u \tau < \infty$, falls τ den Augenblick des ersten Austritts aus U bezeichnet (im Fall $u=u_n$ kann man $U=\{u_n\}$ setzen, so daß sich $\mathbf{M}_u \tau = \frac{1}{a_n}$ ergibt; für $u=r$ wurde die Endlichkeit von $\mathbf{M}_u \tau$ am Ende von § 7 bewiesen). Da die Funktionen f und $F=R_\lambda f$ stetig sind, können wir eine Umgebung U des Punktes u so wählen, daß in ihr die Schwankung der Funktion $\lambda F - f$ kleiner als eine vorgegebene Zahl $\varepsilon > 0$ ist. Mit Hilfe der Beziehung (114) stellen wir die $F=R_\lambda f$ in der Form

$$F = R_\mu g, \qquad \mu > 0$$

dar, worin

$$g = f + (\mu - \lambda) F$$

gesetzt wurde. Fügen wir zwischen 0 und ζ den Augenblick τ des ersten Austritts der Trajektorie aus U ein und benutzen die Darstellung (112) für $R_\lambda g$, so können wir schreiben

$$F(u) = \mathbf{M}_u \int_0^\tau e^{-\mu t} g(x(t)) dt + \mathbf{M}_u e^{-\mu\tau} \int_0^{\zeta-\tau} e^{-\mu s} g(x(\tau+s)) ds \tag{116}$$

(vgl. die Herleitung der Beziehung (113)). Auf Grund der starken Markoffschen Eigenschaft hängt der Prozeß $y(s) \equiv x(\tau+s)$ unter der Bedingung $x(\tau)=v$ nicht von der zufälligen Variablen τ ab und besitzt die gleiche Verteilung wie der im Punkt v startende Prozeß $x(s)$. Zum Zeitpunkt $\zeta-\tau$ bricht der Prozeß $y(s)$ ab. Wir erhalten daher für die bedingte mathematische Erwartung

$$\mathbf{M}_u\left(e^{-\mu\tau}\int_0^{\zeta-\tau} e^{-\mu s} g(x(\tau+s))\,ds \,|\, x(\tau)=v\right)=\mathbf{M}_u(e^{-\mu\tau}|x(\tau)=v)$$

$$=\mathbf{M}_v\int_0^{z} e^{-\mu s} g(x(s))\,ds=\mathbf{M}_u(e^{-\mu\tau}|x(\tau)=v)\cdot R_\mu g(v)$$

$$=\mathbf{M}_u(e^{-\mu\tau} R_\mu g(x(\tau))|x(\tau)=v).$$

Multiplizieren wir den erhaltenen Ausdruck mit $\mathbf{P}_u\{x(\tau)=v\}$ und summieren über alle $v\in E$, so gelangen wir zu

$$\mathbf{M}_u e^{-\mu\tau}\int_0^{\zeta-\tau} e^{-\mu s} g(x(\tau+s))\,ds=\mathbf{M}_u e^{-\mu\tau}\cdot R_\mu g(x(\tau))=\mathbf{M}_u e^{-\mu\tau} F(x(\tau)).$$

Daher nimmt die Beziehung (116) die Form

$$F(u)=\mathbf{M}_u\int_0^{\tau} e^{-\mu t}[f(x(t))+(\mu-\lambda)F(x(t))]\,dt+\mathbf{M}_u e^{-\mu\tau} F(x(\tau))$$

an und geht für $\mu\downarrow 0$ über in die Gleichung

$$F(u)=\mathbf{M}_u\int_0^{\tau}[f(x(t))-\lambda F(x(t))]\,dt+\mathbf{M}_u F\,x(\tau)) \tag{117}$$

(der Grenzübergang unter dem Zeichen der mathematischen Erwartung und dem Integralzeichen ist erlaubt, da die Funktionen f und F beschränkt sind und $\mathbf{M}_u\tau<\infty$ ist). Aus (117) erhalten wir

$$\frac{\mathbf{M}_u F(x(\tau))-F(u)}{\mathbf{M}_u\tau}=\frac{1}{\mathbf{M}_u\tau}\mathbf{M}_u\int_0^{\tau}[\lambda F(x(t))-f(x(t))]\,dt.$$

Indem wir von beiden Seiten dieser Gleichung

$$\lambda F(u)-f(u)=\frac{1}{\mathbf{M}_u\tau}\mathbf{M}_u\int_0^{\tau}[(\lambda F(u)-f(u))]\,dt$$

subtrahieren und bemerken, daß die Schwankung der Funktion $\lambda F - f$ innerhalb von U kleiner bleibt als ε, so gelangen wir zur Abschätzung

$$\left| \frac{\mathbf{M}_u F(x(\tau)) - F(u)}{\mathbf{M}_u \tau} - (\lambda F(u) - f(u)) \right| \leq \frac{1}{\mathbf{M}_u \tau} \mathbf{M}_u \int_0^\tau \varepsilon \, dt = \varepsilon.$$

Das bedeutet, daß

$$\lim_{U \downarrow u} \frac{\mathbf{M}_u F(x(\tau)) - F(u)}{\mathbf{M}_u \tau} = \lambda F(u) - f(u),$$

d.h. $\mathfrak{A} F(u) = \lambda F(u) - f(u)$ ist. Die Beziehung (115) ist damit bewiesen.

Nun können wir endlich beweisen, daß sich der Operator R_λ eindeutig mit Hilfe des charakteristischen Operators $\mathfrak{A}$ konstruieren läßt; hieraus ergibt sich dann, wie oben bemerkt, die Eindeutigkeit eines Prozesses der Klasse A mit gegebenem charakteristischem Operator. Wir haben gezeigt, daß die Funktion $F = R_\lambda f$ stetig ist und die Gleichung $\lambda F - \mathfrak{A} F = f$ befriedigt. Somit genügt es nachzuweisen, daß die Gleichung $\lambda F - \mathfrak{A} F = f$ bei beliebiger rechter Seite nicht mehr als eine stetige Lösung besitzt. Hätte diese Gleichung zwei verschiedene stetige Lösungen, so lieferte ihre Differenz eine stetige, nicht identisch verschwindende Lösung der Gleichung

$$\lambda F - \mathfrak{A} F = 0. \tag{118}$$

Es bleibt also zu beweisen, daß die Gleichung (118) in der Klasse der stetigen Funktionen F lediglich die triviale Lösung besitzt.

Eine stetige Lösung $F(u)$ der Gleichung (118) nimmt in irgendeinem Punkt v ihr Supremum $M = F(v)$ an. In der Tat, die Stetigkeit von $F(u)$ bedeutet, daß $F(r) = \lim_{n \to \infty} F(u_n)$ gilt. Falls $F(u_n) \leq F(r)$ für alle n ist, so wird der größte Wert im Punkt r angenommen. Ist hingegen $F(u_n) > F(r)$ für irgendein n, so gilt auf Grund der Stetigkeit $F(u_n) > F(u_m)$ für alle m von einem gewissen m_0 an. Offenbar ist die größte unter den Zahlen $F(u_0), F(u_1), \ldots, F(u_{m_0})$ gerade gleich dem Maximum der Funktion F. Wir nehmen an, daß $M > 0$ ist. Da im Augenblick τ des ersten Austritts aus einer Umgebung U des Punktes v

$$F(x(\tau)) \leq M = F(v)$$

gilt, so haben wir

$$\mathbf{M}_v F(x(\tau)) \leq F(v)$$

und damit

$$\mathfrak{A}F(v)=\lim_{U\downarrow v}\frac{\mathbf{M}_v F(x(\tau))-F(v)}{\mathbf{M}_v\tau}\leq 0.$$

Andererseits ergibt sich aus der Gleichung (118), daß

$$\mathfrak{A}F(v)=\lambda F(v)=\lambda M>0$$

ist. Der erhaltene Widerspruch zeigt, daß $M\leq 0$ gelten muß. Ebenso erhält man, daß das Minimum m der Funktion $F(u)$ nichtnegativ ist. Folglich ergibt sich $F\equiv 0$, womit die Eindeutigkeit bewiesen ist.

Aufgaben

Die mittlere Austrittszeit

In den Aufgaben **1** und **2** werden Ausdrücke für die mittlere Austrittszeit hergeleitet, die in § 5 auf andere Weise erhalten wurden.

1. Bezeichne m_n die mittlere Zeit, die das Teilchen benötigt, um von u_n nach u_{n+1} zu gelangen. Man beweise die Beziehung

$$m_n=\frac{1}{a_n}+q_n(m_{n-1}+m_n).$$

Hieraus folgere man die Gleichung

$$m_n=\frac{1}{a_0p_0}\,\frac{q_1\cdots q_n}{p_1\cdots p_n}+\frac{1}{a_1p_1}\,\frac{p_2\cdots p_n}{q_2\cdots q_n}+\cdots+\frac{1}{a_np_n}. \tag{119}$$

2. Aus der Gleichung (119) leite man die Beziehungen (44) und (43) her.

Hinweis. In der natürlichen Skala ist

$$m(u;b)=m(u;a,b)+\frac{b-u}{b-a}m(a;b).$$

Klassifikation der Ränder

Wir werden einen Rand r *finit (infinit)* nennen, falls $m(u;a,r)<\infty$ $(=\infty)$ für alle $a<u<r$ gilt. Ein Rand r heiße *schwach finit*, wenn $m(u;a,r)\to\infty$ für $u\uparrow r$ gilt; er heiße *stark finit*, wenn die Funktion $m(u;a,r)$ beschränkt ist (s. [4]).

3. Ein anziehender Rand ist stark finit im Fall $|S(r)|<\infty$ und infinit im Fall $|S(r)|=\infty$.

4. Ein abstoßender Rand ist stark finit, falls $v(r)<\infty$ gilt und der Graph von $S(u)$ eine Asymptote für $u\uparrow r$ besitzt; er ist schwach finit, falls $v(r)=\infty$ gilt und der Graph von $S(u)$ keine Asymptote besitzt, und er ist infinit, wenn $v(r)=\infty$ ist.

Wir werden zwischen u_k und u_{k+1} eine *reflektierende Schranke* einfügen, d.h., wir werden annehmen, daß das Teilchen, statt von u_k nach u_{k+1} zu gelangen, jedesmal wieder nach u_k gelangt. Mit $\bar{m}_k(u)$ bezeichnen wir die mittlere Zeit, die es hierbei benötigt, um von u aus nach 0 zu gelangen, $0\leq u\leq u_k$. Wir sagen, daß der Rand r *nach innen passierbar* sei, falls $\bar{m}_k(u_k)$ für $k\to\infty$ beschränkt bleibt; er heiße *nach innen unpassierbar*, falls $\bar{m}_k(u_k)\to\infty$ gilt für $k\to\infty$. (Aus Aufgabe **6** ersieht man, daß diese Definition mit derjenigen in § 9 übereinstimmt.)

5. Die Funktion $\bar{m}_k(u)$ genügt der Gleichung (31) für alle u_n, die zwischen 0 und u_k liegen. Wie hat man $m_k(u)$ im Punkt $u=u_{k+1}$ zu definieren, damit diese Gleichung auch im Punkt u_k gilt?

6. Ein anziehender Rand ist nach innen passierbar im Fall $v(r)<\infty$ und nach innen unpassierbar im Fall $v(r)=\infty$.

Hinweis. Man bestimme diejenige Lösung der Differenzengleichung (31), welche die Randbedingungen $\bar{m}_k(0)=0$ und $\bar{m}_k(u_k)=\bar{m}_k(u_{k+1})$ erfüllt.

7. Ein abstoßender Rand ist nach innen passierbar, falls er stark finit ist; er ist nach innen unpassierbar, falls er schwach finit oder infinit ist.

8. Die starke Finitheit eines Randes ist gleichwertig mit seiner Erreichbarkeit oder Passierbarkeit nach innen.

Sprünge der Trajektorie $x(t)$

In den folgenden Aufgaben bezeichne $x(t)$ einen Prozeß der Klasse A, der im Punkt r startet, wobei der Rand r als nichtabsorbierend vorausgesetzt wird. Wie in §§ 8 und 9 nehmen wir an, daß das Teilchen im Augenblick seiner Vernichtung in den Zustand -1 gelangt. Wir erinnern daran, daß die Trajektorie $x(t)$ für $t\geq 0$ rechtsseitig stetig ist.

9. Für alle $t>0$ existiert der Grenzwert $x(t-0)$ mit Wahrscheinlichkeit 1.

Hinweis. In dem endlichen Zeitintervall $[0,t]$ gelangt die Trajektorie nur endlich oft in einen beliebigen, von r verschiedenen Zustand u.

Wir sagen, daß zum Zeitpunkt t ein *Sprung* vom Zustand x in den Zustand y auftrete, wenn $x(t-0)=x$ und $x(t+0)=x(t)=y$ mit $y \neq x$ gilt. Aus Aufgabe **9** folgt, daß eine Trajektorie $x(t)$ mit Wahrscheinlichkeit 1 keine anderen Unstetigkeiten als Sprünge besitzt.

10. Mit Wahrscheinlichkeit 1 treten bei einer Trajektorie $x(t)$ außer Sprüngen in benachbarte Punkte oder solchen vom Punkt r aus keinen weiteren auf.

Hinweis. Man betrachte den ersten, zweiten usw. Eintritt des Teilchens in den Zustand $x \neq r$ und benutze die starke Markoffsche Eigenschaft sowie den Hinweis zu Aufgabe **9.**

Mit τ_y bezeichnen wir den Augenblick des ersten Eintritts der Trajektorie in das Zustandsintervall $[-1,0,\ldots,y]$ und mit η_y den *Augenblick des letzten Austritts aus r vor dem Zeitpunkt* τ_y (η_y ist das Supremum aller $t \leq \tau_y$, für die $x(t-0)=r$ gilt). Aus Aufgabe **9** folgert man leicht, daß mit Wahrscheinlichkeit 1 $x(\eta_y-0)=r$ gilt.

11. Zum Zeitpunkt τ_y tritt mit der Wahrscheinlichkeit $\dfrac{\pi(u)}{\lambda(u)}$ ein Sprung von r nach u ($u \leq y$) auf und mit der Wahrscheinlichkeit $\dfrac{\alpha(y)}{\lambda(y)}$ ein solcher in den Punkt y vom rechten Nachbarpunkt aus.

Hinweis. Für einen Zustand $u<y$ folgt dies aus Aufgabe **10** und Formel (69). Die Wahrscheinlichkeit eines Sprungs von r nach y kann man berechnen, indem man die Wahrscheinlichkeiten eines Sprungs von r nach y erstmals zum Zeitpunkt τ_z, erstmals zum Zeitpunkt des zweiten Eintritts von r aus in $[-1,z]$ usw. addiert und die Formel (82) benutzt (hierbei ist z ein beliebiger, zwischen y und r liegender Punkt).

12. Die Verteilung der Lage des Teilchens zum Zeitpunkt η_y wird durch die Formel

$$\lambda(y)\mathbf{P}\{x(\eta_y)=u\}=\begin{cases}\pi(u), & u \leq y,\\[1ex] \pi(x)\dfrac{r-u}{r-y}, & y<u<r,\\[1ex] \dfrac{\alpha}{r-y}, & u=r\end{cases}$$

gegeben.

Hinweis. Für $u \leq y$ ergibt sich dies aus der vorigen Aufgabe. Im Fall $y<u<r$ wähle man einen Zustand z zwischen u und r und addiere die Wahrscheinlichkeiten dafür, daß ein Sprung von r nach

u zum Zeitpunkt des ersten, zweiten usw. Eintritts in das Intervall $[-1,z]$ von r aus auftritt. Im Fall $u=r$ genügt es, die bereits gefundenen Wahrscheinlichkeiten von 1 zu subtrahieren.

13. Falls $\pi(u)=0$ ist, dann ist die Wahrscheinlichkeit für einen Sprung von r nach u gleich 0. Gilt $\pi(u)>0$, $u\neq -1$, $\gamma=\pi(-1)>0$, dann ist die Wahrscheinlichkeit eines Sprungs von r nach u positiv und kleiner als 1. Im Fall $\pi(u)>0$ und $\gamma=0$ oder $u=-1$ ist diese Wahrscheinlichkeit gleich 1.

Wir führen die Abkürzung $\pi(U)=\sum\pi(u)$ ein, wobei sich die Summation über alle Zustände $u\in U$ erstreckt ($\pi(r)$ wird gleich 0 gesetzt). Mit A_U bezeichnen wir das Ereignis „Das Teilchen springt irgendwann vom Punkt r in die Menge U".

14. Sei U eine endliche Menge und gelte $\pi(U)>0$. Dann ist die Wahrscheinlichkeit dafür, daß das Teilchen bei seinem ersten Sprung von r in die Menge U in den Zustand $u\in U$ gelangt, gleich $\frac{\pi(u)}{\pi(U)}$ (es handelt sich dabei um eine bedingte Wahrscheinlichkeit unter der Bedingung A_U).

Hinweis. Man wähle einen Zustand z, der rechts von allen $u\in U$ liegt und betrachte die Möglichkeiten für einen Sprung von r nach u zum Zeitpunkt des ersten, zweiten usw. Eintritts in das Intervall $[-1,z]$ von r aus.

15. Falls $\pi(E)>0$ ist, so gelangt das Teilchen bei seinem ersten Sprung von r aus mit der Wahrscheinlichkeit $\frac{\pi(u)}{\pi(E)}$ in den Punkt u.

Hinweis. In der vorigen Aufgabe lasse man bei festem u U gegen E konvergieren.

16. Im Fall $0<\pi(E)<\infty$ existiert mit Wahrscheinlichkeit 1 ein erster Sprung von r aus; im Fall $\pi(E)=\infty$ existiert mit Wahrscheinlichkeit 1 kein erster Sprung von r aus.

17. Ist $\pi(E)=\infty$, dann treten vor dem ersten Sprung von r aus nach einem festen Zustand u unendlich viele Sprünge von r aus auf.

Reflexion der Trajektorie $x(t)$ am Rand r

Wenn im Augenblick s ein Sprung von r aus auftritt, so gilt $x(s-0)=r$ und $x(s)=x(s+0)\neq r$. Wir setzen jetzt voraus, daß $x(t-0)=x(t+0)=r$ ist. Es kann vorkommen, daß das Teilchen in einem beliebigen Zeitintervall $(t,t+\delta)$, $\delta>0$, nach r zurückkehrt. Ist dies nicht so, dann sagen wir, daß t ein *Reflexionsaugenblick* sei; das längste Zeitintervall (t,t'), im Verlauf dessen sich das Teilchen nicht in r befindet, heiße *Reflexionsintervall* (s. Abb. 50, in der anstelle einer Treppenfunktion eine stetige Kurve eingetragen ist). Falls das Teilchen in diesem Zeitraum in einen Zustand x gelangt, so werden wir sagen, daß eine *x-Reflexion* stattfand.

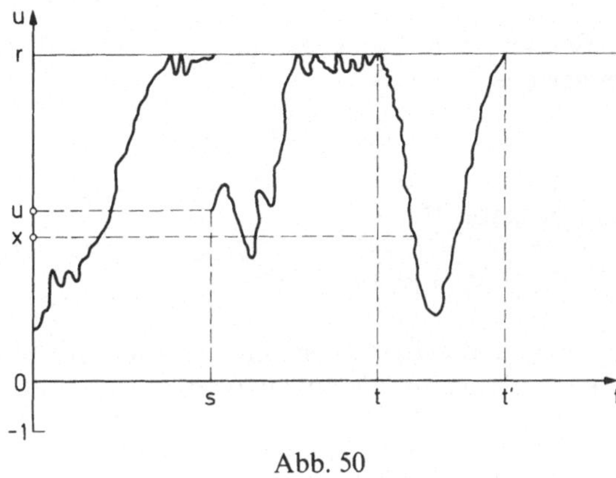

Abb. 50

18. Sei x ein beliebiger, von r verschiedener Zustand. In einem beliebigen endlichen Zeitintervall treten mit Wahrscheinlichkeit 1 nur endlich viele x-Reflexionen auf.

Aus Aufgabe **18** folgt, daß mit Wahrscheinlichkeit 1 entweder eine erste x-Reflexion existiert oder überhaupt keine x-Reflexion auftritt. Den Zeitpunkt der ersten x-Reflexion werden wir mit δ_x bezeichnen (wir setzen $\delta_x = +\infty$, falls keine einzige x-Reflexion stattfindet).

19. Ist $\alpha = 0$, so hat man

$$\mathbf{P}_r\{\delta_x = +\infty \quad \text{für alle} \quad x\} = 1$$

(es tritt mit Wahrscheinlichkeit 1 keine einzige Reflexion auf).

Hinweis. Man benutze die Inklusion

$$\{\delta_x < \tau_x\} \subseteq \{x(\eta_x) = r\}$$

(s. Aufgabe **12**).

20. Ist $\alpha > 0$, so hat man

$$\mathbf{P}_r\{\delta_x < \infty \quad \text{für alle} \quad x\} > 0$$

(im Fall $\alpha > 0$ und $\gamma = 0$ ist diese Wahrscheinlichkeit gleich 1).

Hinweis. Siehe Aufgabe **12.**

21. Für $\alpha>0$ und $0\leq x\leq y<r$ gilt

$$\mathbf{P}_r\{\delta_y=\delta_x|\delta_y<\infty\}=\frac{r-y}{r-x}.$$

22. Im Fall $\alpha>0$ existiert mit Wahrscheinlichkeit 1 keine erste Reflexion.

Hinweis. Bezeichnet δ den Augenblick der ersten Reflexion, so gilt für einen gewissen Zustand x

$$\delta_x=\delta<\infty.$$

Es ist klar, daß dann $\delta_y=\delta_x<\infty$ für alle $x<y<r$ gilt, und es ergibt sich mit Aufgabe **21**

$$\mathbf{P}_r\{\delta_x=\delta<\infty\}\leq\frac{r-y}{r-x}.$$

23. Wenn $\alpha>0$ und $\pi(E)=\infty$ ist, dann existiert mit Wahrscheinlichkeit 1 keine x-Reflexion, der nicht irgendein Sprung von r aus vorangeht.

Hinweis. Wir setzen $p_y=\mathbf{P}_r\{$Bis zum Zeitpunkt $\delta_x<\infty$ trat kein Sprung von r in das Intervall $[-1,y]$ auf$\}$. Mit Hilfe von Aufgabe **12** erhalten wir für $y>x$ die Beziehung

$$p_y=\frac{\alpha}{(r-y)\lambda(y)}\left(\frac{r-y}{r-x}+\frac{y-x}{r-x}p_y\right),$$

welche zusammen mit der Beziehung (72) zur Abschätzung

$$p_y\leq\frac{\alpha}{(r-x)\pi([-1,y])}$$

führt.

24. Ist $\alpha>0$, so gilt in den Bezeichnungen von Aufgabe **12**

$$\lim_{y\uparrow r}\mathbf{P}_r\{\eta_y=\delta_y\}=1$$

(für ein nahe bei r gelegenes y liegt die Wahrscheinlichkeit dafür, zum erstenmal durch eine y-Reflexion und nicht durch einen Sprung in das Intervall $[-1,y]$ zu gelangen, nahe bei 1).

Hinweis. Aus der Konvergenz der Reihe $\sum\pi(u)(r-u)$ ergibt sich, daß

$$\lim_{y\uparrow r}(r-y)\sum_{u\leq y}\pi(u)=0$$

gilt. Daher strebt $\lambda(y)(r-y)$ gegen α für $y\uparrow r$.

25. Ist $\alpha>0$, so existiert mit Wahrscheinlichkeit 1 kein Sprung von r aus, dem nicht irgendeine Reflexion vorangeht.

Hinweis. Man benutze Aufgabe **24**.

Die lokale Zeit im Randpunkt r

In den Aufgaben **26–31** wird zusätzlich angenommen, daß $\beta>0$ und $\gamma=0$ gilt (die mittlere Zeit, die das Teilchen im Punkt r verbringt, ist positiv; eine Vernichtung des Teilchens ist unmöglich)*. Die Funktion $s(t)$ bezeichne die Zeit, die das Teilchen im Punkt r bis zum Zeitpunkt t verbringt (der Graph dieser Funktion ist in Abb. 51 dargestellt).

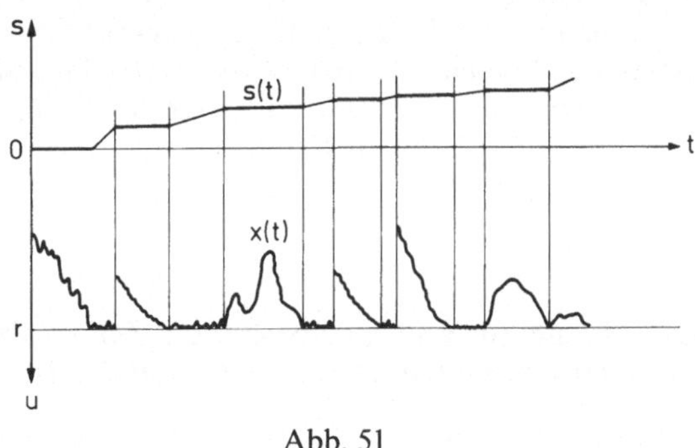

Abb. 51

26. Die Funktion $s(t)$ ist stetig, nicht abnehmend und strebt mit Wahrscheinlichkeit 1 gegen ∞ für $t\to\infty$.

Hinweis. Um zur Beziehung

$$\mathbf{P}_r\left\{\lim_{t\to\infty} s(t)=\infty\right\}=1$$

im Fall eines nichtabsorbierenden Randes r zu gelangen (die restlichen Aussagen in dieser Aufgabe lassen sich sehr leicht beweisen), bemerken wir, daß das Teilchen mit Wahrscheinlichkeit 1 unendlich oft von r nach 0 und umgekehrt von 0 nach r gelangt (s. das

* Man kann auch im Fall $\beta=0$ lokale Zeiten einführen. S. hierzu z. B. Ito and McKean [8], Kap. 2. Die Grundgedanken dieses Aufgabenzyklus gehen auf Arbeiten von Lévy zurück (P. Lévy, Processus stochastiques et mouvement Brownien, Gauthier Villars, Paris, 1948).

Ende von § 7). Bezeichne s_n die Zeit, die das Teilchen im Verlauf des n-ten derartigen Zyklus in r verbringt. Dann ist

$$\lim_{t\to\infty} s(t) = \sum_{n=1}^{\infty} s_n,$$

wobei die zufälligen Variablen s_n voneinander unabhängig sind und sämtlich die gleiche Verteilung besitzen; ferner sind sie nichtnegativ und mit positiver Wahrscheinlichkeit positiv (s. Formel (96)).

Aus Aufgabe **26** folgt, daß mit Wahrscheinlichkeit 1 die zu $s(t)$ inverse, linksstetige Funktion $t(s) = \min\{t: s(t) = s\}$ existiert, welche auf der gesamten Halbgeraden $0 \leq s \leq \infty$ definiert ist. Hierbei stellt $t(s)$ für beliebiges $s \geq 0$ eine Markoffsche Zeit mit $t(0) = 0$ dar. Wegen Aufgabe **9** dürfen wir aus der Betrachtung alle diejenigen Trajektorien $x(t)$ ausschließen, für welche die Grenzwerte $x(t-0)$ nicht überall existieren. Dann erfüllt auf Grund der Definition $t(s)$ für beliebiges $s > 0$ die Gleichung $x(t(s)-0) = r$. Es läßt sich zeigen, daß für beliebiges festes $s > 0$ die Trajektorie mit Wahrscheinlichkeit 1 zum Zeitpunkt $t(s)$ linksseitig stetig ist und daher*

$$\mathbf{P}_r\{x(t(s)) = r\} = 1, \qquad s \geq 0$$

gilt.

27. Ist der Anfangszustand r, so besitzt die Zeit ξ_y, die das Teilchen im Punkt r bis zu seinem ersten Eintritt in das Intervall $[0, y]$ verbringt, eine Exponentialverteilung mit dem Mittelwert $\frac{\beta}{\lambda(y)}$.

Hinweis. Man betrachte die Markoffschen Zeiten $t(s)$ und leite die Beziehung

$$\mathbf{P}_r\{\xi_y \geq s_1 + s_2\} = \mathbf{P}_r\{\xi_y \geq s_1\} \cdot \mathbf{P}_r\{\xi_y \geq s_2\}, \qquad s_1, s_2 > 0$$

her; weiter benutze man § 3 des Anhangs und Formel (96).

Auf der s-Achse der lokalen Zeit im Zustand r markieren wir die Punkte $s_1, s_2, s_3, \ldots$, die den Eintritten des Teilchens in das Intervall $[0, y]$ entsprechen. Aus bekannten Eigenschaften der Exponentialverteilung folgt, daß die Punkte $\{s_i\}$ eine Poissonsche Folge mit dem Parameter $\frac{\beta}{\lambda(y)}$ bilden. Das bedeutet, daß die An-

---

* Die Trajektorie eines Prozesses der Klasse A sind quasistetig von links (s. [4], Satz 3.13), d. h., sind τ_n Markoffsche Zeiten und gilt $\mathbf{P}_x\{\tau_n \uparrow \tau < \infty\} = 1$, dann ist $\mathbf{P}_x\{x(\tau-0) = x(\tau)\} = 1$. Für τ_n kann man hier $t\left(s - \frac{1}{n}\right)$ nehmen.

zahl der Punkte, die in ein Intervall der Länge s fallen, eine Poissonsche Verteilung mit dem Parameter $\frac{\lambda(y)}{\beta}s$ besitzt und daß die Anzahlen der Punkte in sich nicht überschneidenden Zeitintervallen unabhängig sind.

28. Sei $\{s_i\}$ eine Poissonsche Folge mit dem Parameter $\frac{1}{\mu}$, und werde jeder der Punkte s_i unabhängig von den vorangehenden Punkten mit der Wahrscheinlichkeit p mit einem Sternchen markiert. Dann bilden die mit einem Sternchen markierten Punkte eine Poissonsche Folge mit dem Parameter $\frac{1}{\mu p}$.

Hinweis. Die Zeit ξ bis zum Auftreten des nächsten markierten Punktes genügt der Beziehung

$$\mathbf{P}\{\xi \geq a+b\} = \mathbf{P}\{\xi \geq a\} \cdot \mathbf{P}\{\xi \geq b\}, \qquad a, b > 0.$$

Die mathematische Erwartung des Index des ersten, mit einem Sternchen markierten Punktes ist gleich $\frac{1}{p}$.

29. Die Zeit σ_u, die das Teilchen im Punkt r bis zum ersten Sprung von r nach u verbringt, besitzt eine Exponentialverteilung mit dem Mittelwert $\frac{\beta}{\pi(u)}$.

Hinweis. Siehe die Aufgaben **12** und **28.**

30. Die Zeit ρ_x, die das Teilchen im Punkt r bis zur ersten x-Reflexion verbringt, besitzt eine Exponentialverteilung mit dem Mittelwert $\frac{\beta(r-x)}{\alpha}$.

31. Wir ändern die Aufgabe **28** dadurch ab, daß wir einen Punkt s_i unabhängig von den vorangehenden Punkten mit der Wahrscheinlichkeit p_1 mit einem Sternchen und mit der Wahrscheinlichkeit p_2 mit einem Kreuzchen markieren ($p_1 + p_2 \leq 1$). Dann ist für ein beliebiges Zeitintervall die Anzahl der mit einem Sternchen markierten Punkte unabhängig von der Anzahl der mit einem Kreuzchen markierten Punkte.

Hinweis. Bezeichne s die Länge des Intervalls, m_1 die Anzahl der mit einem Sternchen und m_2 die Anzahl der mit einem Kreuzchen markierten Punkte in diesem Intervall. Mit Hilfe von Aufgabe **28** ergibt sich

$$\mathbf{P}\{m_1=k\} = \frac{(p_1 s\mu)^k}{k!} e^{-p_1 s\mu},$$

$$\mathbf{P}\{m_2=l\} = \frac{(p_2 s\mu)^l}{l!} e^{-p_2 s\mu},$$

$$\mathbf{P}\{m_1+m_2=k+l\} = \frac{[(p_1+p_2)s\mu]^{k+l}}{(k+l)!} e^{-(p_1+p_2)s\mu}.$$

Unabhängig von der Lage der markierten Punkte besitzt die Anzahl derjenigen unter den $k+l$ gewählten, markierten Punkte, die mit einem Sternchen markiert sind, eine Binomialverteilung mit $p=\dfrac{p_1}{p_1+p_2}$ (die Sternchen und Kreuzchen folgen aufeinander wie die Erfolge und Mißerfolge in einem Bernoullischen Versuchsschema). Daher haben wir

$$\begin{aligned}\mathbf{P}\{m_1=k, m_2=l\} &= \mathbf{P}\{m_1+m_2=k+l\}\cdot\mathbf{P}\{m_1=k \mid m_1+m_2=k+l\}\\ &= \frac{[(p_1+p_2)s\mu]^{k+l}}{(k+l)!} e^{-(p_1+p_2)s\mu}\ \frac{(k+l)!}{k!\,l!}\left(\frac{p_1}{p_1+p_2}\right)^k\left(\frac{p_2}{p_1+p_2}\right)^l\\ &= \mathbf{P}\{m_1=k\}\cdot P\{m_2=l\}.\end{aligned}$$

Es ist leicht, Aufgabe **31** auf den Fall zu verallgemeinern, daß n Wahrscheinlichkeiten $p_1, p_2, \dots, p_n$ mit $p_1+p_2+\dots+p_n \le 1$ gegeben sind.

Wir markieren unter den Punkten $\{s_i\}$ (s. den Text vor Aufgabe **28**) zunächst diejenigen, die Sprüngen nach u_0 entsprechen, anschließend die Punkte, die Sprüngen nach u_1 entsprechen usw., schließlich diejenigen Punkte, die Sprüngen nach $u_n=y$ und diejenigen, die x-Reflexionen entsprechen (x sei ein fester Zustand aus dem Intervall $[0,y]$). Aus Aufgabe **31** folgt, daß wir auf diese Weise $n+2$ voneinander unabhängige Poissonsche Folgen erhalten (deren Parameter wurden in den Aufgaben **29** und **30** bestimmt). Da n beliebig groß gewählt werden kann, bilden die Zeitpunkte der Sprünge von r in beliebige verschiedene Zustände ebenfalls auf der s-Achse unabhängige Poissonsche Folgen. Die Zeitpunkte der x-Reflexionen (x sei fest) bilden eine Poissonsche Folge, die von allen von r aus erfolgenden Sprüngen unabhängig ist. Natürlich sind die Zeitpunkte der x-Reflexionen und y-Reflexionen voneinander abhängig. Jedoch lassen sich aus den Reflexionen ebenfalls unabhängige Folgen bilden, wenn man x-Reflexionen betrachtet, die für kein $u<x$ eine u-Reflexion bilden (man kann sie als x-Re-

flexionen im engeren Sinne bezeichnen). Aus den Aufgaben **28** und **31** läßt sich ebenso wie für Sprünge folgern, daß die x-Reflexionen im engeren Sinne für verschiedene x unabhängige Poissonsche Folgen auf der s-Achse der lokalen Zeit bilden, und daß diese Folgen nicht von den Folgen der von r aus stattfindenden Sprünge abhängen. Auf Grund dieser Ausführungen kann man sich ein anschaulicheres Bild vom Verhalten des Teilchens im Punkt r machen.

Anhang

§ 1. Abschätzung der Funktion $g(x, y)$

Wir beweisen nun die in § 3, Kap. I, angegebene asymptotische Abschätzung für die Funktion $g(x,y)$, wobei wir DUFFIN* folgen. Wie bei der Herleitung des Rekurrenzkriteriums beschränken wir uns auf den Fall der Dimension 3.

Da $g(x,y)$ lediglich von der Differenz $x-y$ abhängt, genügt es, $g(x,0)$ zu untersuchen. Wir führen die Abkürzungen

$$\theta=(\theta_1,\theta_2,\theta_3), \qquad \|x\|=\sqrt{x_1^2+x_2^2+x_3^2},$$
$$d\theta=d\theta_1\, d\theta_2\, d\theta_3, \qquad \rho=\sqrt{\theta_1^2+\theta_2^2+\theta_3^2},$$
$$\theta x=\theta_1 x_1+\theta_2 x_2+\theta_3 x_3$$

ein und bezeichnen wie früher mit Q den Würfel $|\theta_1|\le\pi$, $|\theta_2|\le\pi$, $|\theta_3|\le\pi$. Dann haben wir

(1) $$g(x,0) = \frac{3}{(2\pi)^3}\int_Q F(\theta)\, e^{i\theta x}\, d\theta,$$

mit

(2) $$F(\theta) = \frac{1}{3-\cos\theta_1-\cos\theta_2-\cos\theta_3}.$$

Wir werden zeigen, daß

(3) $$\lim_{\|x\|\to\infty} \|x\|\, g(x,0) = \frac{3}{2\pi}$$

gilt.

Die Beziehung (1) besagt, daß $g(x,0)$ bis auf einen konstanten Faktor der Fourier-Koeffizient der periodischen Funktion $F(\theta)$ mit dem Index $x=(x_1,x_2,x_3)$ ist (x_1, x_2, x_3 sind hierbei ganze Zahlen).

* DUFFIN, R. J.: Discrete Potential Theory. Duke Math. J. **20**, 233—251 (1953).

Wir bemerken, daß für die Fourier-Koeffizienten

$$h(x)=\int_Q H(\theta)\,e^{i\theta x}\,d\theta \tag{4}$$

einer zweimal stetig differenzierbaren Funktion $H(\theta)$ (mit der Periode 2π bzgl. jedes Arguments) die Beziehung

$$h(x)=0\left(\frac{1}{\|x\|^2}\right) \tag{5}$$

gilt (hier wie im folgenden bezeichne $0(\alpha)$ eine Größe, deren Betrag höchstens gleich der mit einer gewissen Konstanten multiplizierten Größe α ist). In der Tat, sei Δ der Laplacesche Operator bez. der Variablen θ. Mit Hilfe des Greenschen Satzes ergibt sich

$$\int_Q H\cdot\Delta e^{i\theta x}\,d\theta=\int_Q \Delta H\,e^{i\theta x}\,d\theta, \tag{6}$$

da sich auf Grund der Periodizität der Integranden die Oberflächenintegrale über gegenüberliegende Würfelflächen von Q gegenseitig aufheben. Da $\Delta e^{i\theta x}=-\|x\|^2\,e^{i\theta x}$ gilt, ergibt sich aus (6)

$$|h(x)|=\frac{1}{\|x\|^2}\left|\int_Q \Delta H\,e^{i\theta x}\,d\theta\right|\leq\frac{1}{\|x\|^2}\int_Q|\Delta H|\,d\theta. \tag{7}$$

Damit sind wir zur Abschätzung (5) gelangt.

Die Abschätzung (5) gilt auch im Fall, daß die Ableitungen der Funktion H im Nullpunkt eine Singularität von nicht zu hoher Ordnung besitzen (wobei die Funktion H in den übrigen Punkten des Würfels Q wie oben zweimal stetig differenzierbar ist). Es genügt nämlich zu fordern, daß die Funktion H beschränkt ist, ihre ersten partiellen Ableitungen gleich $0\left(\frac{1}{\rho}\right)$ und ihre zweiten partiellen Ableitungen $\frac{\partial^2 H}{\partial\theta_1^2}, \frac{\partial^2 H}{\partial\theta_2^2}, \frac{\partial^2 H}{\partial\theta_3^2}$ gleich $0\left(\frac{1}{\rho^2}\right)$ sind. In der Tat, wir wenden den Greenschen Satz auf die Menge $Q-K$ an, worin K einen kleinen Würfel bezeichnet, der den Nullpunkt enthält. Ziehen wir den Würfel K auf den Punkt 0 zusammen, so konvergiert das Integral über seine Oberfläche auf Grund der Abschätzung der Ableitungen $\frac{\partial H}{\partial\theta_1}, \frac{\partial H}{\partial\theta_2}, \frac{\partial H}{\partial\theta_3}$ gegen 0, und wir erhalten im Grenzfall die Beziehung (6). Dank der Abschätzung der zweiten Ableitungen konvergieren die in (7) auftretenden Integrale; somit gelangen wir wieder zur Beziehung (5).

Die uns interessierende Funktion $F(\theta)$ besitzt im Nullpunkt eine Singularität höherer Ordnung. In der Tat, differenzieren wir die Formel (2) hinreichend oft, und schreiben wir die ersten Glieder der Taylorschen Reihen des Sinus bzw. Kosinus hin, so erhalten wir für kleine ρ

$$(8)\qquad \begin{cases} F(\theta) = \dfrac{2}{\rho^2 + 0(\rho^4)}, \\ \dfrac{\partial F}{\partial \theta_i} = \dfrac{-4\theta_i + 0(\rho^3)}{\rho^4 + 0(\rho^6)}, \\ \dfrac{\partial^2 F}{\partial \theta_i^2} = \dfrac{16\theta_i^2 - 4\rho^2 + 0(\rho^4)}{\rho^6 + 0(\rho^8)}. \end{cases}$$

Man kann diese Singularität abschwächen, indem man von der Funktion $F(\theta)$ die Funktion $\frac{2}{\rho^2}$ subtrahiert, welche die Eigenschaft hat, daß sich die Ordnung ihrer Singularität im Nullpunkt nicht allzusehr von der Ordnung der Singularität der Funktion $F(\theta)$ im Nullpunkt unterscheidet. Aus den Beziehungen (8) folgert man nämlich leicht, daß die Funktion $F(\theta) - \frac{2}{\rho^2}$ schon den Beschränkungen genügt, die wir oben der Funktion $H(\theta)$ auferlegt hatten. Zum Beispiel ist

$$\frac{\partial}{\partial \theta_i}\left(F - \frac{2}{\rho^2}\right) = \frac{-4\theta_i + 0(\rho^3)}{\rho^4 + 0(\rho^6)} + \frac{4\theta_i}{\rho^4} = \frac{0(\rho^7)}{\rho^8 + 0(\rho^{10})} = 0\left(\frac{1}{\rho}\right).$$

Jedoch ist es noch nicht möglich, die Abschätzung (5) anzuwenden, da die subtrahierte Funktion $\frac{2}{\rho^2}$, über den Würfel Q hinaus periodisch fortgesetzt, auf dessen Oberfläche keine stetigen ersten und zweiten Ableitungen haben wird. Um diese Unbequemlichkeit zu beseitigen, multiplizieren wir $\frac{2}{\rho^2}$ mit einer nichtzunehmenden, zweimal stetig differenzierbaren Funktionen $S(\rho)$, die gleich 1 für $0<\rho\le\frac{1}{2}$ und gleich 0 für $1\le\rho<\infty$ ist. Nach den obigen Ausführungen ist klar, daß die Funktion $\frac{2S(\rho)}{\rho^2}$ die Singularität der Funktion $F(\theta)$ im Nullpunkt „auslöschen" wird; bei der Integration über den Würfel Q kann man diese Funktion offenbar als periodisch mit der Periode 2π voraussetzen, ohne ihre Eigenschaft, glatt zu sein, zu verletzen. Daher ist auf die Funktion

$$H(\theta)=F(\theta)-\frac{2S(\rho)}{\rho^2}$$

die Abschätzung (5) anwendbar, und wir erhalten, daß sich die Fourier-Koeffizienten der Funktionen $F(\theta)$ und $\frac{2S(\rho)}{\rho^2}$ voneinander um eine Größe $0\left(\frac{1}{\|x\|^2}\right)$ unterscheiden. Daher folgt

$$g(x,0)=\frac{6}{(2\pi)^3}\int\limits_Q \frac{S(\rho)e^{i\theta x}}{\rho^2}\,d\theta+0\left(\frac{1}{\|x\|^2}\right). \tag{9}$$

Wir gehen jetzt über zur Berechnung des in der Beziehung (9) auftretenden Integrals. Da die Funktion S außerhalb des Würfels Q verschwindet, kann man die Integration über den Würfel ersetzen durch die Integration über den gesamten Raum R^3. Anschließend drehen wir die Koordinatenachsen (bzgl. der Koordinaten $\theta_1, \theta_2, \theta_3$) so, daß die θ_1-Achse durch den Punkt $x=(x_1, x_2, x_3)$ geht. Die Größen ρ, $S(\rho)$ und $d\theta$ ändern sich hierbei nicht; das Skalarprodukt $\theta x=\theta_1 x_1+\theta_2 x_2+\theta_3 x_3$ geht jedoch über in $\theta_1\|x\|$, und der Vektor x hat bzgl. des neuen Koordinatensystems die Koordinaten $\|x\|, 0, 0$. Weiter ersetzen wir $e^{i\theta_1\|x\|}$ durch $\cos\theta_1\|x\|+i\cdot\sin\theta_1\|x\|$; da $\frac{S(\rho)}{\rho^2}$ eine gerade Funktion bzgl. der Variablen θ_1 ist, besitzt das den Sinus enthaltende Integral den Wert 0. Somit haben wir schließlich

$$\int\limits_Q \frac{S(\rho)}{\rho^2}e^{i\theta x}\,d\theta=\int\limits_{-\infty}^{\infty}\int\limits_{-\infty}^{\infty}\int\limits_{-\infty}^{\infty}\frac{S(\rho)\cos\theta_1\|x\|}{\rho^2}\,d\theta_1\,d\theta_2\,d\theta_3.$$

Gehen wir im letzten Integral zu Kugelkoordinaten vermöge

$$\theta_1=\rho\cos\psi,\quad \theta_2=\rho\sin\psi\cos\varphi,\quad \theta_3=\rho\sin\psi\sin\varphi$$

über und beachten, daß die Funktionaldeterminante dieser Transformation gleich $\rho^2\sin\psi$ ist, so erhalten wir

$$\int\limits_Q \frac{S(\rho)e^{i\theta x}}{\rho^2}\,d\theta=\int\limits_0^{\infty}d\rho\int\limits_0^{2\pi}d\varphi\int\limits_0^{\pi}S(\rho)\cos(\|x\|\rho\cos\psi)\sin\psi\,d\psi$$

(10) $$= \frac{4\pi}{\|x\|} \int_0^\infty \frac{S(\rho)\sin(\|x\|\rho)}{\rho} d\rho = \frac{4\pi}{\|x\|} \int_0^\infty \frac{S\left(\frac{\lambda}{\|x\|}\right)\sin\lambda}{\lambda} d\lambda.$$

Da das Integral $\int_0^\infty \frac{\sin\lambda}{\lambda} d\lambda$ konvergiert und die Funktion $S\left(\frac{\lambda}{\|x\|}\right)$ monoton bez. λ und gleichgradig beschränkt bez. sämtlicher x ist, konvergiert das in (10) erhaltene Integral gleichmäßig bez. x*. Daher kann der Grenzübergang unter dem Integralzeichen ausgeführt werden, und wir erhalten somit

$$\lim_{\|x\|\to\infty} \int_0^\infty \frac{S\left(\frac{\lambda}{\|x\|}\right)\sin\lambda}{\lambda} d\lambda = \int_0^\infty \frac{\sin\lambda}{\lambda} d\lambda = \frac{\pi}{2}.$$

Vergleichen wir dies mit den Beziehungen (9) und (10), so finden wir

$$\lim_{\|x\|\to\infty} \|x\| g(x,0) = \frac{6}{(2\pi)^3} \cdot 4\pi \cdot \frac{\pi}{2} = \frac{3}{2\pi}.$$

§ 2. Einige Eigenschaften konvexer Funktionen

Eine Funktion $f(x)$, $x \in [a,b]$, heiße *konvex* auf diesem Intervall, falls eine beliebige Sehne, die zwei Punkte des Graphen der Funktion f verbindet, überall nicht oberhalb dieses Graphen verläuft (Abb. 52).

Analytisch bedeutet dies, daß für zwei beliebige Zahlen $x_1 < x_2$ aus dem Intervall $[a,b]$ und beliebige Zahlen p und q, die den Bedingungen $p \geq 0$, $q \geq 0$, $p+q=1$ genügen, die Ungleichung

(11) $$f(px_1 + qx_2) \geq pf(x_1) + qf(x_2)$$

gilt.

Wir beweisen folgende Eigenschaften konvexer Funktionen, von denen in Kap. III Gebrauch gemacht wird.

---

* s. G. M. Fichtenholz, Differential- und Integralrechnung II, Deutscher Verlag der Wissenschaften, Berlin, 1964, S. 710.

1. Die Funktion f ist stetig in allen inneren Punkten des Intervalls $[a,b]$ und besitzt endliche Grenzwerte für $x\downarrow a$ und $x\uparrow b$, wobei $f(a+0)\geq f(a)$ und $f(b-0)\geq f(b)$ gilt.

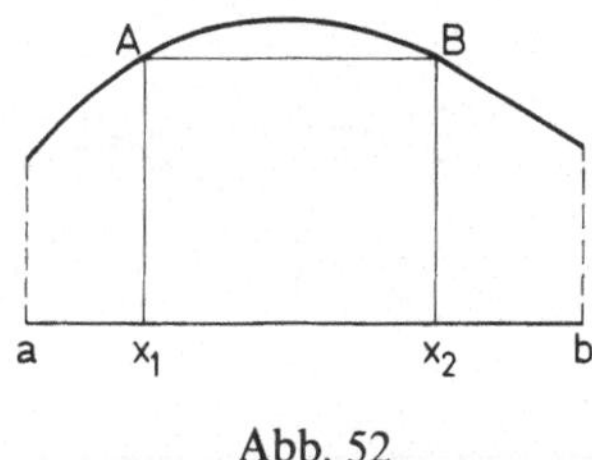

Abb. 52

Sei zunächst x ein innerer Punkt des Intervalls und A der zugehörige Punkt des Graphen der Funktion f (Abb. 53). Wir fixieren auf dem genannten Graphen links bzw. rechts von A die Punkte B bzw. C und betrachten auf dem Graphen einen variablen Punkt D mit der Abszisse x', die von rechts her gegen x strebt. Wir zeichnen die Sehne AC und den Strahl AE, der die Sehne BA verlängert.

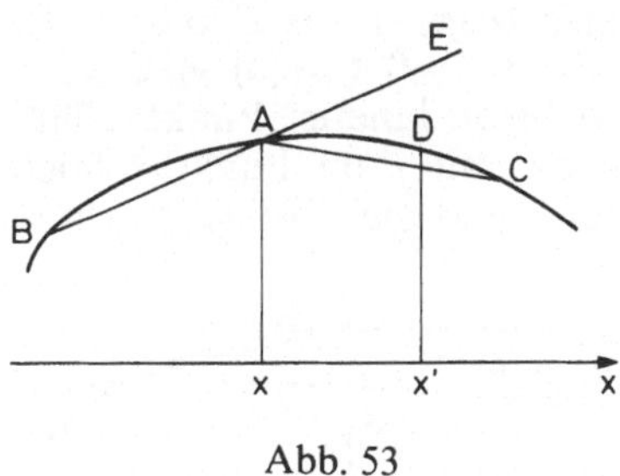

Abb. 53

Der Punkt D kann nicht oberhalb des Strahls AE liegen, da sonst die Sehne BD oberhalb des Punktes A verlaufen würde. Andererseits liegt der Punkt D nicht unterhalb der Sehne AC, nachdem er sich links von Punkt C befindet. Dies bedeutet, daß für $x'\downarrow x$ der Punkt D den Winkel EAC nicht verlassen kann; somit strebt dessen Ordinate gegen diejenige des Punktes A. Daher ist die Funktion f im Punkt x rechtsseitig stetig. Analog läßt sich zeigen, daß die Funktion f im Punkt x linksseitig stetig ist.

Wir betrachten nun den linken Endpunkt A des Graphen der Funktion (für den rechten verfährt man analog). Wir fixieren auf dem Graphen einen Punkt B, der vom Punkt A verschieden ist, und zeichnen die Sehne AB sowie den vertikalen Strahl AC (Abb. 54).

Sei D ein variabler Punkt auf dem Graphen, dessen Abszisse x' von rechts her gegen a strebt. Wir verlängern die Sehne DB, bis sie den Strahl AC in einem Punkt E schneidet. Man überlegt sich nun wie vorhin, daß ein Punkt D_1 des Graphen, der links von D liegt,

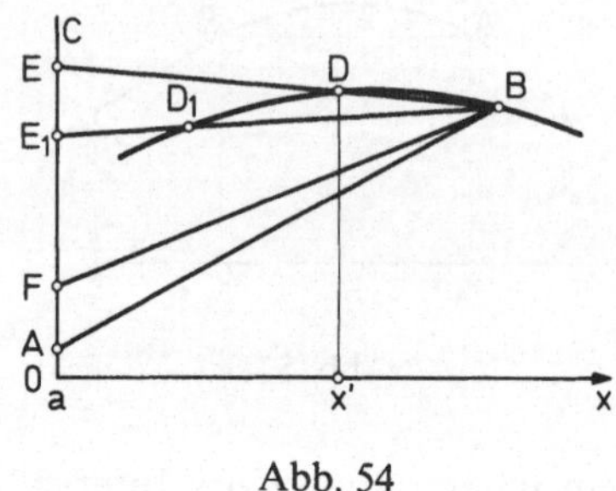

Abb. 54

nicht oberhalb der Strecke ED liegen kann. Für $x' \downarrow a$ bewegt sich daher der Punkt E auf dem Strahl AC monoton nach unten, wobei er stets nicht unterhalb des Punktes A liegt. Im Grenzfall nimmt der Punkt E eine gewisse Lage F mit $0F \geq 0A$ ein. Da die Längen der Strecken FE und ED für $x' \downarrow a$ gegen 0 konvergieren, strebt die Ordinate des Punktes D gegen die Ordinate des Punktes F; dies bedeutet, daß $f(a+0) = 0F \geq 0A = f(a)$ gilt.

2. Zu einem beliebigen inneren Punkt x läßt sich eine lineare Funktion $\bar{f}$ finden, die mit f im Punkt x übereinstimmt und in den übrigen Punkten mindestens so groß wie die Funktion f ist.

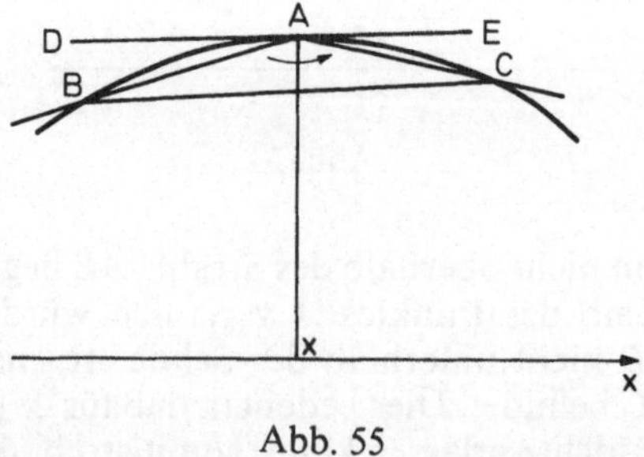

Abb. 55

Wir wählen auf dem Graphen der Funktion f links und rechts von dem fixierten inneren Punkt A die variablen Punkte B bzw. C (Abb. 55). Durch eine Überlegung, die analog zur obigen verläuft, überzeugt man sich leicht davon, daß die Strahlen AB und AC den links vom Punkt B bzw. rechts vom Punkt C liegenden Teil des Graphen der Funktion majorisieren und daß sich diese Strahlen monoton nach oben bewegen, falls die Punkte B und C gegen den Punkt A streben. Da die Sehne BC nicht oberhalb des Punktes A verlaufen kann, ist der Winkel BAC höchstens gleich 180° (Winkel im Punkt A werden entgegen dem Uhrzeigersinn gemessen). Im Grenzfall nehmen die Strahlen AB und AC gewisse Lagen AD bzw. AE ein, wobei der Winkel DAE immer noch höchstens gleich 180° ist. Ist dieser Winkel gleich 180°, so wird die Gerade DE der Graph der gesuchten Funktion $\bar{f}$ sein. Ist jedoch der Winkel DAE kleiner als 180°, so kann als Graph von $\bar{f}$ eine beliebige durch den Punkt A gehende Gerade dienen, die außerhalb des Winkels DAE verläuft.

3. Es sei ein beliebiges System von Intervallen I_α gewählt, die sämtlich im Intervall $[a,b]$ enthalten sind und sich nicht gegenseitig überlappen. Auf jedem Intervall I_α ersetzen wir die Funktion f

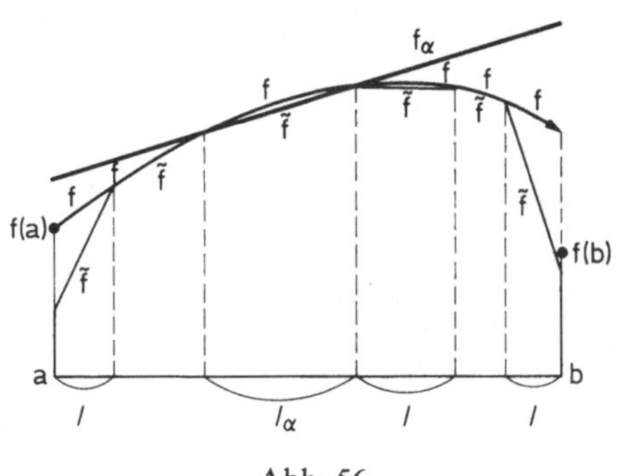

Abb. 56

durch diejenige lineare Funktion f_α, die mit f in den Endpunkten des Intervalls I_α übereinstimmt; ist einer der Endpunkte von I_α der Punkt a (b), so braucht die Funktion f_α im Punkt a (b) nicht gleich $f(a)$ ($f(b)$) zu sein, sondern sie darf dort auch kleiner als $f(a)$ ($f(b)$) sein; in den restlichen Punkten lassen wir die Funktion f ungeändert. Die auf diese Weise erhaltene Funktion $\tilde{f}$ ist auf dem Intervall $[a,b]$ wieder konvex (Abb. 56).

Aus den obigen Überlegungen folgt, daß $f_\alpha \geq f$ außerhalb des Intervalls I_α gilt. Daher ist für $x \in I_\alpha$ und $\beta \neq \alpha$ $f_\beta(x) \geq f(x) \geq f_\alpha(x) = \tilde{f}(x)$; gehört x keinem der Intervalle I_α an, so folgt $f_\alpha(x) \geq f(x) \geq \tilde{f}(x)$. Somit ist die Funktion $\tilde{f}$ das Infimum der Funktionen f und f_α (wobei α alle möglichen Indizes durchläuft). Da die Funktionen f und f_α konvex sind, bleibt zu zeigen, daß das Infimum $\tilde{f}$ einer beliebigen Familie $\{f_\alpha\}$ konvexer Funktionen ebenfalls eine konvexe Funktion ist. Dazu genügt es, die analytische Bedingung

(11) für die Konvexität von Funktionen zu benutzen und zu beachten, daß für beliebiges α

$$f_\alpha(p x_1 + q x_2) \geq p f_\alpha(x_1) + q f_\alpha(x_2) \geq p\tilde{f}(x_1) + q\tilde{f}(x_2)$$

gilt.

§ 3. Lösung der Funktionalgleichung $p(s)\,p(t) = p(s+t)$

Wir werden zeigen, daß eine beliebige beschränkte Lösung der Funktionalgleichung

$$p(s)\,p(t) = p(s+t), \qquad s, t > 0, \tag{12}$$

welche in § 2, Kap. IV, betrachtet wird, von der Form

$$p(t) = e^{-at}, \qquad 0 \leq a \leq +\infty, \tag{13}$$

ist (hierbei setzen wir $e^{-\infty} = 0$).

Wir bemerken, daß auf Grund von (12) $p(t) = 0$ für alle $t \geq t_0$ gilt, falls $p(t)$ in einem Punkt $t_0 > 0$ den Wert 0 annimmt. Weiter folgt aus der Beziehung

$$p\left(\frac{t}{2}\right)^2 = p(t), \tag{14}$$

daß dann $p\left(\frac{t_0}{2}\right) = 0$ gilt, woraus sich $p(t) = 0$ für alle $t \geq \frac{t_0}{2}$ ergibt. Eine Wiederholung dieses Schlusses zeigt, daß $p(t) = 0$ ist für alle $t > 0$; folglich gilt (13) mit $a = +\infty$.

Es bleibt der Fall zu betrachten, daß $p(t) \neq 0$ ist für alle $t > 0$. Aus (14) ergibt sich, daß $p(t) > 0$ ist für alle $t > 0$, so daß wir

$$f(t) = \ln p(t)$$

setzen können. Hierbei geht die Funktionalgleichung (12) über in die Funktionalgleichung

$$f(s) + f(t) = f(s+t), \qquad s, t > 0, \tag{15}$$

und das ursprüngliche Problem führt darauf, sämtliche nach oben beschränkten Lösungen dieser Funktionalgleichung zu bestimmen.

Aus (15) ergibt sich mit Hilfe vollständiger Induktion, daß für eine beliebige natürliche Zahl n

$$f(nt) = n f(t) \tag{16}$$

gilt. Wird die Zahl a so gewählt, daß die Beziehung

$$f(t_1) = -a t_1$$

gilt, worin t_1 eine fixierte positive Zahl ist, so erhalten wir mit Hilfe von (16)

$$f\left(\frac{t_1}{n}\right) = \frac{f(t_1)}{n} = -a\frac{t_1}{n}.$$

Durch erneute Anwendung der Beziehung (16) finden wir, daß für beliebige m und n

$$f\left(\frac{m}{n}t_1\right) = mf\left(\frac{t_1}{n}\right) = -a\frac{m}{n}t_1$$

gilt. Somit haben wir für alle $t>0$, die rationale Vielfache von t_1 sind,

$$f(t) = -at. \tag{17}$$

Gibt es ein $t_2>0$ mit $f(t_2) \neq -at_2$, und wird b so gewählt, daß $f(t_2) = -bt_2$ ist, so finden wir ganz analog, daß

$$f(t) = -bt$$

gilt für alle $t>0$, die rationale Vielfache von t_2 sind. Wir dürfen $b>a$ annehmen. Ist s ein rationales Vielfaches von t_2 und $s+t$ ein solches von t_1, so ergibt sich

$$f(t) = f(s+t) - f(s) = -a(s+t) + bs = (b-a)s - at. \tag{18}$$

Da die rationalen Vielfache einer gegebenen von 0 verschiedenen Zahl überall dicht liegen, kann man in (18) s beliebig groß und $s+t$ beliebig nahe an s wählen. Somit wird t klein, und wir erhalten, daß $f(t)$ beliebig große Werte annehmen kann. Dies widerspricht der Annahme, daß $f(t)$ nach oben beschränkt ist. Somit gilt die Beziehung (17) für alle $t>0$. Da $f(t)$ nach oben beschränkt ist und t eine beliebig große Zahl sein kann, ist in dieser Beziehung $a \geq 0$.*

Kehren wir zur Funktion $p(t) = e^{f(t)}$ zurück, so erhalten wir für sie die Darstellung (13).

---

* Es sei angemerkt, daß man vermöge (18) beliebig große Werte für $f(t)$ erhält, wenn t in einem beliebigen, im voraus gewählten Intervall variiert. Um also aus der Funktionalgleichung (15) die Beziehung (17) zu gewinnen, genügt es zu fordern, daß die Funktion $f(t)$ auf einen gewissen (endlichen) Intervall, das beliebig klein sein darf, nach oben beschränkt ist (die Zahl a kann hierbei beliebiges Vorzeichen besitzen).

Literatur

Zur Einführung in die mehr klassischen Teile der Theorie der Markoffschen Prozesse werden in erster Linie die folgenden Bücher empfohlen:

1. FELLER, W.: An Introduction to Probability Theory and Its Applications, Vol. I, 2nd ed., John Wiley & Sons, Inc., 1957.
2. KEMENY, J. G., and J. L. SNELL: Finite Markov Chains. Van Nostrand, Princeton, 1960.

Neueren Richtungen in dieser Theorie sind die folgenden Monographien gewidmet:

3. DYNKIN, E. B.: Die Grundlagen der Theorie der Markoffschen Prozesse. Berlin-Göttingen-Heidelberg: Springer 1961.
4. — Markov Processes. Berlin-Göttingen-Heidelberg-New York: Springer 1965.
5. HUNT, G. A.: Markov processes and potentials I, II, III. Illinois J. Math. **1,** 44—93, 316—369 (1957); ibid., **2,** 151—213 (1958).
6. CHUNG, K. L.: Markov Chains with Stationary Transition Probabilities, 2nd ed. Berlin-Heidelberg-New York: Springer 1967.
7. SPITZER, F.: Principles of Random Walk. Van Nostrand, Princeton, 1964.
8. ITO, K., and H. P. MCKEAN: Diffusion Processes and Their Sample Paths. Berlin-Göttingen-Heidelberg-New York: Springer 1965.

Unter diesen liegt [6] etwas abseits von der Thematik dieses Buches.

Verwandte Fragen werden ausführlich auch in den folgenden Büchern behandelt:

9. ITO, K.: Stochastic Processes, Vol. I, II (Russisch), Moskau, 1960 und 1963.
10. LOÈVE, M.: Probability Theory. Van Nostrand, Princeton, 1963.
11. GICHMAN, I. I., u. A. W. SKOROCHOD: Einführung in die Theorie der stochastischen Prozesse (Russisch). „Nauka“, Moskau, 1965.

Im Text dieses Buches werden noch die folgenden Arbeiten benutzt:

12. ITO, K., and H. P. MCKEAN: Potentials and the Random Walk, Illinois J. Math. **4,** 119—132 (1960).
13. DYNKIN, E. B.: The optimum choice of the instant for stopping a Markov process. Transl. of Dokl. Acad. Sci. USSR. **4,** 627—629 (1963), (Original **150,** 238—240).
14. FELLER, W.: The Birth and Death Processes as Diffusion Processes. J. de Math. Pures et Appl. **38,** 301—345 (1959).
15. JUSCHKEWITSCH, A. A.: Einige Bemerkungen über Randbedingungen für Geburts- und Todesprozesse (Russisch). Trans. of the Fourth Prague Conference on Inform. Theory, Stat. Decision F., Random Processes, Prague, 1965, 381—387.

Namen- und Sachverzeichnis

Zechnersche Buchdruckerei Speyer

Erschienene Bände der Heidelberger Taschenbücher

1 **Max Born: Die Relativitätstheorie Einsteins.** DM 10,80

2 **K. H. Hellwege: Einführung in die Physik der Atome**
2. erweiterte Auflage. DM 8,80

3 **Wolfhard Weidel: Virus und Molekularbiologie**
2. erweiterte Auflage. DM 5,80

4 **L. S. Penrose: Einführung in die Humangenetik.** DM 8,80

5 **Hans Zähner: Biologie der Antibiotica.** DM 8,80

6 **Siegfried Flügge: Rechenmethoden der Quantentheorie.**
3. Auflage. DM 10,80

7/8 **G. Falk: Theoretische Physik I und Ia auf der Grundlage einer allgemeinen Dynamik**
Band 7: Elementare Punktmechanik (I). DM 8,80
Band 8: Aufgaben und Ergänzungen zur Punktmechanik (Ia). DM 8,80

9 **Kenneth W. Ford: Die Welt der Elementarteilchen.** DM 10,80

10 **Richard Becker: Theorie der Wärme.** DM 10,80

11 **P. Stoll: Experimentelle Methoden der Kernphysik.** DM 10,80

12 **B. L. van der Waerden: Algebra I**
7. neubearbeitete Auflage der Modernen Algebra. DM 10,80

13 **H. S. Green: Quantenmechanik in algebraischer Darstellung.** DM 8,80

14 **Alfred Stobbe: Volkswirtschaftliches Rechnungswesen.** DM 10,80

15 **Lothar Collatz/Wolfgang Wetterling: Optimierungsaufgaben.**
DM 10,80

16/17 **Albrecht Unsöld: Der neue Kosmos.** DM 18,—

18 **Fred Lembeck/Karl-Friedrich Sewing: Pharmakologie-Fibel**
Tafeln zur Pharmakologie-Vorlesung. DM 5,80

19 **A. Sommerfeld/H. Bethe: Elektronentheorie der Metalle.** DM 10,80

20 **K. Marguerre: Technische Mechanik.** I. Teil: Statik. DM 10,80

21 **K. Marguerre: Technische Mechanik.** II. Teil: Elastostatik. DM 10,80

22 **K. Marguerre: Technische Mechanik.** III. Teil: Kinetik VIII. DM 12,80

23 **B. L. van der Waerden: Algebra II**
5. Auflage der Modernen Algebra. DM 14,80

24 **Manfred Körner: Der plötzliche Herzstillstand**
Akuter Herz- und Kreislaufstillstand. DM 8,80

25 **W. Reinhard: Massage und physikalische Behandlungsmethoden.**
DM 8,80

26 **H. Grauert/I. Lieb: Differential- und Integralrechnung I.** DM 12,80

27/28 **G. Falk: Theoretische Physik II und IIa**
Band 27: Allgemeine Dynamik und Thermodynamik (II). DM 14,80
Band 28: Aufgaben und Ergänzungen zur Allgemeinen Dynamik und Thermodynamik (IIa). DM 12,80

29 P. D. Samman: Nagelerkrankungen. DM 14,80

30 R. Courant/D. Hilbert: Methoden der mathematischen Physik I
3. Auflage. DM 16,80

31 R. Courant/D. Hilbert: Methoden der mathematischen Physik II
2. Auflage. DM 16,80

32 F. W. Ahnefeld: Sekunden entscheiden — Lebensrettende Sofortmaßnahmen. DM 6,80

33 K. H. Hellwege: Einführung in die Festkörperphysik I. DM 9,80

36 H. Grauert/W. Fischer: Differential- und Integralrechnung II
DM 12,80

37 V. Aschoff: Einführung in die Nachrichtenübertragungstechnik
DM 11,80

38 R. Henn/H. P. Künzi: Einführung in die Unternehmensforschung I
DM 10,80

39 R. Henn/H. P. Künzi: Einführung in die Unternehmensforschung II
DM 12,80

40 M. Neumann: Kapitalbildung, Wettbewerb und ökonomisches Wachstum. DM 9,80

41 G. Martz: Die hormonale Therapie maligner Tumoren. DM 8,80

42 W. Fuhrmann/F. Vogel: Genetische Familienberatung. DM 8,80

43 H. Grauert/I. Lieb: Differential- und Integralrechnung III. DM 12,80

45 G. H. Valentine: Die Chromosomenstörungen. DM 14,80

46 Robert D. Eastham: Klinische Hämatologie. DM 8,80

48 R. Gross: Medizinische Diagnostik — Grundlagen und Praxis.
DM 9,80

49 K. Jacobs: Selecta Mathematica I. DM 10,80

50 H. Rademacher/O. Toeplitz: Von Zahlen und Figuren. DM 8,80

Bitte Gesamtverzeichnis der Reihe anfordern!